Bioinformatics:
Fundementals and Applications

生物信息学：
基础及应用

王举　王兆月　田心　等 编著
Wang Ju　Wang Zhaoyue　Tian Xin

清华大学出版社
北京

内 容 简 介

本书简要介绍生物信息学的发展历史、主要研究领域及应用前景，并重点讲述生物信息学的基本知识点和基本技术、方法，生物分子信息数据库的类型及应用，复杂疾病的生物信息学研究思路、方法和典型应用实例。每个知识单元均包括生物信息学基础知识点、应用生物信息学的基本方法、数据库和计算机软件，并通过生物信息学的典型应用案例培养学生分析问题、解决问题的能力。

本书共分 8 章。第 1 章为绪论，主要介绍生物信息学发展的历史、当前主要的研究方向及应用，尤其是在医学研究中的应用前景。第 2 章介绍常用的生物信息学数据库以及相应的数据检索方法，重点讲述核酸序列数据库、蛋白质序列数据库和蛋白质结构数据库以及典型数据库的格式和使用方法。第 3 章介绍核酸和蛋白质序列的比对方法及应用，着重讲述双序列比对的原理和常用工具。第 4 章和第 5 章分别介绍核酸序列分析和基因组注释的主要内容、方法及工具。第 6 章和第 7 章则分别介绍从蛋白质序列分析其基本理化性质、结构和功能的方法及其在研究中的应用。第 8 章介绍生物信息学在人类复杂疾病的分子机理研究中的作用、主要方法和工具。

本书是面向医学和生物学背景的本科生的生物信息学教材，也可供相关专业科研人员参考。

图书在版编目（CIP）数据

生物信息学：基础及应用/王举，王兆月，田心等编著.--北京：清华大学出版社，2014(2022.2重印)
ISBN 978-7-302-36553-2

Ⅰ.①生… Ⅱ.①王…②王…③田… Ⅲ.①生物信息论 Ⅳ.①Q811.4

中国版本图书馆 CIP 数据核字(2014)第 113569 号

责任编辑：王一玲
封面设计：傅瑞学
责任校对：时翠兰
责任印制：朱雨萌

出版发行：清华大学出版社
　　　网　　　址：http://www.tup.com.cn，http://www.wqbook.com
　　　地　　　址：北京清华大学学研大厦 A 座　　　　　邮　　　编：100084
　　　社 总 机：010-62770175　　　　　　　　　　　邮　　　购：010-83470235
　　　投稿与读者服务：010-62776969，c-service@tup.tsinghua.edu.cn
　　　质量反馈：010-62772015，zhiliang@tup.tsinghua.edu.cn
　　　课件下载：http://www.tup.com.cn，010-83470236
印 装 者：涿州市京南印刷厂
经　　　销：全国新华书店
开　　　本：185mm×260mm　　　印　　　张：12　　　　　字　　　数：289 千字
版　　　次：2014 年 12 月第 1 版　　　　　　　　　　印　　　次：2022 年 2 月第11次印刷
定　　　价：39.00 元

产品编号：054681-02

生物信息学是应用数学、计算机科学及信息科学的理论、方法、工具研究和解决分子生物学问题的交叉学科。生物信息学的研究领域十分广泛，通过对分子生物学数据的收集、筛选、整理、管理及分析，解决诸如序列比对、基因识别、蛋白质结构预测、基因表达谱分析、蛋白质分子间相互作用、药物分子设计以及分子进化模型构建等一系列问题。近年来，随着基因组学以及相关的分子生物学技术的快速发展，生物信息学逐渐发展为现代生命科学和医学的重要研究领域之一，成为医学、生物学及相关专业学生需要掌握的重要知识。为了适应生物学和医学背景本科生学习生物信息学的需求，我们在多年生物信息学本科教学的基础上，编写了这本教材。

本教材介绍了生物信息学的基本概念，主要的技术与方法及其应用。因为本教材的教学对象是具有生物学和医学背景的本科生，因此教材注重说明生物信息学概念与方法的应用。对于教材中的生物信息学算法，则只阐明其计算原理和思路，不涉及算法相关的数学及计算机技术细节。通过课程的学习，学生可以掌握医学与生命科学领域应用生物信息学分析问题、解决问题的基本概念和方法。

本教材每章都是以提出生物信息学应用问题开始，通过"知识点-方法-应用实例"的模式，阐述知识点、生物信息学典型方法和计算工具，通过典型应用实例来学习解决问题的思路和途径，培养学生在理解算法的基本原理和方法的基础上解决实际问题的创新能力和实践能力。

本教材是适用于医学、生物学背景学生的生物信息学本科教材以及其他相关专业学生的生物信息学教材，也可用作生物学、医学等领域工作者的参考用书。

本教材的编写是我们多年来在天津医科大学本科生"生物信息学"课程教学的基础上，参考了国内外出版的相关著作和文献完成的。限于编者的水平，本书中的不妥以及错误之处，恳请读者给予批评指正。

本教材第 1 章由田心编写，第 2 章由石鸥燕及王举编写，第 3 章由王兆月编写，第 4 章由邢军及伊现富编写，第 5 章由伊现富编写，第 6 章由耿鑫编写，第 7 章由张涛编写，第 8 章由王举编写，全书由王举统稿。

作　者

2014 年 10 月　于天津医科大学

contents 目 录

第 1 章

绪 论

　　生物信息学(bioinformatics)作为一门新兴的交叉学科,它主要利用数学、统计学、计算机和信息学等学科的方法研究生物学问题,并研究从分子生物数据中挖掘和提取信息的理论和方法。自从 2001 年初人类基因组计划基本完成,人类基因组序列被测定以后,如何从海量的分子生物数据中提取信息,解读生命的奥秘,越来越成为科学界面临的重大挑战,生物信息学也因此获得前所未有的发展机遇。

　　生物信息学的理论和技术,在人类疾病的机理研究、临床诊断和治疗中具有重要的价值。1986 年 3 月,诺贝尔生理学和医学奖获得者 Renato Dulbecco 在 *Science* 上发表论文"A turning point in cancer research：sequencing the human genome",提出癌症和其他疾病的发生都与基因相关,人类只有立足在整体水平上,分析和解读基因组的特征,才有可能正确认识这些疾病发生的机理。

　　学习生物信息学,并应用其解决相关的生物学和医学问题,已经成为现代医学教育的重要部分。因此,生物信息学教学,一方面要着眼于传授生物信息学的基本理论和知识,更重要的是通过讲述和分析各种方法和应用实例,培养学生应用生物信息学的原理、方法和工具解决问题的能力,为进一步从分子生物学水平上研究和认识疾病发生和发展的机理打下基础。基于上述目的,我们编写了这本面向医学应用的生物信息学教材。

　　本教材在阐述生物信息学基本理论和知识的基础上,详细地说明各种方法和工具的应用步骤,并通过实例分析,培养学生从不同类型的分子生物数据中提取信息、解读生物学问题的能力。在第 1 章绪论以后,第 2 章介绍常用的生物信息学数据库以及相应的数据检索方法;第 3 章介绍生物大分子的序列比对方法及其应用;第 4 章和第 5 章分别介绍核酸序列的分析和基因组注释的方法及工具;第 6 章和第 7 章则分别介绍从蛋白质序列分析其基本理化性质、结构和功能的方法及应用;最后在第 8 章介绍应用生物信息学研究人类复杂疾病分子机理的方法和主要工具。

1.1　生物信息学的产生与发展

20世纪60年代以来,伴随着生命科学的高速发展,所积累的分子生物学数据快速增加。2001年2月12日公布的人类基因组图谱,标志着人类基因组计划的初步完成。到目前为止,由美国NIH管理维护的GenBank数据库已经收集了大约2亿条已经测序的核酸序列,序列总长度则超过3000亿个碱基,其中包括人类全基因组序列的大约30亿个碱基。另一方面,以计算机科学和网络技术为核心的信息技术的进步,为存储、传输、处理、分析和解读海量的分子生物数据,并从中获取具有生物学含义的信息提供了支持平台。

伴随着人类基因组计划的启动和完成,生物信息学获得了巨大的发展机遇;而数学、计算机科学和信息科学及相关技术,则为获取和挖掘以核酸和蛋白质的序列、结构、功能和相互作用为基础的生物学数据,提供了必要的方法和工具,生物信息学由此得以迅速成长和发展。

追溯生物信息学的产生和发展历史,"生物信息学"概念最早是在1956年于美国田纳西州Gatlinburg召开的Symposium on information theory in biology会议上提出的。20世纪80年代以后,生物信息学作为一门学科得到了长足的发展。随着1990年人类基因组计划的启动,生物信息学很快发展成为一门在生物科学领域的新兴前沿学科。生物信息学的发展可分为以下三个阶段。

1. 前基因组阶段

在生物信息学发展的初期,相关的研究主要围绕以下几个方面开展。

首先是核酸和蛋白质序列分析的基本算法的开发。为了解决日益积累的核酸和蛋白质序列的分析比较问题,研究人员提出了一系列用于全局和局部序列比对的算法,构建了比较核苷酸和氨基酸同源性的替换矩阵等,这些算法构成了生物信息学的基本研究方法框架。

其次是分子生物数据库的构建。随着越来越多的生物大分子的序列或结构被测定,对相关信息的存储和共享成为迫切的需求。一批收集和整理核酸及蛋白质序列或结构的数据库如EMBL-Bank、GenBank、PIR及PDB相继建立,相应的数据提交和存储格式也逐渐提出。

同时,高效的数据检索工具也得到了发展。为了有效管理与日俱增的数据,BLAST、FASTA等专门针对核酸或蛋白质数据库检索的工具和用于序列数据库搜索的算法也被提出并得到了广泛应用。

2. 基因组阶段

伴随着人类基因组计划和各种模式生物基因组测序工作的全面展开,分子数据的数量急剧增加,生物信息学的研究也进入新的阶段。这一时期的研究主要集中在提高核酸序列拼接和编辑的准确率,从新测序的基因组中预测和发现新基因,建立网络数据库系统和相应交互界面以及开发高效的算法及软件系统。

3. 后基因组阶段

在人类基因组计划完成后,以海量的分子生物数据为基础进行大规模的基因组分析、蛋白质组分析或其他类型的组学分析,在系统水平上研究组织或机体中所有基因或蛋白质的生物学功能,是后基因组阶段生物信息学的主要发展动向。例如,从基因水平上系统地研究基因组内所有基因的功能是当前生物信息学的研究重点之一。

1.2 生物信息学的研究目的与研究内容

生物信息学是生物学与数学、计算机科学及信息科学等学科之间相互交叉、融合而建立的。它以生物学或医学研究中所获得的分子生物数据为基础,结合通过互联网或生物信息学数据库获取的相关数据,建立生物计算模型,并对这些数据进行处理和分析,解释所获得结果的生物学意义,揭示隐藏在生物数据中的生物学规律,帮助研究人员从分子水平上理解生物进化、遗传、发育、疾病或衰老过程的生物学机理。

诺贝尔化学奖获得者 Walter Gilbert 1991 年在 *Nature* 上发表论文提出:当所有基因都可以从数据库中提取时,生物学研究依据数据库中已有的数据提出科学假设,再用实验去追踪或检验假设。在以上研究模式中,用生物信息学的研究结果指导和优化生物实验方案的设计,在生物信息学理论分析的支持下,使生物学实验研究发生根本性的变化。

1.2.1 生物信息学研究目的

生物信息学的研究目的就是从分子生物数据中获取生物分子信息。

1. 构建生物信息学数据库

面对海量的分子生物数据(如核酸序列和蛋白质序列),进行有效的收集、整理,构建出适合于存储这些数据的数据库,如核酸序列数据库,蛋白质序列数据库,蛋白质二维结构、空间结构数据库,疾病靶点数据库等。

2. 应用和发展从分子生物数据中获取信息的方法

发展具有生物学基础的新型数据分析方法,分析处理分子生物数据,揭示其中隐藏的具有生物学意义的信息,如遗传信息、进化信息、结构信息等,进而理解和认识生命现象的规律以及疾病的发生和发展的机理。

1.2.2 生物信息学研究内容

生物信息学的研究对象是大量与核酸和蛋白质相关的分子生物数据,研究目的是通过从海量的生物数据中分析和解读蕴藏在核酸和蛋白质数据中与结构和功能相关的生物信息,从而探索人类生命的本质,最终为人类疾病的机理研究及诊断、治疗和预防提供合理及有效的方法和途径。本教材主要介绍生物信息学的三方面研究内容:分子生物数据的数据库构建、管理和检索;从分子生物数据中提取具有生物学意义的信息;生物信息学在人类疾病机理的研究及临床诊断、治疗中的应用。

1. 生物信息学数据库的构建管理与检索

生物信息学数据库的构建是生物信息学研究的基础领域。面对日益增长的分子生物数据,包括核酸序列、蛋白质序列、蛋白质结构、基因表达调控、蛋白质表达修饰等,首要任务就是有效地管理、存储和整合海量的数据,针对研究的需要和数据的类型,构建出相应的数据库。自从 20 世纪 80 年代第一个核酸序列数据库建立以来,迄今为止,已经建立了种类繁多的公共数据库，大致可以分为四类。前三类是基本数据库（一次数据库），包括核酸和蛋白质一级结构数据库、核酸序列数据库、蛋白质序列数据库等；基因组数据库；生物大分子（主要是蛋白质）结构数据库。第四类是根据生命科学不同需要构建的具有特殊生物学意义的专门数据库（二次数据库），如人类基因突变及疾病数据库、进化相关数据库等。

在构建数据库的基础上，生物信息学研究实现不同数据库之间的交互，开发针对不同数据库的高效检索工具。例如，用于核酸序列相似性搜索的 BLAST 工具，能够在含有大量数据的数据库中快速、准确地搜索到相关序列。开发数据库检索工具应考虑的因素包括检索目的、数据库结构、检索结果的显示以及检索效率等。

2. 从分子生物数据中提取和解读具有生物学意义的信息

生物体是一个复杂的信息系统，该系统在生物信息的调控下有序地进行着遗传、进化和发育等生命活动。在人体中重要的生物信息通常被生物大分子携带，例如 DNA 分子和蛋白质分子是人体两类主要的生物信息载体，携带的信息主要包括遗传信息、与功能相关的结构信息和进化信息。

在分析大量生物数据的基础上，提取和挖掘蕴藏在其中的具有重要生物学意义的信息，是生物信息学的主要研究内容之一。以下列举从数据中获取信息的生物信息学典型研究领域。

（1）基于已测序的基因组数据发现新基因

从已测序的基因组序列中发现具有功能的新基因是生物信息学研究的前沿问题之一。生物信息学发现新基因的两类基本方法如下：

① 基于 EST 序列发现新基因：通过在表达序列标签（expressed sequence tag，EST）数据库中的检索、分析、拼接，得到完整的新基因编码区。由于存储在 EST 数据库中的序列大部分是从 cDNA 文库中生成的长度约为 300～500bp 的核苷酸序列，但属于同一基因的不同 EST 序列存在许多的重复小片段。以这些重复小片段作为标志就可以把不同的 EST 序列连接起来，最终获得一个全长的新基因。

② 基于比较基因组学分析发现新基因：将基因组上编码蛋白质的编码区和非编码区域进行区分，从而最终确定新基因的位置。该方法的本质就是通过比较编码区和非编码区中的具体特征，找到可能的蛋白编码区序列。然后将这些序列在已知基因数据库中与已明确的基因进行比较，确定该序列是否为新发现的基因。

（2）对基因组数据的非编码区分析

不同生物的基因组测序结果显示，原核生物和真核生物的非编码区占整个基因组的比例不同。例如，菌的非编码区的长度只占基因组总长度的 10% 左右，而高等生物的非编码区长度比例大大增加，人类基因组的非蛋白编码区长度比例高达 95%。大多数非编码区的生物学意义目前尚不完全清楚，但从生物进化的观点推测，基因组中的非编码序列必然蕴含着重要的生物学功能。由于人类基因组序列中 95% 的非编码区蕴含的信息量大，因此分析其编码特征、信息调节与表达规律以及生物功能是生物信息学的研究热点。

目前分析非编码区的生物信息学思路如下：

基于实验证实的已知功能基因的序列特征信息，预测非编码区中可能含有的基因元件，预测其可能具有的生物学功能；

应用统计学方法直接探索非编码区中包含的未知序列特征，预测其可能的信息含义，最后通过实验加以证实。

（3）从基因组数据中获取单核苷酸多态性（SNP）信息

任一生物物种对于同一基因存在着多种的基因型，即基因多态性。单核苷酸多态性（SNP）是最常见的基因多态性形式之一，它主要指在某一个物种群体中，超过 1‰ 个体在某一段核酸序列范围内的一个核苷酸改变。单核酸多态性是导致不同个体对于环境、外源物质和药物产生不同反应的主要原因。通过生物信息学方法发现和鉴定新的 SNP 位点，构建人类基因组的 SNP 图谱，寻找与疾病密切相关的 SNP 标记，为研究疾病的发生机理和实现个性化医疗提供重要依据。

（4）通过比较分析生物基因组学数据解读生物遗传信息和进化信息

基因组序列存储着某一物种几乎所有的遗传信息，决定着该物种的个体发育和生理过程。对不同生物的完整基因组数据，在系统水平上对全基因组序列进行比较、分析，通过比较人类基因组和其他模式生物基因组，找出不同生物基因组之间的差异，解读其间蕴含的遗传信息。例如，对于人和鼠基因组的测序结果表明在两者的基因组中含有相似的碱基对数目，且绝大部分基因序列属于同源序列；但人和鼠之间的表型差异却非常显著，而且两者基因组中的染色体组织方式明显不同，如位于鼠 1 号染色体上的基因却分布到人的多个染色体上。基因组中基因排列方式的差异可能是导致人和鼠表型存在差异的根本原因。

研究生物进化的传统方法是通过比较生物形态学特征来获得进化信息，而生物信息学通过分析比较基因组中具有相同或相似功能的基因排列顺序，挖掘各物种间的系统发育关系，解读其中蕴藏的生物进化信息。例如，对含有 12 个细菌和 4 个古细菌的完整基因组进行分析之后，发现 16 种微生物的核糖体蛋白的基因组织、排列顺序都十分保守，表明这些微生物可能起源于共同的祖先。此外，核糖体蛋白基因的排列顺序差异也反映了不同微生物间的亲缘关系：核糖体蛋白基因排列顺序差异越小，亲缘关系越近。

对物种进化具有重要作用的不仅是单个基因，而且还包括基因组的整体组织方式。因此，基因组整体结构组织和整体功能，结合相应的生理表征进行基因组整体的演化研究，是解读物种生物进化的重要途径。

（5）从蛋白质序列数据中获取蛋白质结构信息和功能信息

蛋白质功能的实现依靠其空间结构，从已测定的蛋白质序列中提取、预测蛋白质结构信息：蛋白质二级结构和空间结构信息，是生物信息学研究的重要内容。

当 DNA 序列经过转录、翻译成蛋白质之后，要经历一系列翻译后的加工修饰过程，导致一个基因对应的不仅仅是一种蛋白质而是多种蛋白质。同时不同蛋白质在细胞内相互作用、相互协调，共同发挥功能作用。从蛋白质序列数据中挖掘蛋白质的功能信息也是生物信息学研究的重要内容。

应用生物信息学的理论和方法，从蛋白质序列数据中获得蛋白质的结构、功能信息，是为了理解在各种疾病中不同蛋白质起的作用和功能，进而寻求治疗和预防疾病的途径。

1.3　生物信息学在医学中的应用

如 Renato Dulbecco 所述，只有立足在整体水平上分析和解读基因组的特征，探索疾病的发生、发展机理，才有可能在疾病的预防、诊断和治疗中取得突破。例如，运用生物信息学方法预测个体患有某些重大疾病的风险,实现早预防、早检测、早治疗。

此外,基于人类基因组中的基因多态性的研究可以解读不同人群或同一人群不同个体之间的遗传差异。在确定了不同个体对某种疾病的易感性、抵抗性以及药物反应性差异的遗传机理的基础上,有可能实现个体化的疾病诊断和治疗。

目前已经构建了许多与疾病相关的生物信息学数据库,如蛋白质疾病数据库、肿瘤相关数据库、心血管疾病相关数据库以及孟德尔人类遗传学数据库等,它们对疾病的预防、诊断和治疗提供了很大的帮助。

应用生物信息学还可以对人类单基因疾病和复杂疾病进行发病机理的研究。

1.3.1　鉴定单基因疾病的关键致病基因

某一个关键基因或其编码蛋白的序列、结构或功能的异常,可以直接或间接地导致某些疾病的发生,这一类疾病在家系成员中的传递符合孟德尔规律,被称为单基因疾病。

目前在人类孟德尔遗传学数据库中已经收录了大量显性遗传疾病基因的数据,包括致病基因的表达产物、基因的表达和定位等。利用这些信息,可以帮助研究人员确定基因在染色体上的位置、序列特征以及表达特性;通过比较正常个体与患病个体的基因表达差异,能够揭示单基因疾病发生的分子机理。

1.3.2　研究人类复杂疾病的发生机理

许多疾病,包括肿瘤、传染性疾病和遗传性疾病,它们的发生都与细胞内的多个基因突变有关,同时也同环境因素与基因之间的相互作用有关,这一类疾病被称为复杂疾病。复杂疾病是遗传因素、环境因素、年龄等多种因素相互作用的结果,并且各因素之间存在着复杂的关系。

人们应用生物信息学的方法在分子水平对人类复杂疾病进行研究,研究模式也从"序列-结构-功能"的简单形式发展到"相互作用-网络-功能"的模式,以系统、整体的途径确定不同致病基因在复杂疾病过程中的作用,分析在疾病的发生过程中遗传因素、环境因素以及它们的相互作用的影响。

第 **2** 章

分子生物学数据库

随着研究中积累的核酸和蛋白质的序列、结构、功能及其他方面的数据越来越多，为了便于数据的存储、共享和使用，各种分子生物学数据库应运而生。本章主要介绍核酸序列数据库 GenBank 和 ENA（即以前的 EMBL），蛋白质序列数据库 PIR、Swiss-Prot 和 UniProt 以及蛋白质结构数据库 PDB、SCOP 和 DSSP。

2.1 概述

分子生物学数据库种类繁多，通常可分为四个大类，即基因组数据库、核酸和蛋白质一级结构序列数据库、生物大分子（主要是蛋白质）三维空间结构数据库以及以上述三类数据库和文献资料为基础构建的二次数据库。基因组数据库的数据来自基因组作图及基因组测序，序列数据库来自序列测定，结构数据库来自 X 射线晶体衍射、核磁共振等结构测定。这些数据库通常称为基本数据库，也称一次数据库。而根据不同研究领域的实际需要，对这些基本数据库中的数据进行分析、整理、归纳、注释，则构建了专门用途的二次数据库，也称专门数据库或专用数据库。

从 1994 年开始，牛津大学出版社的 *Nucleic Acids Research*（NAR）杂志每年都要出版分子生物学数据库专辑，对生物信息学领域的主要数据库的内容和更新状况进行介绍，并可以按照其分类或字母排序等方式连接到相应的数据库资源。2012 年 NAR 共收集了 1380 个生物信息学数据库，这些数据库共分为 15 个类别，其详细列表的网址为 http://www. oxfordjournals. org/nar/database/c/。有些类别下又划分了子类别，子类别下列出相应数据库的名称。

NAR 对数据库的 15 个分类归纳如下：核酸序列数据库、RNA 序列数据库、蛋白质序列数据库、结构数据库、非脊椎动物基因组数据库、代谢和信号通路数据库、人类和其他脊椎动物基因组数据库、人类基因和疾病数据库、微阵列数据和其他基因表达数据库、蛋白质组学资源数据库、其他分子生物学数据库、细胞器数据库、植物数据库、免疫学数据库以及细胞生物学数据库。

目前，一些常用的数据库主要由以下机构提供和维护：

美国国家生物技术信息中心（National Center for Biotechnology Information，NCBI）该中心创建于 1988 年，管理着 GenBank、PubMed、dbSNP 等数据库，提供 Entrez、BLAST 等数据库检索工具，网址为 http://www.ncbi.nlm.nih.gov/。

欧洲分子生物学实验室（European Molecular Biology Laboratory，EMBL）创建于 1974 年，1980 年建立 EMBL 核酸序列数据库（现称为 EMBL-Bank），1992 年创建欧洲生物信息学研究所（EBI），网址为 http://www.embl.org/。

欧洲生物信息学研究所（European Bioinformatics Institute，EBI）是 EMBL 的一个分支机构，创建于 1992 年。现在 EBI 管理着 EMBL-Bank、UniProt 等数据库，网址为 http://www.ebi.ac.uk/。

欧洲分子生物学网络（European Molecular Biology Network，EMBnet）创建于 1988 年，截至 2011 年，该组织共有 33 个国家节点。在各节点成员国开展专业教育、研制生物信息学软件，促进各节点成员提供免费公用的数据库与软件，进行网络范围内的系统管理与技术支持，网址为 http://www.embnet.org/。

日本国立遗传学研究所（National Institute of Genetics，NIG）创建于 1949 年，于 1984 年建立 DDBJ 数据库。2001 年创建信息生物学与日本 DNA 数据库中心（Center for Information Biology and DNA Data Bank of Japan，CIB-DDBJ），其任务是促进日本学者开展生物信息学研究及维护 DDBJ 数据库。NIG 的网址为 http://www.nig.ac.jp/english/index.html，DDBJ 网址为 http://www.ddbj.nig.ac.jp/。

瑞士生物信息学研究所（Swiss Institute of Bioinformatics，SIB）创建于 1998 年，是 EMBnet 的瑞士国家节点，网址为 http://www.isb-sib.ch/。

中国也有很多生物信息学研究机构，如北京大学生物信息中心（Center for Bioinformatics，CBI），该中心是欧洲分子生物学网络组织 EMBnet 的中国国家节点，网址为 http://www.cbi.pku.edu.cn/；中国科学院上海生命科学研究院生物信息中心，中心的网站中国生物信息 BioSino，网址为 http://www.biosino.org/；华大基因，网址为 http://www.genomics.cn/。

2.2 核酸序列数据库

本节介绍 GenBank 和 ENA 两个核酸序列数据库。1988 年，GenBank、EMBL 与 DDBJ 共同成立国际核酸序列联合数据库中心，它们各自收集世界各国实验室和测序机构发布的序列数据，每天通过计算机网络将新发现或更新的数据进行交换。

2.2.1 GenBank 数据库

GenBank 由 NCBI 建立并维护，网址为 http://www.ncbi.nlm.nih.gov/genbank/。NCBI 隶属于美国国立卫生研究院（National Institute of Health，NIH）下设的国家医学图书馆（National Library of Medicine，NLM）。GenBank 是一个综合、公开的核苷酸序列以及相应的文献和生物学注释数据库。这些数据主要来源于科研人员直接提交的序列、批量提交的表达序列标签（expressed sequence tag，EST）、基因组勘测序列（genome survey sequence，GSS）以及其他机构提交的高通量数据。

1. GenBank 数据检索

GenBank 提供了多种不同的数据库检索和数据提取方式，如 Entrez 检索系统、BLAST 序列相似性搜索，或者通过 GenBank FTP 直接下载 GenBank 序列文件。

Entrez 是 NCBI 的数据库检索查询系统，可以检索 GenBank 数据库的核苷酸数据，还可以检索蛋白质序列数据、基因组图谱数据、来自分子模型数据库（MMDB）的蛋白质三维结构数据以及 PubMed 中的文献数据等。

（1）检索页面

打开 NCBI 主页，在主页上方有一个基本检索输入框，如图 2.1 所示。单击下拉列表框（图中黑框标出），选择要查询的数据库，在后面的文本输入框内输入检索词，单击 Search 按钮就可以得到检索结果。检索词可以是 GenBank 检索号、基因名、分类、关键词、注释信息、作者及文献题目等相关内容。在下拉列表框内并没有 GenBank 选项，如要检索 GenBank 数据库，则应选择 Nucleotide、EST 或 GSS，这是因为 GenBank 中的 EST 和 GSS 数据分别存储在 EST 和 GSS 数据库中，其余类型的数据均存储在 Nucleotide 数据库中。而 Nucleotide 数据库中则包含了 GenBank 数据库中除 EST、GSS 之外的核苷酸序列数据以及 RefSeq 数据、第三方注释（third party annotation，TPA）数据和 PDB 数据，其中 PDB 是蛋白质结构数据库，RefSeq 是参考序列数据库。

如果在下拉列表框中选择 All Databases，并在后面的输入框内输入检索词后，单击 Search 按钮，就进入了 NCBI 的跨库检索页面。在该页面中会列出 NCBI 的所有数据库名称及其注释，单击某一数据库可查看相应的检索结果。

图 2.1　NCBI 主页上的基本检索输入框

（2）基本检索功能

虽然选择了要查询的数据库，并输入检索词可得到检索结果，但是检索结果往往数量庞大，且可能包含大量与检索内容无关的信息。因此可以输入逻辑运算符进行运算或输入截词符号"＊"进行截词检索等。

Entrez 检索规则如下：

① 支持"＊"号截词检索，＊代表任意字符。

② 对输入的词可以进行逻辑识别。例如，输入 Lipman DJ Genomics，将识别为作者姓名 Lipman DJ 和自由词 Genomics，并将检索式转换为"Lipman DJ" AND Genomics。对于 Entrez 不能识别的检索词，如 bac 1，加上双引号，就会将它们作为一个词进行检索。

③ Entrez 支持复杂的逻辑检索（AND、OR、NOT）。

④ Entrez 支持限定字段检索。Entrez 提供了检索限定词,可对检索内容添加限定词进行字段限制检索。如物种名称［ORGN］或［ORGANISM］、作者姓名［AUTH］或［AUTHOR］、序列检索号［ACCN］或［ACCESSION］、序列长度［SLEN］等(限定词不区分大小写)。

⑤ Entrez 还提供了 Limits 以及 Advanced 检索功能。

例 2.1　在 GenBank 的 Nucleotide 数据库中检索人类 VANGL2 基因的 mRNA 序列。

① 登录 NCBI 主页。

② 如知道该序列检索号,则数据库选择 Nucleotide,其后的输入框中直接输入检索号 NM_020335,单击 Search,即可返回检索结果。可单击记录标题上方左侧 Display Settings 选择记录输出格式,如 Summary、GenBank、FASTA、Graphics 等,单击右侧 Send 选择输出保存的选项。

③ 如果不知道该序列的检索号,则可在下拉列表中选择 Nucleotide,在其后的输入框中输入检索词 human VANGL2,单击 Search 按钮。在结果输出页面输入框的下方,继续单击 Limits,在打开页面中将 Molecule 选项设置为 mRNA,单击 Search。

④ 在检索结果中选择合适的条目,单击链接即可打开序列文件。

例 2.2　在 Entrez Gene 数据库中检索人类 VANGL2 基因。

① 登录 NCBI 主页。

② 下拉列表框中选择 Gene 数据库,在其后的输入框中直接输入检索词 VANGL2,单击 Search 按钮。在结果中找到人类［Homo Sapiens］的基因记录(Gene ID 为 57216),单击链接,打开相应的基因信息显示页面,内容包括基因的概述、基因组定位、基因组区域、转录物、NCBI 参考序列、相关序列和附加链接等。

2. GenBank 数据格式

GenBank flatfile(GBFF)是 GenBank 中的序列文件,包含了序列的简要描述、科学命名、物种分类名称、参考文献、序列特征表以及序列本身。序列特征表里又包含了对序列生物学特征注释,如编码区、转录单元、重复区域、突变位点或修饰位点等。序列文件由单个的序列条目构成,序列条目由字段组成,每个字段由关键字起始,后面为该字段的具体说明。有些字段又分若干子字段,以次关键字或特性表说明符开始。每个序列条目以双斜杠"//"作为结束标记。

序列条目的格式非常重要,关键字从第一列开始,次关键字从第三列开始,特性表说明符从第六列开始。GeneBank 数据库主要关键字如表 2.1 所示。

表 2.1　GeneBank 数据库主要关键字表

关　键　字	说　　明
LOCUS	序列的简单描述
DEFINITION	定义
ACCESSION	检索号
VERSION	版本号
—GI	GI 号
DBLINK	到相关资源的链接

关 键 字	说 明
KEYWORDS	关键词
SOURCE	物种来源
—ORGANISM	物种分类
REFERENCE	参考文献
—AUTHORS	作者
—TITLE	题目
—JOURNAL	期刊
—PUBMED	PUBMED 编号
—REMARK	评论
COMMENT	注释
FEATURES	序列特征表
ORIGIN	序列

下面是一个 Genbank 的序列文件实例。

```
LOCUS       SCU49845    5028 bp    DNA       PLN      21 - JUN - 1999
DEFINITION  Saccharomyces cerevisiae TCP1 - beta gene, partial cds, and Axl2p
            (AXL2) and Rev7p (REV7) genes, complete cds.
ACCESSION   U49845
VERSION     U49845.1  GI:1293613
KEYWORDS    .
SOURCE      Saccharomyces cerevisiae (baker's yeast)
ORGANISM    Saccharomyces cerevisiae
            Eukaryota; Fungi; Ascomycota; Saccharomycotina; Saccharomycetes;
            Saccharomycetales; Saccharomycetaceae; Saccharomyces.
REFERENCE   1  (bases 1 to 5028)
  AUTHORS   Torpey,L.E., Gibbs,P.E., Nelson,J. and Lawrence,C.W.
  TITLE     Cloning and sequence of REV7, a gene whose function is required for
            DNA damage - induced mutagenesis in Saccharomyces cerevisiae
  JOURNAL   Yeast 10 (11), 1503 - 1509 (1994)
  PUBMED    7871890
................

REFERENCE   3  (bases 1 to 5028)
  AUTHORS   Roemer,T.
  TITLE     Direct Submission
  JOURNAL   Submitted (22 - FEB - 1996) Terry Roemer, Biology, Yale University, New
            Haven, CT, USA
FEATURES    Location/Qualifiers
     source  1..5028
             /organism = "Saccharomyces cerevisiae"
             /db_xref = "taxon:4932"
             /chromosome = "IX"
             /map = "9"
```

```
CDS             <1..206
                /codon_start = 3
                /product = "TCP1 - beta"
                /protein_id = "AAA98665.1"
                /db_xref = "GI:1293614"
                /translation = "SSIYNGISTSGLDLNNGTIADMRQLGIVESYKLKRAVVSSASEAAEVLLRVDNIIRAR
                PRTANRQHM"
gene            687..3158
                /gene = "AXL2"
................
ORIGIN
     1 gatcctccat atacaacggt atctccacct caggtttaga tctcaacaac ggaaccattg
    61 ccgacatgag acagttaggt atcgtcgaga gttacaagct aaaacgagca gtagtcagct
   121 ctgcatctga agccgctgaa gttctactaa gggtggataa catcatccgt gcaagaccaa
   181 gaaccgccaa tagacaacat atgtaacata tttaggatat acctcgaaaa taataaaccg
   241 ccacactgtc attattataa ttagaaacag aacgcaaaaa ttatccacta tataattcaa
... ...
  4981 tgccatgact cagattctaa ttttaagcta ttcaatttct ctttgatc
```

```
//
```

LOCUS 是该序列的标记,是序列的简单描述,包括序列名称、序列长度、分子类型、GenBank 分类以及修订日期。本例中序列名称 SCU49845,序列长度 5028bp,分子类型 DNA,GenBank 分类 PLN,最后一次修订日期 21-JUN-1999。序列名称最初是为了方便检索相似序列而设置的,总长度不超过 10 个字符。现在序列名称已不具有任何实际意义,仅使用检索号(ACCESSION)以满足对 LOCUS 名称的要求,如 6 位检索号 U12345,则 LOCUS 名称为 AMU12345,即在检索号前加上物种;8 位的检索号 AF123456,则 LOCUS 名称直接为其本身 AF123456。GenBank 对提交的序列长度没有上限要求,根据国际序列数据库合作计划的协议,为方便不同的软件处理序列,规定单条记录的长度不超过 350Kb,GenBank 已经很少接受长度小于 50bp 的序列。

分子类型包括 DNA、RNA、tRNA、rRNA、mRNA 等。GenBank 分类信息见表 2.2。

表 2.2　GenBank 数据分类

分类	描　　述	分类	描　　述
PRI	Primates(灵长类)	SYN	Synthetic(合成产物)
ROD	Rodents(啮齿动物)	UNA	Unannotated(未注释)
MAM	Other mammals(其他哺乳动物)	EST	ESTs(表达序列标签)
VRT	Other vertebrates(其他脊椎动物)	PAT	Patented sequences(专利序列)
INV	Invertebrates(无脊椎动物)	STS	Sequence tagged sites(序列标记位点)
PLN	Plants(植物)	GSS	Genome survey sequences(基因组勘测序列)
BCT	Bacteria(细菌)	HTG	High-throughput genomic(高通量基因组)
VRL	Viruses(病毒)	HTC	High-throughput cDNA(高通量 cDNA)
PHG	Phages(抗菌素)	ENV	Environmental samples(环境样品)

DEFINITION 在 GenBank 记录中用于总结该序列的生物学意义。它的说明内容包括物种来源、基因/蛋白质名称。如果序列是非编码区,则包含对序列功能的简单描述;如果序列是一段编码区,则标明该序列是部分序列(partial cds)还是全序列(complete cds)。

ACCESSION 是序列记录的唯一指针。通常由一个字母加 5 个数字(U12345)或者由两个字母加 6 个数字(AF123456)组成。检索号在数据库中是唯一而且不变的,即使数据的提交者改变数据的内容。在 ACCESSION 行中可能出现多个检索号,是因为数据提交者提交了一条与原记录相关的新记录,或者新提交的记录覆盖了原有的旧记录。第一个检索号为主检索号,而其余的统称为二级检索号。来源于 RefSeq 数据库的序列检索号通常是 2 个字母加下划线,后面跟着 6 个或更多的数字,如 NT_123456(基因组的 DNA 重叠群)、NM_123456(mRNA 记录)、NP_123456(蛋白质序列记录)、NC_123456(完整的基因组或染色体)、NG_000019(基因组的局部区域)。

VERSION 的格式是:检索号. 版本号。版本号是在 1999 年 2 月由三大数据库采纳使用。主要用于识别数据库中一条单一的特定核苷酸序列。在数据库中,如果某条序列数据发生了变化,即使是单碱基的改变,它的版本号都将增加,而它的检索号保持不变,如由 AF123456.1 变为 AF123456.2。版本号与跟在其后的 GI(GenInfo Identifier)号是平行运行,当一条序列改变后,它将被赋予一个新的 GI 号,同时它的版本号将增加。

KEYWORDS 是由该序列的提交者提供,包括该序列的基因产物以及其他相关信息。如果该行中没有任何内容,那么就只包含一个"."。由于没有对照词汇表,所以现在 GenBank 拒绝接受关键词,它只存在于旧的记录中。

SOURCE 通常包含序列来源生物的简称,有些时候也包含分子类型。Organism 以 NCBI 的分类数据库为依据,指明物种的正式科学名称。

REFERENCE 将与该数据有关的参考文献均收录在内,将最先发表的文献列于第一位。如果序列数据没有被文献报道,该行将显示 in press 或 unpublished。如果序列是直接提交而未经发表的,就将在 TITLE 中注明 Direct Submission,在 JOURNAL 中注明提交日期、提交者姓名以及提交者工作单位,上面实例中的参考文献 3 即是这种情况。如所引用文献存在于 PubMed 数据库中,将出现 PUBMED 关键字,允许链接到 PubMed 数据库相应记录。

FEATURES 是用来描述基因和基因的产物以及与序列相关的生物学特性。它具有自己的一套结构,包含三个部分:特性关键字(feature key)、特性位置(location)、限定词(qualifiers)。例如:

```
CDS      23..400
         /product = "alcohol dehydrogenase"
         /gene = "adhI"
```

CDS 为特性关键字,23..400 为特性位置,/product = "alcohol dehydrogenase" 和 /gene = "adhI" 则为限定词。表示该编码序列起始于第 23 碱基,终止于第 400 碱基,产物是乙醇脱氢酶,基因名称是 adhI。又如:

```
CDS      join(544..589,688..1032)
         /product = "T - cell receptor beta - chain"
```

则表示记录中所存储的序列为部分编码序列，表达产物"T-细胞受体 beta 链"由序列内两个片段结合生成且指明了两个片段在序列中所处的位置。

主要特性关键字说明见表 2.3。

表 2.3　FEATURES 中主要关键字表

关键字	解　释	关键字	解　释
attenuator	与转录终止有关的序列	primer	PCR 引物
C_region	C-免疫特征区	primer_bind	引物结合位点
CAAT_signal	真核启动子上游的 CAAT 盒	promoter	转录起始区
CDS	蛋白质编码序列	protein_bind	蛋白质结合区
conflict	同一序列在不同研究中有差异	RBS	核糖体结合位点
D_loop	线粒体中 DNA 中的取代环	rep_origin	双链 DNA 复制起始区
D_segment	D-免疫特征区	repeat_region	重复序列
enhancer	增强子	repeat_unit	单个的重复元件
exon	外显子	rRNA	核糖体 RNA
gene	基因区域	S_region	免疫球蛋白重链开关区
GC_signal	真核启动子的 GC 盒	Satellite	卫星重复序列
iDNA	通过重组所消除的 DNA	scRNA	小细胞质 RNA
intron	内含子	sig_peptide	编码信号肽的序列
J_segment	J-免疫特征区	snRNA	小核 RNA
LTR	长末端重复序列	source	物种来源
mat_peptide	编码成熟肽的序列	stem_loop	发夹结构
misc_binding	无法描述的核酸序列结合位点	STS	测序标签位点
misc_difference	序列特性无法用特性表关键字描述的序列	TATA_signal	真核启动子的 TATA 盒
misc_feature	生物学特性无法用特性表关键字描述的序列	terminator	转录终止序列
misc_recomb	无法用重组特性关键字描述的重组事件	transit_peptide	转运蛋白编码序列
misc_RNA	无法用 RNA 关键字描述的转录物或 RNA 产物	transposon	转座子
misc_signal	无法用信号特性关键字描述的信号序列	tRNA	转运 RNA
misc_structure	无法用结构关键字描述的核酸序列高级结构或构型	unsure	序列不能确定的区域
modified_base	修饰过的核苷酸	V_region	V-免疫特征区
mRNA	信使 RNA	variation	包含稳定突变的序列
N_region	N-免疫特征区	-10_signal	原核启动子的 Pribow 盒
old_sequence	该序列对以前的版本做过修订	-35_signal	原核启动子中的-35 框
polyA_signal	RNA 转录本的剪切识别位点	3' clip	前体转录本被剪切掉的 3' 端序列
polyA_site	RNA 转录本多聚腺苷酸化位点	3'UTR	3' 非翻译区
precursor_RNA	前体 RNA	5'clip	前体转录本被剪切掉的 5' 端序列
prim_transcript	初始转录本	5'UTR	5' 非翻译区

特性位置可以包含 complement、join 等操作符：

<345..500　表示序列起始于起始碱基号之前的某个位置，但起始碱基号之前的边界未知；

<1..888　表示序列起始于第一个已测序的碱基之前；

(23.45)..600　表示序列起始碱基在 23 和 45 碱基之间，终止于 600 号碱基；

join(12..78,134..202)　表示两段序列连接后构成一段连续序列；

complement(join(29..95,418..563))　表示两段序列相连构成的连续序列的互补链。

限定词是相关特性的辅助信息，使用一组标准化的对照词汇表以利于计算机从中提取信息。限定词的格式是在"/"后面跟上限定词名称，加上"＝"，其后是限定词的值。如/db-xref 表示其他数据库的交叉索引号，/protein_id 表示蛋白质的检索号等。有关限定词的详细信息，请参考 NCBI 网站。

ORIGIN 类似于 FASTA 格式给出了所有序列。

3. 向 Genbank 提交序列数据

向 Genbank 提交序列最常用的有两种方式，一种是在线的提交程序 BankIt，另一种是 NCBI 提供的软件 Sequin。两种方式使用起来都比较方便，按照说明一步步填写即可。此外，还有 tbl2asn 软件和 Barcode 在线提交程序也可提交序列。

（1）BankIt

通过 NCBI 提供的在线形式，填写一系列表单，包括联络信息、发布要求、引用参考信息、序列来源信息以及序列本身的信息等。提交序列后，会从电子邮件收到自动生成的序列条目信息。用户还可以在 BankIt 页面下修改已经发布序列的信息。BankIt 适合于独立测序工作者提交少量序列，而不适合提交大量序列，也不适合提交很长的序列，EST 和 GSS 序列也不应使用 BankIt 提交。

提交步骤如下：

① 登录 BankIt 页面,http://www.ncbi.nlm.nih.gov/WebSub/? tool＝genbank,现在 NCBI 要求注册登录后才可使用。单击 New Submission 按钮。

② 填写联系信息，包括姓名、单位、地址、国家、电话、邮箱等信息。随后单击 Continue 按钮。

③ 填写文献信息、序列信息、提交类别等相关信息。

④ 确认所填写的内容。

⑤ 等待电子邮件返回信息。

（2）Sequin

提交大量的序列可以由 Sequin 软件完成。Sequin 能方便地编辑和处理复杂注释，并包含一系列内建的检查函数来提高序列的质量保证。Sequin 除了用于编辑和修改序列数据记录，还可用于序列的分析，任何以 FASTA 或 ASN.1 格式序列为输入数据的序列分析程序都可以整合到 Sequin 软件下，Sequin 软件可以在 MAC、Windows、UNIX 系统下运行。最后将数据的详细资料通过 E-Mail 发送到 NCBI，邮箱地址为 gb-sub@ncbi.nlm.nih.gov。

4. 数据库搜索工具 BLAST

基本局部比对搜索工具 BLAST(Basic Local Alignment Search Tool)是目前最常用的数据库搜索工具。BLAST 是免费软件，除了在线服务外，还可以从 NCBI 网站下载该软件。

（1）BLAST 的种类

在 NCBI 的 BLAST 页面，提供了 BLAST Assembled RefSeq Genomes(选择要对比的物种，单击物种之后进入比对搜索页面)、Basic BLAST 以及 Specialized BLAST(特殊目的 BLAST，如 Primer-BLAST、bl2seq 等)。其中 Basic BLAST 又包含以下 5 个程序：

nucleotide blast：用核酸序列到核酸数据库中进行搜索，包括 3 个程序，分别为 **blastn**——标准的搜索，速度慢，但允许更短序列的比对（如短到 7 个碱基的序列）；**megablast**——主要是用来在非常相似的序列之间比对（同一物种），搜索速度快；**discontiguous megablast**——用于跨物种核酸序列比对。

protein blast：用蛋白质序列到蛋白质数据库中进行搜索，包括 3 个程序，分别为 **blastp**——标准的搜索；**psi-blast**——position-specific iterated(psi)-BLAST，允许用户使用 blastp 的搜索结果构建 PSSM(position-specific scoring matrix)，对发现远亲物种的相似蛋白或某个蛋白家族的新成员非常有效；**phi-blast**——pattern hit initiated(phi)-BLAST，找出和待搜索序列具有一样的表达模型且具有同源性的蛋白质序列；**delta-blast**——domain enhanced lookup time accelerated(delta)-BLAST，使用结构域数据库的搜索结果构建 PSSM，是 NCBI 最近新增的程序。

blastx：先将待搜索的核酸序列按 6 种可读框架翻译成蛋白质序列，然后将翻译结果在蛋白质序列数据库进行搜索。

tblastn：将待搜索的蛋白质序列在核酸序列数据库中搜索，核酸序列按 6 种可读框架翻译成蛋白质序列。

tblastx：先将待搜索的核酸序列和核酸序列数据库中的核酸序列按 6 种可读框架翻译成蛋白质序列，然后再将两种翻译结果从蛋白质水平进行搜索。

（2）BLAST 的参数设置

BLAST 提供了许多参数设置，以达到满意的搜索结果。对于 BLAST 基本搜索，系统预设的默认参数值即可满足需要，不需要重新设定。但是对于 BLAST 高级搜索，可单击 Algorithm parameters，打开设置页面，进行进一步设置。例如，Max target sequences 显示的最大结果数；Expect threshold 期望值（E 值），默认值为 10，表示搜索结果中将有 10 个匹配序列是由随机产生的，一般地，期望值越低，限制越严格，甚至会导致无随机配对序列；Word size 确定搜索的初始字长，如 blastn 程序中设置为 11，即 BLAST 将扫描数据库，直到发现那些与未知序列的 11 个连续碱基完全匹配的片段为止，然后这些片段（即字）被扩展。

例 2.3　利用 blastn 程序搜索人类 VANGL2 基因(NM_020335)的相似序列。

① 登录 NCBI 主页。

② 在右侧的 Popular Resources 下选择 BLAST，进入 BLAST。

③ 选择 nucleotide blast。

④ Enter Query Sequence 部分是输入序列的，其中的 Job Title 可以为本次搜索命名。在搜索框中输入检索号 NM_020335(也可以是 gi 号或直接粘贴 FASTA 格式的核酸序列，或上传 FASTA 格式的序列文件)。

⑤ Choose Search Set 部分可以选择与目的序列比对的物种或序列种类。在 Database（搜索数据库）中选择 Nucleotide collection(nr/nt)。

⑥ Program Selection 选择 Somewhat similar sequences（blastn），其他参数使用默认参数，单击左下方的 BLAST 按钮，得到搜索结果。

⑦ 单击相应的序列，即可链接到序列匹配的详细页面。

2.2.2 欧洲核酸档案

欧洲核酸档案（The European Nucleotide Archive，ENA）是在原 EMBL-Bank 核酸序列数据库基础上发展起来的，是欧洲最重要的核酸序列资源。它与 GenBank 和 DDBJ 组成国际核酸序列数据库合作联盟（INSDC）。ENA（EMBL-Bank）由欧洲分子生物学实验室 EMBL 创建，目前由 EBI 负责管理和维护，网址为 http://www.ebi.ac.uk/ena/。ENA 所收录的主要是研究机构直接提交的序列数据、专利申请中与序列相关的数据或与 GenBank 及 DDBJ 交换的数据。它现在主要包括以下三个数据库，即序列片段归档（sequence read archive，SRA）、Trace 归档（trace archive）和 EMBL-Bank。前两个数据库分别收录高通量测序等途径获得的短读段及测序质量等信息，EMBL-Bank 则收录核酸序列及相关信息（图 2.2）。

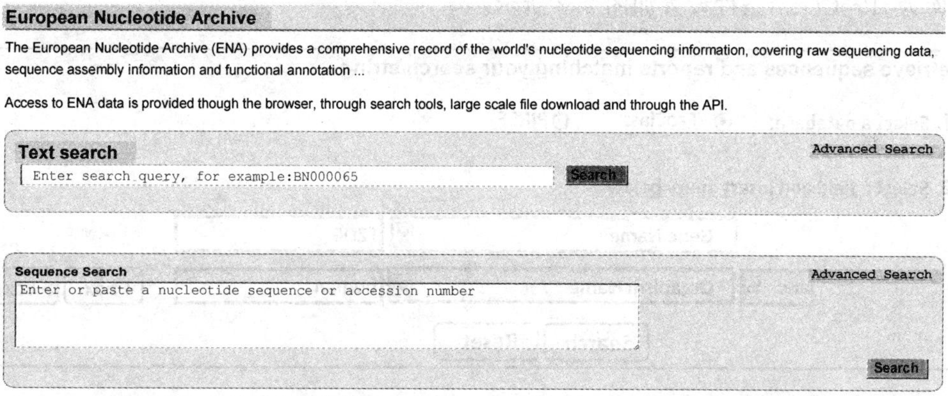

图 2.2 ENA 系统

2.3 蛋白质序列数据库

蛋白质序列数据库的雏形可追溯到 20 世纪 60 年代。20 世纪 60 年代中期到 80 年代初，美国国家生物医学研究基金会（National Biomedical Research Foundation，NBRF）Dayhoff 领导的研究组将搜集到的蛋白质序列和结构信息以"蛋白质序列和结构图谱"（Atlas of Protein Sequence and Structure(1965-1978)）的形式发表，主要用来研究蛋白质的进化关系。1984 年，"蛋白质信息资源"（Protein Information Resource，PIR）计划正式启动，蛋白质数据库 PIR 也因此而诞生。PIR 和 Swiss-Prot 是创建最早、使用最广泛的两个蛋白质数据库。2002 年，PIR 和 EBI 以及 SIB 在 NIH 的资助下，将数据库 PIR-PSD，Swiss-

Prot 和 TrEMBL 统一到了数据库 UniProt。

本节介绍蛋白质序列数据库 PIR、Swiss-Prot 和 UniProt。

2.3.1 PIR 数据库

蛋白质信息库 PIR，网址为 http://pir.georgetown.edu/，由位于美国华盛顿的国家生物医学研究基金会 NBRF 于 1984 年创建，是一个综合的公共生物信息学资源库，其目的是支持基因组、蛋白质组研究。其中的 PIR-国际蛋白质序列数据库（PIR-international protein sequence database，PIR-PSD）是世界上第一个具有分类和功能注释的蛋白质序列数据库，由 PIR、慕尼黑蛋白质序列信息中心（Munich Information Center for Protein Sequences，MIPS）和日本国际蛋白质信息数据库（Japan International Protein Information Database，JIPID）共同维护。PIR 提供三种序列检索服务：基于文本的交互式检索；标准的序列相似性搜索，包括 BLAST、FASTA 等；结合序列相似性、注释信息和蛋白质家族信息的高级检索，包括按注释分类的相似性搜索、结构域搜索等。

例 2.4 在 PIR 数据库中检索人类 FZD6 基因编码蛋白质的记录。

（1）登录 PIR 数据库，http://pir.georgetown.edu/。

（2）单击上面菜单栏中的 Search/Analysis，选择 Text Search，在弹出页面中设置检索数据库为 iProClass，条件设置如图 2.3 所示。

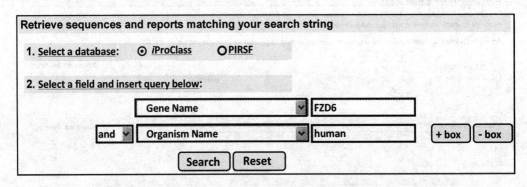

图 2.3 PIR 数据库检索人类 FZD6 基因编码蛋白质的输入设置

注：iProClass 数据库整合了分散在网络中的各种蛋白质数据，是一个全面的蛋白质信息数据库。这些蛋白质信息包括蛋白质家族的相关性、蛋白质的结构、功能和分类。PIRSF 数据库则提供了蛋白质家族分类信息，反应蛋白质进化关系。

（3）单击 Search 按钮，返回如图 2.4 所示的页面，单击选中第一列条目下方的 iProClass（黑框标出）将以 iProClass 视图返回记录页面，如图 2.5 所示，如单击 UniProtKB/Swiss-Prot 将以 UniProt 视图返回记录页面（关于 UniProt 的内容参考本章 2.3.3 节内容）。

（4）在图 2.5 上，单击 PIR-PSD:JE0164（黑框标出），即可打开 PSD 数据库的序列文件，不过现在这种格式的记录已经不再保留了。

☐ Protein AC/ID	Protein Name	Length	Organism Name	PIRSF ID
☐ O60353/FZD6 HUMAN *iProClass UniProtKB/Swiss-Prot*	Frizzled-6 precursor BioThesaurus	706	Homo sapiens (Human)	PIRSF006696; PIRSF501053
☐ G5EA13/G5EA13_HUMAN *iProClass UniProtKB/TrEMBL*	Frizzled homolog 6 (Drosophila), isoform CRA_b BioThesaurus	467	Homo sapiens (Human)	
☐ F5H831/F5H831_HUMAN *iProClass UniProtKB/TrEMBL*	Frizzled-6 BioThesaurus	401	Homo sapiens (Human)	

图 2.4 PIR 数据库检索人类 FZD6 基因编码蛋白检索结果页面

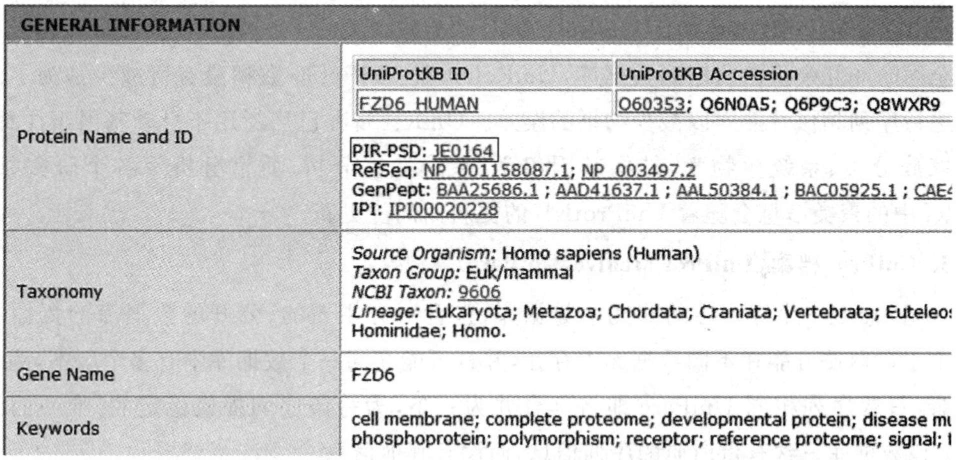

GENERAL INFORMATION

Protein Name and ID	UniProtKB ID	UniProtKB Accession
	FZD6_HUMAN	O60353; Q6N0A5; Q6P9C3; Q8WXR9
	PIR-PSD: JE0164 RefSeq: NP_001158087.1; NP_003497.2 GenPept: BAA25686.1; AAD41637.1; AAL50384.1; BAC05925.1; CAE4 IPI: IPI00020228	
Taxonomy	*Source Organism:* Homo sapiens (Human) *Taxon Group:* Euk/mammal *NCBI Taxon:* 9606 *Lineage:* Eukaryota; Metazoa; Chordata; Craniata; Vertebrata; Euteleo: Hominidae; Homo.	
Gene Name	FZD6	
Keywords	cell membrane; complete proteome; developmental protein; disease m(phosphoprotein; polymorphism; receptor; reference proteome; signal;	

图 2.5 *i*ProClass 视图方式返回记录的页面

2.3.2 Swiss-Prot 数据库

Swiss-Prot 数据库由瑞士日内瓦大学与 EBI 于 1986 年创建,目前已合并入 UniProt 数据库,即 UniProtKB/Swiss-Prot,网址为 http://www.ebi.ac.uk/uniprot/,或直接访问 http://www.uniprot.org。Swiss-Prot 是高质量的、手工注释的、非冗余的蛋白质序列数据库,数据集涉及已知蛋白质的序列、引用文献信息、分类学信息、注释信息等,并与其他数据库建立了交叉引用,其中包括核酸序列库、蛋白质序列库和蛋白质结构库等。

TrEMBL 数据库作为 Swiss-Prot 的补充,是一个计算机注释的蛋白质数据库,主要包含了从核酸数据库中根据编码序列翻译而得到的蛋白质序列。现在 TrEMBL 数据库也已经合并入 UniProt 数据库,即 UniProtKB/TrEMBL。

2.3.3 UniProt 数据库

通用蛋白质资源库 UniProt(universal protein resource),是信息最丰富、资源最广的蛋白质数据库，网址为 http://www.uniprot.org/。它是整合 Swiss-Prot、TrEMBL 和 PIR-PSD 三个数据库的数据而成。UniProt 包括：

1. UniProt 知识库（UniProt knowledgebase，UniProtKB）

UniProtKB 为用户提供了有关目的蛋白质的全面的综合信息。UniProtKB 主要包括两部分：UniProtKB/Swiss-Prot（包含检查过的、手工注释的条目）和 UniProtKB/TrEMBL（包含未校验的、自动注释的条目）。

2. UniProt 参考资料库（UniProt reference clusters，UniRef）

UniRef 对来自 UniProtKB 的数据以及从 UniParc 中挑选的一些数据，提供聚类信息，以加快搜索速度。它将相同的序列和片段（11 个残基或更大）归并为一个记录，提供相应的序列信息以及所合并序列在 UniProtKB 和 UniParc 中的记录号以及链接。该数据库按照同一性（identity）分为：UniRef100、UniRef90 和 UniRef50。UniRef90 和 UniRef50 建立在 UniRef100 基础上，数据量相比 UniRef100，分别会减少大约 40% 和 65%。UniRef100 是目前最全面的非冗余蛋白质序列数据库，UniRef90 和 UniRef50 数据量有所减少是为了能更快地进行序列相似性搜索以减少结果的误差。UniRef 现在已广泛用于自动基因组注释、蛋白质家族分类、系统生物学、结构基因组学、系统发生分析、质谱分析等各个研究领域。UniRef 中的聚类信息会随着 UniProtKB 的更新而同步更新。

3. UniProt 档案（UniProt archive，UniParc）

UniParc 是一个综合性的非冗余数据库，包含所有主要的、公开的数据库的蛋白质序列。由于蛋白质可能在不同数据库中存在，并且可能在同一个数据库中有多个版本，为了去除冗余，只要序列相同 UniParc 即将其合并为一条，为每条序列提供稳定的、唯一的编号 UPI。该数据库只含有蛋白质的序列信息，而没有其他信息。

4. UniProt 元基因组学与环境微生物序列数据库（UniProt metagenomic and environmental sequences，UniMES）

UniMES 数据库是专门为元基因组学研究领域服务的，可以通过 UniProt 主页右上方的 Downloads 链接下载其数据。向 UniProtKB 提交蛋白质序列，可用在线程序 SPIN（只接受直接测序获得的蛋白质序列），网址为 http://www.ebi.ac.uk/swissprot/Submissions/spin/。

例 2.5　在 UniProtKB 数据库中检索人白细胞介素-2（Interleukin-2）的蛋白记录。

（1）登录 UniProt 网站，http://www.uniprot.org/。

（2）在 Search in 下拉列表中选择 Protein Knowledgebase（UniProtKB），在随后的 Query 文本框中直接输入 Interleukin-2 human，单击 Search 按钮（也可以单击右侧的 Advanced 按钮，进行高级检索设置）。

（3）返回的检索页面如图 2.6 所示。检索结果中的记录分为两类，一类来自 UniProtKB/Swiss-Prot，每条记录对应的数据都经过人工审核，可靠性较高；另一类记录则来自 UniProtKB/TrEMBL，其数据由计算机分析获得，未经过人工审核。单击每条记录的检索号，则以 UniProt 视图返回记录信息。

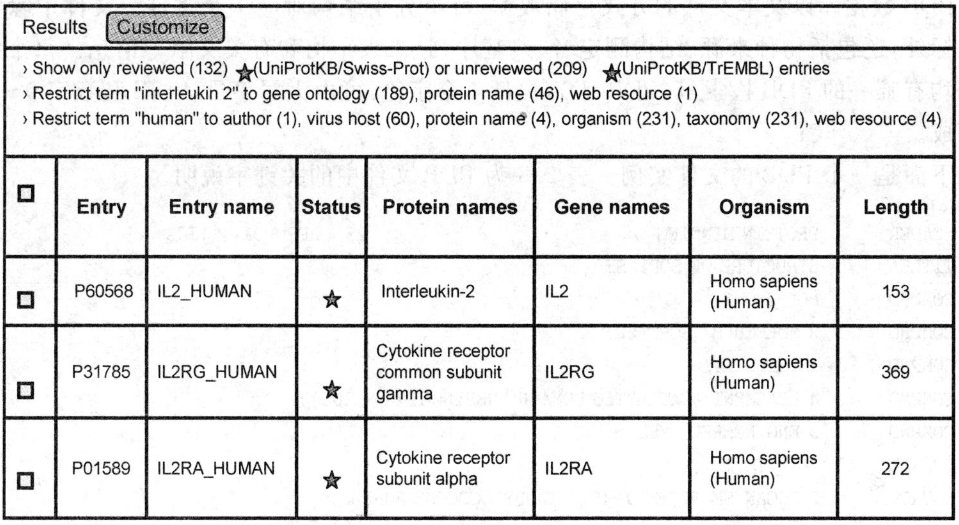

	Entry	Entry name	Status	Protein names	Gene names	Organism	Length
☐	P60568	IL2_HUMAN	☆	Interleukin-2	IL2	Homo sapiens (Human)	153
☐	P31785	IL2RG_HUMAN	☆	Cytokine receptor common subunit gamma	IL2RG	Homo sapiens (Human)	369
☐	P01589	IL2RA_HUMAN	☆	Cytokine receptor subunit alpha	IL2RA	Homo sapiens (Human)	272

Results Customize

› Show only reviewed (132) ☆(UniProtKB/Swiss-Prot) or unreviewed (209) ☆(UniProtKB/TrEMBL) entries
› Restrict term "interleukin 2" to gene ontology (189), protein name (46), web resource (1)
› Restrict term "human" to author (1), virus host (60), protein name (4), organism (231), taxonomy (231), web resource (4)

图 2.6　UniProtKB 数据库中检索人白细胞介素-2 的检索结果

2.4　蛋白质结构数据库

蛋白质空间结构数据库的基本内容为通过实验测定的蛋白质分子空间结构的原子坐标数据。随着越来越多的蛋白质分子结构被测定,蛋白质结构分类的研究也不断深入,出现了蛋白质家族、结构域等数据库。本节介绍蛋白质结构数据库 PDB、蛋白质结构分类数据库 SCOP 和蛋白质二级结构数据库 DSSP。

2.4.1　蛋白质结构数据库 PDB

蛋白质结构数据库 PDB(protein data bank)是美国 Brookhaven 实验室 1971 年创建,现在由结构生物学合作研究协会(Research Collaboratory for Structural Bioinformatics, RCSB)进行维护,网址为 http://www.rcsb.org/。

PDB 数据库中存储着实验(X 射线晶体衍射,核磁共振 NMR 等)测定的生物大分子的三维结构,其中大部分是蛋白质的三维结构,此外还包括核酸、蛋白质与核酸复合物等。截止 2012 年 6 月 19 日,PDB 数据库已有 82522 个结构数据,其中 90% 以上是蛋白质(见表 2.4)。

表 2.4　PDB 数据库中的数据统计

实 验 方 法	分子类型				总　计
	蛋白质	核酸	蛋白质/核酸复合物	其他	
X-RAY	67618	1368	3417	2	72405
NMR	8286	988	187	7	9468
ELECTRON MICROSCOPY	294	22	120	0	436
HYBRID	44	3	2	1	50
Other	144	4	5	13	163
总计	76383	2385	3731	23	82522

PDB 数据库以文本文件的方式存储数据，每个分子结构对应一个文件。文件中除了原子坐标外，还包括物种来源、结构测定者、残基序列、二级结构和有关文献等信息。每个结构数据均有唯一的 PDB 检索号（PDB-ID），包括 4 个字符，可由大写字母 A～Z 和数字 0～9 组合而成。

下面是一个 PDB 的文件实例。表 2.5 为 PDB 文件中的关键字说明。

```
HEADER      PROTEIN BINDING                    25 - APR - 01   1IJA
TITLE       STRUCTURE OF SORTASE
COMPND      MOL_ID: 1;
COMPND      2 MOLECULE: SORTASE;
COMPND      3 CHAIN: A;
COMPND      4 FRAGMENT: CATALYTIC DOMAIN (RESIDUES 60 - 206);
COMPND      5 ENGINEERED: YES
SOURCE      MOL_ID: 1;
SOURCE      2 ORGANISM_SCIENTIFIC: STAPHYLOCOCCUS AUREUS;
......
KEYWDS      EIGHT STRANDED BETA BARREL, TRANSPEPTIDASE, PROTEIN BINDING
EXPDTA      SOLUTION NMR
......
JRNL        AUTH   U. ILANGOVAN, H. TON - THAT, J. IWAHARA, O. SCHNEEWIND,
JRNL        AUTH 2  R. T. CLUBB
JRNL        TITL    STRUCTURE OF SORTASE, THE TRANSPEPTIDASE THAT
JRNL        TITL  2  ANCHORS PROTEINS TO THE CELL WALL OF
JRNL        TITL  3  STAPHYLOCOCCUS AUREUS.
......
SEQRES      1 A  148   MET GLN ALA LYS PRO GLN ILE PRO LYS ASP LYS SER LYS
SEQRES      2 A  148   VAL ALA GLY TYR ILE GLU ILE PRO ASP ALA ASP ILE LYS
SEQRES      3 A  148   GLU PRO VAL TYR PRO GLY PRO ALA THR PRO GLU GLN LEU
......
SEQRES     11 A  148   GLU LYS THR GLY VAL TRP GLU LYS ARG LYS ILE PHE VAL
SEQRES     12 A  148   ALA THR GLU VAL LYS
HELIX       1   1 THR A   35  ASN A   40  16
HELIX       2   2 THR A   73  ALA A   78  56
SHEET       1   A 9 GLY A  16  ILE A  20  0
SHEET       2   A 9 ILE A  25  TYR A  30 -1  N  ILE A  25   O  ILE A  20
SHEET       3   A 9 VAL A  43  PHE A  45  1  O  VAL A  43   N  TYR A  30
......
MASTER     835    0    0    2   11    0    0   659025   25    0   12
END
```

由于 PDB 存放结构数据是以文本文件的格式，所以可用文字编辑软件进行查看。但是，这样查看注释信息不太方便，更无法直观地了解分子的空间结构。因此，应与结构模型显示软件结合起来，以图形方式显示三维结构，这些软件如 RasMol、RCSB MBT Viewers、Swiss-PdbViewer、Jmol 等。这些软件能够以各种各样的模型显示生物大分子的三维结构，如结构骨架模型、棒状模型、球棒模型、带状模型等。

PDB 数据库在主页上提供了检索程序，可检索的字段包括 PDB-ID、结构名称、生物来源、提交作者、实验方法、氨基酸序列等项。

表 2.5 PDB 数据库的主要关键字

关 键 字	说 明	关 键 字	说 明
HEADER	分子类别 公布日期 ID 号	FORMUL	非标准残基化学式
OBSLTE	注明该 ID 号已改为新号	HELIX	螺旋
TITLE	该结构信息的简单说明	SHEET	折叠
CAVEAT	可能的错误提示	SSBOND	二硫键
COMPND	化合物分子组成	LINK	残基间化学键
SOURCE	化合物来源	CISPEP	顺势残基
KEYWDS	关键词	SITE	特性位点
EXPDTA	测定结构所用的实验方法	CRYST1	晶胞参数
AUTHOR	结构提交者	ORIGXn	直角－PDB 坐标
REVDAT	修订日期及相关内容	SCALEn	直角部分结晶学坐标
SPRSDE	已撤销或更改的相关记录	MTRIXn	非晶相对称
JRNL	发表坐标集的文献	MODEL	多亚基时显示亚基号
REMARK	有关注释	ATOM	标准基团的原子坐标
DBREF	其他序列库的有关记录	ANISOU	温度因子
SEQADV	PDB 与其他记录的出入	TER	链末端
SEQRES	残基序列	HETATM	非标准基团原子坐标
MODRES	对标准残基的修饰	ENDMDL	亚基结束
HET	非标准残基	CONECT	原子间的连通性记录
HETNAM	非标准残基的化学名称	MASTER	版权拥有者
HETSYN	非标准残基的同义字	END	文件结束

例 2.6 在 PDB 数据库中检索人钙调素蛋白(calmodulin)的结构信息,并下载其 PDB 文件。

(1)登录 PDB 数据库主页,http://www.rcsb.org。

(2)在主页上方检索框中直接输入检索词 human calmodulin,单击 search 按钮(也可单击右侧的 Advanced 按钮,进行高级检索设置)。

(3)搜索结果会出现多条结构数据,其中 PDB-ID 为 1GGZ 的是人上皮细胞中的钙调素样蛋白,单击此 ID,可进入 1GGZ 的具体页面。

(4)在 1GGZ 的 Summary 显示页面,右侧的 Biological Assembly 区域可以观察蛋白的三维结构。还可单击标签 Sequence、Annotations 等观察相应的信息。

(5)单击页面右上角 Download Files 可下载不同格式和内容的文件,此时单击 PDB File(Text),即可下载保存该结构的 PDB 文件(1adz.pdb)。

(6)以后可使用 RasMol、Swiss-PdbViewer 等结构模型显示软件打开 1adz.pdb 文件,进行三维结构查看。RasMol 软件下载地址 http://www.rasmol.org/software/rasmol/, Swiss-PdbViewer 软件下载地址 http://spdbv.vital-it.ch/。

2.4.2 蛋白质结构分类数据库 SCOP

蛋白质结构分类数据库 SCOP(structural classification of proteins),网址为 http://

scop. mrc-lmb. cam. ac. uk/scop/。该数据库是对已知三维结构的蛋白质进行分类，并描述它们之间的结构和进化关系。此外，对于每一个蛋白质还包括了到 PDB 的连接、结构图像等信息。由于蛋白质之间的结构和进化关系尚不能完全依赖计算机程序，因此 SCOP 的结构分类工作还要依赖人工来验证完成。

SCOP 数据库的分类基于以下层次：类（class）、折叠（fold）、超家族（superfamily）、家族（family）、蛋白质结构域（protein domains）、物种（species），最后是具体的 PDB 蛋白质结构记录。

类（class）：包括全 α 蛋白、全 β 蛋白、以平行折叠为主的 α/β 蛋白、以反平行折叠为主的 α+β 蛋白、多结构域蛋白、膜蛋白、小蛋白。

折叠（fold）：无论有无共同的进化起源，只要二级结构单元具有相同的排列和拓扑结构，即将蛋白质分类为具有相同的折叠。

超家族（superfamily）：超家族中的成员具有远源进化关系，具有共同的进化源。有些蛋白质，它们序列之间的相似性较低，序列等同部分短，但是结构和功能特征显示可能有一个共同的进化源，对于这些蛋白质将它们放入一个超家族中。

家族（family）：通常将序列相似性在 30% 以上的蛋白质归入同一家族，即它们之间有比较明确的进化关系。若序列相似性较低，但具有相似的结构和相似的功能，也归入同一个家族。

目前，SCOP 数据库的版本为 2009 年 6 月发布的 1.75 版，该版本包括 38221 个蛋白质，该版本的统计信息见表 2.6。

表 2.6　SCOP 数据库统计信息

类（class）	折叠数目（folds）	超家族数目（superfamilies）	家族数目（families）
全 α 蛋白	284	507	871
全 β 蛋白	174	354	742
α/β 蛋白	147	244	803
α+β 蛋白	376	552	1055
多结构域蛋白	66	66	89
膜蛋白	58	110	123
小蛋白	90	129	219
总计	1195	1962	3902

SCOP 数据库中的数据可以通过其分级结构进行浏览，或使用关键字、PDB-ID 进行查询。

例 2.7　在 SCOP 数据库中浏览全 α 型蛋白的数据。

（1）登录 SCOP 数据库主页，http://scop. mrc-lmb. cam. ac. uk/scop/。

（2）单击 Access methods 中的 Enter SCOP at the top of the hierarchy。

（3）单击 All alpha proteins（共有 46456 个全 α 型蛋白质，包括 284 个折叠）。

（4）单击第一个折叠 Globin-like（其包括 2 个超家族）。

（5）单击第一个超家族 Globin-like（其包括 4 个家族）。

（6）单击第一个家族 Truncated hemoglobin（其包括 6 个结构域）。

（7）继续向下查看，可看到详细的 PDB-ID。

例 2.8 在 SCOP 数据库中查找 PDB-ID 为 1GGZ 的结构分类信息。

（1）在 SCOP 主页单击 Access methods 中的 Keyword search of SCOP entries。

（2）在弹出的页面中，输入 PDB-ID 为 1ggz，选中 Search the SCOP database，单击 Retrieve Information 按钮。

（3）返回的查询结果如图 2.7 所示。

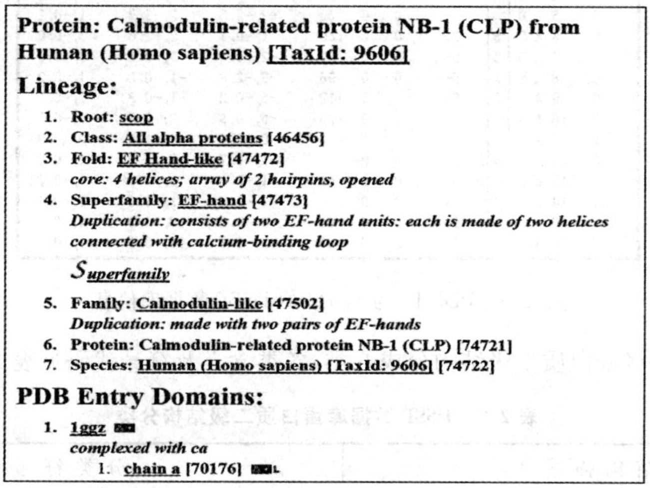

Protein: Calmodulin-related protein NB-1 (CLP) from Human (Homo sapiens) [TaxId: 9606]

Lineage:
1. Root: scop
2. Class: All alpha proteins [46456]
3. Fold: EF Hand-like [47472]
   core: 4 helices; array of 2 hairpins, opened
4. Superfamily: EF-hand [47473]
   Duplication: consists of two EF-hand units: each is made of two helices connected with calcium-binding loop

   Superfamily

5. Family: Calmodulin-like [47502]
   Duplication: made with two pairs of EF-hands
6. Protein: Calmodulin-related protein NB-1 (CLP) [74721]
7. Species: Human (Homo sapiens) [TaxId: 9606] [74722]

PDB Entry Domains:
1. 1ggz ▨
   complexed with ca
   1. chain a [70176] ▨

图 2.7 PDB-ID 为 1GGZ 的 SCOP 数据库分类信息

由查询结果可知，1ggz（人上皮细胞中的钙调素样蛋白）属于全 α 型蛋白→EF Hand-like 折叠 → EF-hand 超家族 → Calmodulin-like 家族 → Calmodulin-related protein NB-1 (CLP)结构域。

另一个蛋白质结构分类数据库 CATH，网址为 http://www.cathdb.info/。该数据库的名称 CATH 分别是该数据库中四种分类类别的首字母，即蛋白质类别（class）、构架（architecture）、拓扑结构（topology）和蛋白质同源超家族（homologous superfamily）。与 SCOP 数据库一样，CATH 数据库的构建既使用计算机程序，也需进行人工检查。

2.4.3 蛋白质二级结构数据库 DSSP

DSSP(define secondary structure of proteins)是用于对蛋白质结构中的氨基酸残基进行二级结构构像分类的标准化算法，由 Wolfgang Kabsch 和 Christian Sander 设计。DSSP 数据库(definition of secondary structure of proteins)是由此算法生成的存放蛋白质二级结构分类数据的数据库，网址为 http://swift.cmbi.ru.nl/gv/dssp/。

DSSP 数据库中的数据是根据 PDB 数据库中的蛋白质三维结构，推导出相应的蛋白质二级结构，因此，它是一个二级数据库（相对于原始数据库）。该数据库以文本文件的方式存储数据，每个蛋白质对应一个文件。文件中除了蛋白质二级结构信息以外，还包括蛋白质的几何特征等信息。

图 2.8 所示是 DSSP 数据库中 PDB-ID 为 1ADZ 的记录文件（其中的一部分），黑框标出列即为相应的蛋白质二级结构信息。

```
HEADER    HYDROLASE                              19-FEB-97   1ADZ
COMPND    2 MOLECULE: TISSUE FACTOR PATHWAY INHIBITOR:
SOURCE    2 ORGANISM_SCIENTIFIC: HOMO SAPIENS:
AUTHOR    M. J. M. BURGERING, L. P. M. ORBONS
..................
  #  RESIDUE AA STRUCTURE BP1 BP2  ACC   N-H-->O     O-->H-N     N-H-->O
  1   1 A D                 0   0  202   0, 0.0      2,-0.0      0, 0.0
  2   2 A Y          -      0   0  188   2,-0.1      2,-0.2      3,-0.0
  3   3 A K          -      0   0  105   8,-0.0      2,-2.5      9,-0.0
  4   4 A D          -      0   0   69   6,-0.4      6,-0.9     -2,-0.2
  5   5 A D          +      0   0   60  -2,-2.5      2,-1.9      1,-0.2
  6   6 A D    S     S+     0   0  160   1,-0.1      2,-2.8      3,-0.0
  7   7 A D    S     S-     0   0   77  -2,-1.9      3,-0.3     -3,-0.5
  8   8 A K    S     S-     0   0   96  -2,-2.8     -1,-0.2      1,-0.2
  9   9 A L    S     S-     0   0  112  -5,-0.2     -1,-0.2      1,-0.1
 10  10 A K                 0   0   28  -6,-0.9      2,-0.7     -3,-0.3
 11  11 A P    >     -      0   0    8   0, 0.0      3,-1.6      0, 0.0
 12  12 A D  G >     S+     0   0   90  -2,-0.7      3,-1.3      1,-0.3
 13  13 A F  G >     S+     0   0   51   1,-0.3      3,-0.9      2,-0.2
 14  14 A a  G <     S+     0   0    0  -3,-1.6     -1,-0.3      1,-0.3
 15  15 A F  G <     S+     0   0   66  -3,-1.3     19,-0.5     -4,-0.5
 16  16 A L    S <   S-     0   0   67  -3,-0.9     16,-0.1     -4,-0.4
```

图 2.8　PDB-ID 为 1ADZ 的 DSSP 数据库信息

DSSP 数据库将蛋白质二级结构分成八类,各类含义及符号代码见表 2.7。

表 2.7　DSSP 数据库蛋白质二级结构分类

结 构 描 述	分 类 符 号
α-helix	H
310-helix	G
π-helix	I
β-strand	E
β-bridge	B
Turn	T
Bend	S
Coil	blank

DSSP 数据库中的数据可以通过 MRS 检索系统(http://mrs.cmbi.ru.nl/)进行查询,也可以直接从 FTP 服务器下载,网址为 ftp://ftp.cmbi.ru.nl/pub/software/dssp/。

此外,可以通过网站 http://mrs.cmbi.ru.nl/hsspsoap/直接提交 PDB 文件,由 DSSP 计算得到相应的蛋白质二级结构信息。

例 2.9　通过 MRS 系统查询 PDB-ID 为 1GGZ 的蛋白质二级结构信息。

(1) 登录 DSSP 数据库主页,http://swift.cmbi.ru.nl/gv/dssp/。

(2) 在左侧导航栏中单击 MRS。

(3) 在新页面中选择 DSSP 数据库,在随后的文本框中填写 1GGZ,单击 Search。

(4) 即可得到相应的蛋白质二级结构信息。

2.5　其他分子生物学数据库

1. 人类基因与疾病数据库

(1) 人类孟德尔遗传数据库 OMIM(online mendelian inheritance in man),网址为

http：//www. ncbi. nlm. nih. gov/omim。

（2）单核苷酸多态性数据库 dbSNP，网址为：http：//www. ncbi. nlm. nih. gov/SNP/。

（3）人类基因突变数据库 HGMD（human gene mutation database），网址为 http：// www. hgmd. org/。

（4）GeneCards 数据库，网址为：http：//www. genecards. org/。

（5）遗传关联数据库 GAD（genetic association database），网址为 http：// geneticassociationdb. nih. gov/。

（6）蛋白质突变数据库 PMD（protein mutant database），网址为 http：//pmd. ddbj. nig. ac. jp/。

2. 基因组数据库

（1）UCSC 基因组浏览器（UCSC genome browser），网址为 http：//genome. ucsc. edu/。

（2）Ensembl 数据库，网址为 http：//www. ensembl. org/。

（3）NCBI 基因组数据库 Entrez Genomes，网址为 http：//www. ncbi. nlm. nih. gov/ sites/entrez? db＝genome。

3. 转录调控数据库

（1）转录因子数据库 TRANSFAC，网址为 http：//www. gene-regulation. com/。

（2）转录调控元件数据库 TRED（transcriptional regulatory element database），网址为 http：//rulai. cshl. edu/tred/。

（3）转录调控区域数据库 TRRD（transcription regulatory regions database），网址为 http：//www. mgs. bionet. nsc. ru/mgs/gnw/trrd/。

（4）真核基因启动子数据库 EPD（eukaryotic promoter database），网址为 http：//epd. vital-it. ch/。

4. 代谢通路数据库

（1）KEGG 数据库（kyoto encyclopedia of genes and genomes），网址为 http：//www. genome. jp/kegg/。

（2）HMDB 数据库（human metabolome database），网址为 http：//www. hmdb. ca/。

（3）BioCyc 数据库，网址为 http：//biocyc. org/。

（4）UniProtKB 下的 UniPathway，网址为 http：//www. grenoble. prabi. fr/ obiwarehouse/unipathway。

（5）MetaCyc 数据库，网址为 http：//metacyc. org/。

5. 蛋白质序列模式数据库

（1）InterPro 数据库，网址为 http：//www. ebi. ac. uk/interpro/。

（2）同源蛋白家族数据库 Pfam，网址为 http：//pfam. sanger. ac. uk/。

（3）PRINTS 数据库，网址为 http：//www. bioinf. man. ac. uk/dbbrowser/PRINTS/。

（4）ProDom 数据库，网址为 http：//prodom. prabi. fr/。

（5）蛋白质功能位点数据库 PROSITE，网址为 http：//www. expasy. org/prosite/。

（6）SMART 数据库，网址为 http：//smart. embl-heidelberg. de。

6. 蛋白质相互作用数据库

(1) BIND 数据库(biomolecular interaction network database)，网址为 http://bind.ca。

(2) DIP 数据库(database of interacting proteins)，网址为 http://dip.doe-mbi.ucla.edu/。

(3) HPID 数据库(human protein interaction database)，网址为 http://www.hpid.org/。

(4) HPRD 数据库(human protein reference database)，网址为 http://www.hprd.org/。

(5) IntAct 数据库，网址为 http://www.ebi.ac.uk/intact/。

(6) MINT 数据库(molecular interaction)，网址为 http://mint.bio.uniroma2.it/mint/。

(7) MIPS 的哺乳动物蛋白质相互作用数据库(mammalian protein-protein interaction database)，网址为 http://mips.helmholtz-muenchen.de/proj/ppi/。

(8) STRING 数据库，网址为 http://string.embl.de/。

7. 基因注释数据库

(1) 基因本体数据库 GO(gene ontology)，网址为 http://www.geneontology.org/。

(2) MetaBase 数据库，网址为 http://metadatabase.org。

(3) UniProt-GOA 数据库(gene ontology annotation)，网址为 http://www.ebi.ac.uk/GOA/。

8. miRNA 数据库

(1) miRBase 数据库，网址为 http://www.mirbase.org/。

(2) miRecords 数据库，网址为 http://miRecords.umn.edu/miRecords/。

(3) miRGen 数据库，网址为 http://www.diana.pcbi.upenn.edu/miRGen/。

(4) Starbase 数据库，网址为 http://starbase.sysu.edu.cn/。

(5) TarBase 数据库，网址为 http://microrna.gr/tarbase。

9. 微阵列数据和其他基因表达数据库

(1) GEO 数据库(gene expression omnibus)，网址为 http://www.ncbi.nlm.nih.gov/geo/。

(2) ArrayExpress 数据库，网址为 http://www.ebi.ac.uk/arrayexpress/。

(3) CGED 数据库(cancer gene expression database)，网址为 http://lifesciencedb.jp/cged/。

(4) SMD 数据库(stanford microarray database)，网址为 http://smd.stanford.edu/。

第3章

序列比对

比较是科学研究中最常见的研究方法之一，通过将研究对象进行相互比较，以寻找研究对象可能具备的某些特征和特性。在生物信息学研究中，序列比对就是对生物分子序列进行比较，它通过对两个或多个核苷酸或氨基酸序列按照一定的规律排列起来，逐列比较其字符的异同，判断它们之间的相似程度和同源性，从而推测它们的结构、功能以及进化上的联系。

序列比对是生物信息学中最基本、最重要的操作之一，它的理论基础是进化学说，即如果两个序列之间具有足够高的相似性，那么二者可能是由共同的进化祖先经过序列内残基的替换、残基或序列片段的缺失或插入以及序列重组等遗传变异过程分别演化而来。因此，通过序列比对可以发现生物序列中的功能、结构和进化的信息。序列比对的任务就是通过比较生物分子序列，发现它们的相似性，找出序列之间的共同区域，同时辨别序列之间的差异。

在分子生物学中，不同核酸分子（或蛋白质分子）的相似性包括多方面的含义，可能是分子序列之间的相似，可能是分子空间结构的相似，也可能是分子功能的相似。对于生物大分子，尤其是蛋白质分子，一个普遍的规律是分子的序列决定其空间结构，而这种折叠结构决定它的功能。研究序列相似性的目的之一就是通过比较未知序列和已知序列的相似性来预测未知序列的结构和功能；研究序列相似性的另一个目的是通过序列的相似性，推断序列之间的同源性，推测序列之间的进化关系。

3.1 序列比对基础

3.1.1 序列比对的分类

根据同时进行比对的序列数目的不同，序列比对分为双序列比对（pairwise alignment）和多序列比对（multiple sequence alignment）。两条序列的比对称为双序列比对；三条或以上序列的比对称为多序列比对。

序列比对如果从比对范围考虑也可分为全局比对（global alignment）和局部比对（local alignment）。全局比对是从全长序列出发，考察序列之间的整体相似性；而局部比对则着眼于序列中的某些特殊片断，比较这些片断之间的相似性。局部相似性比对的生物学基础是蛋白质功能位点往往是由较短的序列片段组成的，尽管在序列的其他部位可能有插入、删除或突变，但这些功能位点的序列具有相当大的保守性，而应用局部比对的方法可以发现不同序列中的这些保守序列，其结果更具有生物学意义。

3.1.2　序列的相似性

序列相似（similarity）和序列同源（homology）是两个完全不同的概念。序列之间的相似可以用一个数值来表示，即序列比对结果中序列之间相同核苷酸或氨基酸所占比例的大小；而同源序列是指从某一共同祖先经过趋异进化而形成的不同序列。当两条序列同源时，它们的氨基酸或核苷酸序列通常有显著的一致性（identity）。如果两条序列有一个共同的进化祖先，那么它们是同源的。两条序列要么是同源的，要么是不同源的，不存在同源性（homology）的程度问题。在实际应用中，可以根据序列的相似程度来推断比对序列是否具有同源性。

序列比对是对序列相似性的描述，它反映了比对序列在什么部位相似，或在什么部位存在差异。序列比对的结果根据比对序列的条数和每条序列的长度会有许多种，其中有一种或几种结果能够揭示序列的最大相似程度，指出序列之间的根本差异，这个比对结果被称为最优比对。序列比对的目的就是应用不同的算法，从众多的比对结果中找出最优比对，在此基础上对比对序列进行相应的生物信息学分析。

1. 字母表和序列

在生物分子信息处理过程中，将生物分子序列抽象为字符串，其中的字符取自特定的字母表。字母表是一组符号或字符，字母表中的元素组成序列。

（1）一些重要的字母表

4 字符 DNA 字母表{A，C，G，T}；

扩展的遗传学字母表或 IUPAC 编码，见表 3.1；

表 3.1　扩展的遗传学字母表（IUPAC 编码）

含　义		说　明
G	G	Guanine
A	A	Adenine
T	T	Thymine
C	C	Cytosine
R	G or A	Purine
Y	T or C	Pyrimidine
M	A or C	Amino
K	G or T	Keto
S	G or C	Strong interaction（3 H bonds）
W	A or T	Weak interaction（2 H bonds）
H	A or C or T	Not-G

含 义		说 明
B	G or T or C	Not-A
V	G or C or A	Not-T(Not-U)
D	G or A or T	Not-C
N	G or A or T or C	Any

单字母氨基酸编码,见表3.2。

表 3.2 20 种标准氨基酸的英文简写

氨基酸名称	英文缩写	简 写	氨基酸名称	英文缩写	简 写
甘氨酸	Gly	G	丝氨酸	Ser	S
丙氨酸	Ala	A	苏氨酸	Thr	T
缬氨酸	Val	V	天冬酰胺	Asn	N
异亮氨酸	Ile	I	谷酰胺	Gln	Q
亮氨酸	Leu	L	酪氨酸	Tyr	Y
苯丙氨酸	Phe	F	组氨酸	His	H
脯氨酸	Pro	P	天冬氨酸	Asp	D
甲硫氨酸	Met	M	谷氨酸	Glu	E
色氨酸	Trp	W	赖氨酸	Lys	K
半胱氨酸	Cys	C	精氨酸	Arg	R

(2) 序列的表示方法

为了说明序列 s 的子序列和 s 中单个字符,我们在序列 s 中各字符之间用数字标明分割边界。

例如,设 $s=$ ACCACGTA,则 s 可表示为 $_0A_1C_2C_3A_4C_5G_6T_7A_8$。其中, $_i:s:_j$ 表示序列 s 中的第 i 位和第 j 位之间的子序列, $0 \leqslant i \leqslant j \leqslant |s|$;子序列 $_0:s:_i$ 称为前缀,即 prefix(s,i);而子序列 $_i:s:_{|s|}$ 称为后缀,即 suffix$(s, |s|-i+1)$;当 $i=j$ 时, $_i:s:_j$ 表示空序列;当 $i=j-1$ 时, $_{(j-1)}:s:_j$ 表示序列 s 中的第 j 个字符,记为 s_j。

两条序列 s 和 t 的连接用 $s++t$ 来表示,如

$$ACC++CTA = ACCCTA$$

字符串操作除连接操作之外,还有一个删除操作(k 操作),即删除一个字符串中的某些字符。有三种情况:

删除后缀得到前缀,prefix$(s,l) = sk^{|s|-l}$,其中 l 为保留下的字符个数;

删除前缀得到后缀,suffix$(s,l) = k^{|s|-l}s$,其中 l 为保留下的字符个数;

删除前缀和后缀得到中间序列, $_i:s:_j = k^{i-l}sk^{|s|-j}$。

2. 编辑距离(edit distance)

量化两条序列的相似程度有两种方法,一种为相似度,它是两条序列的函数,其值越大,表示两条序列越相似;另一种是两条序列之间的距离,距离越大,则两条序列的相似度就越小。在大多数情况下,相似度和距离可以交互使用,并且距离越大,相似度越小,反之亦然。

怎样计算两条序列间的距离呢?

观察这样两条核酸序列：$s =$ GCATGACGAATCAG，$t =$ TATGACAAACAGCA。一眼看上去，这两条序列并没有什么相似之处，见图 3.1(a)；如果将序列 t 右移一位并对比排列起来以后就可以发现它们的相似性，见图 3.1(b)；如果在序列 t 中的第 6 个字符 C 和第 7 个字符 A 之间加上一空位，就会发现原来这两条序列有很多相似之处，见图 3.1(c)。

```
s：GCATGACGAATCAG        s：GCATGACGAATCAG-        s：GCATGACGAATCAG--
   |                       |||||  ||               |||||  ||  |||
t：TATGACAAACAGCA        t：-TATGACAAACAGCA        t：-TATGAC-AAACAGCA
       (a)                        (b)                       (c)
```

图 3.1　序列 s 和序列 t 的 3 种比对结果

图 3.1 只是两条序列相似性的一种定性表示方法，为了说明两条序列的相似程度，还需要定量计算。

最简单的定量计算就是海明(Hamming)距离。对于两条长度相等的序列，海明距离等于对应位字符不同的个数。例如图 3.1(a)比对的海明距离为 13。

使用海明距离来计算序列相似程度不够灵活，这是因为序列可能具有不同的长度，两条序列中各位置上的字符并不一定是真正的对应关系。例如，在 DNA 复制的过程中，可能会发生像删除或插入一个碱基这样的错误，虽然两条序列的其他部分相同，但由于位置的移动导致海明距离的失真。就上述例子来看，图 3.1(a)比对的海明距离为 13，看不出两条序列有什么相似之处，但是，如果在两条序列中做相应的处理，就可以看出这两条序列还是有很多的相似之处，见图 3.1(b)和图 3.1(c)。实际上，在许多情况下，直接运用海明距离来衡量两条序列的相似程度是不合理的。

为了解决字符插入和删除问题，引入字符"编辑操作"(edit operation)的概念，通过编辑操作将一个序列转化为一个新序列。用一个新的字符"－"代表空位(space)，并定义下述字符编辑操作：

(1) match(a,a)— 字符匹配；

(2) delete(a,-)— 从第一条序列删除一个字符，或在第二条序列相应的位置插入空白字符；

(3) replace(a,b)—以第二条序列中的字符 b 替换第一条序列中的字符 a，$a \neq b$；

(4) insert(-,b)—在第一条序列插入空位字符，或删除第二条序列中的对应字符 b。

很显然，在比较两条序列 s 和 t 时，在 s 中的一个删除操作等价于在 t 中对应位置上的一个插入操作，反之亦然。需要注意的是，两个空位字符不能匹配，因为这样的操作没有意义。引入上述编辑操作后，重新计算两条序列的距离，就称为编辑距离。

以上的编辑操作仅仅是关于序列的常用操作，在实际应用中还可以引入复杂的序列操作。图 3.2(a)是两条序列的一种比对，如果将第二条序列头尾倒置，可以发现两条序列惊人地相似，见图 3.2(b)；再比如，图 3.2(c)中两条序列有什么关系呢？如果将其中一条序列中的碱基替换为其互补碱基，就会发现其中的关系。

```
ACCGACAATATGCATA        ACCGACAATATGCATA        CTAGTCGAGGCAATCT
  |   |     |    |        || ||||||||| |||
ATAGGTATAACAGTCA        ACTGACAATATGGATA        GAACAGCTTCGTTAGT
       (a)                        (b)                       (c)
```

图 3.2　复杂的序列操作举例

综上所述,序列比对就是对序列进行编辑操作,通过字符匹配和替换,或者插入和删除字符,使比对序列中相同的字符尽可能地一一对应,然后计算序列之间的编辑距离,判断序列之间的相似程度。

计算两条序列之间的编辑距离,实际上就是根据某一规则计算比对序列各个位置上字母的比对得分,然后将这些位置上的得分累加得到整条序列的比对得分,并用这个分值表示两条序列的相似性。计算得分的规则可以是得分函数,如式(3.1),也可以是代价函数,如式(3.2)。

得分(score)函数

$$\begin{cases} p(a,a) = 1 \\ p(a,b) = 0 \quad (a \neq b) \\ p(a,-) = p(-,b) = -1 \end{cases} \tag{3.1}$$

代价(cost)函数

$$\begin{cases} w(a,a) = 0 \\ w(a,b) = 1 \quad (a \neq b) \\ w(a,-) = w(-,b) = 1 \end{cases} \tag{3.2}$$

在实际应用中可以根据实际情况定义得分函数和代价函数中的分值。

在进行序列比对分析时,可根据实际情况选用得分函数或代价函数。如果用得分函数评价比对序列,得分的分值越大,两条序列的相似性就越大;如果用代价函数评价比对序列,得分的分值越大,两条序列的相似性就越小。

图 3.3 是序列 s 和 t 的两种比对结果,分别用得分函数和代价函数评价这两种比对结果,计算结果见表 3.3。从计算结果可以看出,比对(a)要优于比对(b)。

```
s : AGCACAC - A        AG - CACACA
    |  |||||             |  |||  |
t : A - CACACTA        ACACACT - A
        (a)                (b)
```

图 3.3 序列 s 和序列 t 的两种比对结果

表 3.3 图 3.3 所示两种比对结果分别使用得分函数和代价函数计算的得分

	序列 s 和 t 比对(a)	序列 s 和 t 比对(b)
使用得分函数 p	5	3
使用代价函数 w	2	4

从上述的例子中可以看到:两条序列 s 和 t 的比对的得分(或代价)等于将 s 转化为 t 所用的所有编辑操作的得分(或代价)总和;序列 s 和 t 的最优比对是所有可能的比对中得分最高(或代价最小)的一个比对;序列 s 和 t 的真实距离应该是最优比对时的距离。

3.1.3 序列比对的打分矩阵

式(3.1)和式(3.2)都是简单相似性评价模型,在计算比对的代价或得分时,对字符替换操作只进行统一的处理,没有考虑"同类字符"替换与"非同类字符"替换的差别。实际上,不同类型的字符替换,其代价或得分是不一样的。对于核酸序列,嘌呤和嘧啶间替换的代价要大于嘌呤间或嘧啶间替换的代价;而对于蛋白质序列,某些氨基酸可以很容易地相互取代而不用改变它们的理化性质。例如,两条蛋白质序列比对,其中一条在某一位置上是丙氨酸，如果该位点被替换成另一个较小且疏水的氨基酸，比如缬氨酸，那么对蛋白质功能的影响可能较小；如果被替换成较大且带电的残基，比如赖氨酸，那么对蛋白功能的影响可能就要比前者大。直观地讲，比较保守的替换比起较随机替换更可能维持蛋白质的功能，且更不容易被淘汰。因此，在为比对打分时，人们可能更倾向对丙氨酸与缬氨酸的比对位点多些"奖励"，而对于丙氨酸与那些大而带电氨基酸的比对位点则相反。也就是说，理化性质相近的氨基酸残基之间替换的代价显然应该比理化性质相差甚远的氨基酸残基替换得分高，或者代价小，同样，保守的氨基酸替换得分应该高于非保守的氨基酸替换。

基于以上原因提出了打分矩阵的概念。在打分矩阵中，详细地列出各种字符替换的得分，从而使得计算序列之间的相似度更为合理。在比对蛋白质序列时，可以用打分矩阵来增强序列比对的敏感性。打分矩阵是序列比对的基础，选择不同的打分矩阵将得到不同的比对结果，而了解打分矩阵的理论依据将有助于在实际应用中选择合适的打分矩阵。

1. 核酸序列比对的打分矩阵

核酸序列所用的字母表为：{ A,C,G,T }。

（1）等价矩阵

等价矩阵是最简单的一种打分矩阵，见表 3.4。其中，相同核苷酸匹配的得分为 1，而不同核苷酸的替换得分为 0。

表 3.4　等价矩阵

	A	T	C	G
A	1	0	0	0
T	0	1	0	0
C	0	0	1	0
G	0	0	0	1

（2）BLAST 矩阵

BLAST 是一种通用的核酸序列比对程序，表 3.5 是其打分矩阵。如果被比对的两个核苷酸相同，则得分为 +5，反之被比对的两个核苷酸不同，得分为 −4。

表 3.5　BLAST 矩阵表

	A	T	C	G
A	5	−4	−4	−4
T	−4	5	−4	−4
C	−4	−4	5	−4
G	−4	−4	−4	5

（3）转换-颠换矩阵

核酸的碱基按照环结构分为两类，一类是嘌呤（腺嘌呤 A，鸟嘌呤 G），其分子结构有两个环；另一类是嘧啶（胞嘧啶 C，胸腺嘧啶 T），其分子结构只有一个环。核酸序列发生碱基突变时，如果碱基替换保持环数不变，则称为转换（transition），如 A→G,C→T 等；如果碱基替换环数发生了变化，则称为颠换（transversion），如 A→C,A→T 等。在进化过程中，转换发生的频率远比颠换发生的频率高，而表 3.6 所示的序列比对打分矩阵正好反映了这种情况，其中转换的得分为 −1，而颠换的得分为 −5，匹配的得分为 1。

表 3.6 转换-颠换矩阵

	A	T	C	G
A	1	−5	−5	−1
T	−5	1	−1	−5
C	−5	−1	1	−5
G	−1	−5	−5	1

2. 蛋白质序列比对的打分矩阵

蛋白质的字母表为表 3.2 中氨基酸的简写字符。

（1）等价矩阵

$$R_{ij} = \begin{cases} 1 & i = j \\ 0 & i \neq j \end{cases} \tag{3.3}$$

式（3.3）中，R_{ij} 代表打分矩阵元素，i、j 分别代表字母表第 i 个字符和第 j 个字符。从式（3.3）可以看出，相同氨基酸匹配得分为 1，而不同氨基酸的替换得分为 0。

（2）遗传密码矩阵 GCM

GCM（genetic code matrix）矩阵是通过计算一个氨基酸残基转变到另一个氨基酸残基所需的密码子中碱基变化数目而得到的，矩阵元素的值对应于代价。如果变化一个碱基，就可以使一个氨基酸的密码子改变为另一个氨基酸的密码子，则这两个氨基酸的替换代价为 1；如果需要 2 个碱基的改变，则替换代价为 2；以此类推，见表 3.7。

表 3.7 遗传密码矩阵

	A	S	G	L	K	V	T	P	E	D	N	I	Q	R	F	Y	C	H	M	W	Z	B	X
A	0	1	1	2	2	1	1	1	1	1	2	2	2	2	2	2	2	2	2	2	2	2	2
S	1	0	1	1	2	2	1	1	2	2	1	1	2	1	1	1	1	2	2	1	2	2	2
G	1	1	0	2	2	1	2	2	1	1	2	2	2	1	2	2	1	2	2	1	2	2	2
L	2	1	2	0	2	1	2	1	2	2	2	1	1	1	1	2	1	1	1	1	2	2	2
K	2	2	2	2	0	2	1	2	1	2	1	1	1	2	2	2	2	1	2	1	2	2	2
V	1	2	1	1	2	0	2	2	1	1	2	1	2	2	1	2	2	1	2	2	2	2	2
T	1	1	2	2	1	2	0	1	2	2	1	1	2	1	2	2	2	2	1	2	2	2	2
P	1	1	2	1	2	2	1	0	2	2	2	2	1	1	2	2	2	1	2	2	2	2	2
E	1	2	1	2	1	1	2	2	0	1	2	2	1	2	2	2	2	2	2	1	2	2	2
D	1	2	1	2	2	1	2	2	1	0	1	2	2	2	2	1	2	1	2	2	1	2	2
N	2	1	2	2	1	2	1	2	2	1	0	1	2	2	2	1	2	1	2	2	1	2	2
I	2	1	2	1	1	1	1	2	2	2	1	0	2	1	1	2	1	2	2	2	2	2	2
Q	2	2	2	1	1	2	2	1	1	2	2	2	0	1	2	2	2	1	2	2	1	2	2
R	2	1	1	1	2	2	1	1	2	2	2	1	1	0	2	2	1	2	1	1	2	2	2
F	2	1	2	1	2	1	2	2	2	2	2	1	2	2	0	1	1	2	2	2	2	2	2
Y	2	1	2	2	2	2	2	2	2	1	1	2	2	2	1	0	1	2	2	2	1	2	2
C	2	1	1	1	2	2	2	2	2	2	2	1	2	1	1	1	0	2	2	1	2	2	2
H	2	2	2	1	1	2	2	1	2	1	1	2	1	2	2	2	2	0	2	2	1	1	2
M	2	2	2	1	1	1	1	2	2	2	2	1	2	3	2	2	2	2	0	2	2	2	2
W	2	1	1	2	2	2	1	2	2	2	2	2	2	1	2	1	1	2	2	0	2	2	2
Z	2	2	2	1	2	2	2	2	1	1	1	2	1	2	2	1	2	1	2	2	0	1	2
B	2	2	2	2	2	2	2	2	2	2	2	2	2	2	2	2	2	1	2	2	1	0	2
X	2	2	2	2	2	2	2	2	2	2	2	2	2	2	2	2	2	2	2	2	2	2	2

　　例 3.1　甲硫氨酸（Met）与酪氨酸（Tyr）之间替换的代价。

　　解　查遗传密码表可知，Met 的密码子为 AUG，Tyr 的密码子为 UAU，UAC。可以看出，甲硫氨酸与酪氨酸之间的替换是需要密码子的三个碱基都发生改变，因此它们之间的替换代价为 3。

　　例 3.2　脯氨酸（Pro）与甘氨酸（Gly）之间替换的代价。

　　解　查遗传密码表可知，Pro 的密码子为 CCU，CCC，CCA，CCG，Gly 的密码子为 GGU，GGC，GGA，GGG。

　　可以看出，脯氨酸与甘氨酸之间的替换是需要密码子的两个碱基发生改变，因此它们之间的替换代价为 2。

　　GCM 矩阵常用于进化距离的计算，其优点是计算结果可以直接用于绘制进化树，但是它在蛋白质序列比对尤其是相似程度很低的序列比对中很少被使用。

　　（3）疏水矩阵

　　疏水矩阵是根据氨基酸残基替换前后疏水性的变化而得到的得分矩阵。若某一次氨基酸替换前后疏水特性不发生太大的变化，则这种替换得分高，否则替换得分低。疏水矩阵物理意义明确，有一定的理化性质依据，适用于偏重蛋白质功能方面的序列比对。疏水矩阵见表 3.8。

表 3.8　蛋白质疏水矩阵

	R	K	D	E	B	Z	S	N	Q	G	X	T	H	A	C	M	P	V	L	I	Y	F	W
R	10	10	9	9	8	8	6	6	6	5	5	5	5	4	3	3	3	3	3	3	2	1	0
K	10	10	9	9	8	8	6	6	6	5	5	5	5	4	3	3	3	3	3	3	2	1	0
D	9	9	10	10	8	8	7	6	6	6	5	5	5	5	4	4	4	3	3	3	3	2	1
E	9	9	10	10	8	8	6	6	6	5	5	5	5	5	4	4	4	3	3	3	3	2	1
B	8	8	8	8	10	10	8	8	8	7	7	7	7	6	6	6	5	5	5	5	4	4	3
Z	8	8	8	8	10	10	8	8	8	7	7	7	7	6	6	6	5	5	5	5	4	4	3
S	6	6	7	6	8	8	10	10	10	10	9	9	9	8	7	7	7	7	6	6	6	6	4
N	6	6	6	6	8	8	10	10	10	10	9	9	9	8	7	7	7	7	6	6	6	6	4
Q	6	6	6	6	8	8	10	10	10	10	9	9	9	8	7	7	7	7	6	6	6	6	4
G	5	5	6	5	8	8	10	10	10	10	9	9	9	8	8	8	8	7	7	7	6	6	5
X	5	5	5	5	7	7	9	9	9	10	10	10	9	9	8	8	8	7	7	7	7	7	5
T	5	5	5	5	7	7	9	9	9	10	10	10	9	9	8	8	8	7	7	7	7	7	5
H	5	5	5	5	7	7	9	9	9	10	10	10	10	9	9	8	8	8	7	7	8	7	6
A	4	4	5	5	7	7	9	9	9	8	9	9	9	10	8	8	8	7	7	7	8	8	7
C	4	4	5	5	6	6	8	8	8	8	9	9	9	10	10	10	9	9	8	8	8	8	7
M	3	3	4	4	6	6	7	7	7	8	9	9	9	10	10	10	10	9	9	8	8	8	7
P	3	3	4	4	6	6	8	8	8	8	9	9	9	10	10	10	10	9	9	8	8	8	7
V	3	3	4	4	5	5	7	7	7	8	9	9	9	10	10	10	10	10	9	9	8	8	7
L	3	3	3	3	5	5	7	7	7	7	9	9	9	10	10	10	10	10	10	9	9	9	7
I	3	3	3	3	5	5	7	7	7	7	9	9	9	10	10	10	10	10	10	9	9	9	7
Y	2	2	3	3	4	4	6	6	6	6	7	7	8	8	8	8	8	8	9	9	10	10	8
F	1	1	2	2	3	3	5	5	5	5	7	7	7	8	8	8	8	8	9	9	10	10	9
W	0	0	1	1	3	3	4	4	4	5	5	5	6	7	7	7	7	7	8	8	8	9	10

（4）PAM 矩阵

PAM(Point Accepted Matrix)矩阵是目前蛋白质序列比对中广泛使用的打分方法之一，它是基于氨基酸进化的点接受突变模型（point accepted mutation），统计自然界中各种氨基酸残基的相互替换率而得到的。如果两种特定的氨基酸之间替换发生频繁，说明自然界容易接受这种替换，那么这一对氨基酸在打分矩阵中的互换得分就比较高。

1978 年 Margaret Dayhoff 提出了一个衡量蛋白质进化变化的模型。她和同事们研究了 71 个紧密相关的蛋白质家族的 1572 个突变，结果见表 3.9，表中描述了任一氨基酸对 (i,j) 比对在一起的频率。研究发现蛋白质家族中氨基酸的替换并不是随机的，一些氨基酸的替换比其他替换更容易发生，其主要原因是这些替换不会对蛋白质的结构和功能产生太大的影响。如果氨基酸的替换是随机的，那么，每一种可能的替换频率仅仅取决于不同氨基酸出现的背景频率。然而，在相关蛋白质中，替换频率大大地倾向于那些不影响蛋白质功能的替换，换句话说，这些点突变已经被进化所接受。这意味着，在进化过程中，相关的蛋白质在某些位置上可以出现不同的氨基酸。

表 3.9　可接受点突变数目

									原氨基酸										
		A	R	N	D	C	Q	E	G	H	I	L	K	M	F	P	S	T	W	Y	V
	A																				
	R	30																			
	N	109	17																		
	D	154	0	532																	
	C	33	10	0	0																
	Q	93	120	50	76	0															
	E	266	0	94	831	0	422														
	G	579	10	156	162	10	30	112													
	H	21	103	226	43	10	243	23	10												
替代氨基酸	I	66	30	36	13	17	8	35	0	3											
	L	95	17	37	0	0	75	15	17	40	253										
	K	57	477	322	85	0	147	104	60	23	43	39									
	M	29	17	0	0	0	20	7	7	0	57	207	90								
	F	20	7	7	0	0	0	0	17	20	90	167	0	17							
	P	345	67	27	10	10	93	40	49	50	7	43	43	4	7						
	S	772	137	432	98	117	47	86	450	26	20	32	168	20	40	269					
	T	590	20	169	57	10	37	31	50	14	129	52	200	28	10	73	696				
	W	0	27	3	0	0	0	0	0	3	0	13	0	0	10	0	17	0			
	Y	20	3	36	0	30	0	10	0	40	13	23	10	0	260	0	22	23	6		
	V	365	20	13	17	33	27	37	97	30	661	303	17	77	10	50	43	186	0	17	
		A	R	N	D	C	Q	E	G	H	I	L	K	M	F	P	S	T	W	Y	V

注：表中数据来自《生物信息学与功能基因组学》。

Margaret Dayhoff 和同事们用这些可接受突变的数据和每个氨基酸的发现频率来产生突变概率矩阵 M(mutation probability matrix)，结果见表 3.10。矩阵中元素 m_{ij} 表示在一给定进化时期内氨基酸 j（列）替换成氨基酸 i（行）的概率。在表 3.10 的例子里，进化时期为一个 PAM。一个 PAM 就是一个进化的变异单位，即 1% 的氨基酸改变。但是，这并不意味着经过 100 次 PAM 后，每个氨基酸都发生变化，因为其中一些位置可能会经过多次改变，甚至可能变回到原先的氨基酸。因此，另外一些氨基酸可能不发生改变。

表 3.10　PAM-1 突变概率矩阵

		A	R	N	D	C	Q	E	G	H	I	L	K	M	F	P	S	T	W	Y	V
	A	9867	2	9	10	3	8	17	21	2	6	4	2	6	2	22	35	32	0	2	18
	R	1	9913	1	0	1	10	0	0	10	3	1	19	4	1	4	6	1	8	0	1
	N	4	1	9822	36	0	4	6	6	21	3	1	13	0	1	2	20	9	1	4	1
	D	6	0	42	9856	0	6	53	6	4	1	0	3	0	0	1	5	3	0	0	1
	C	1	1	0	0	9973	0	0	0	1	1	0	0	0	0	1	5	1	0	3	2
	Q	3	9	4	5	0	9876	27	1	23	1	3	6	4	0	6	2	2	0	0	1
	E	10	0	7	56	0	35	9865	4	2	3	1	4	1	0	3	4	2	0	1	2
	G	21	1	12	11	1	3	7	9935	1	0	1	2	1	1	3	21	3	0	0	5
	H	1	8	18	3	1	20	1	0	9912	0	1	1	0	2	3	1	1	1	4	1
替	I	2	2	3	1	2	1	2	0	0	9872	9	2	21	7	0	1	7	0	1	23
代	L	3	1	3	0	0	6	1	1	4	22	9947	2	45	13	3	1	3	4	2	15
氨	K	2	37	25	6	0	12	7	2	2	4	1	9926	20	0	3	8	11	0	1	1
基	M	1	1	0	0	0	2	0	0	0	5	8	4	9874	1	0	1	2	0	0	4
酸	F	1	1	1	0	0	0	0	1	2	8	6	0	4	9946	0	2	1	3	28	0
	P	13	5	2	1	1	8	3	2	5	1	2	2	1	1	9926	12	4	0	0	2
	S	28	11	34	7	11	4	6	16	2	2	1	7	4	3	17	9840	38	5	2	2
	T	22	2	13	4	1	3	2	2	1	11	2	8	6	1	5	32	9871	0	2	9
	W	0	2	0	0	0	0	0	0	0	0	0	0	1	1	0	1	0	9976	1	0
	Y	1	0	3	0	3	0	1	0	4	1	1	0	1	21	0	1	1	2	9945	1
	V	13	2	1	3	2	1	2	3	3	57	11	1	17	1	3	2	10	0	2	9901
		A	R	N	D	C	Q	E	G	H	I	L	K	M	F	P	S	T	W	Y	V

注：表中数据来自《生物信息学与功能基因组学》。

观察表 3.10 会发现，最高分位于从左上至右下的对角线上，每列值的和为 10000（对应 100%）。表中第一列第 1 个数据 9867 意味着在一个 PAM 的进化期内原序列中的丙氨酸将有 98.67% 的概率保持不变，第一列第 16 个数据 28 表示在一个 PAM 的进化期内原序列中的丙氨酸将有 0.28% 的概率替换成丝氨酸；最容易发生突变的天冬酰胺仅有 98.22% 的概率保持不变，最不容易发生突变的色氨酸有 99.76% 的概率保持不变。

PAM-1 矩阵基于紧密相关蛋白质序列的比对，这些蛋白质家族内的序列相似程度大于 85%。但通常情况下，人们会对那些相似程度小于 85% 的序列比对感兴趣，这时，就要用到能够反映相关性较远的蛋白质序列比对中氨基酸替换矩阵 PAM-N。

将 PAM-1 自乘 N 次，可以得到矩阵 PAM-N。可以根据待比较序列的长度以及序列间的先验相似程度来选用特定的 PAM 矩阵，以发现最适合的序列比对。一般地，在比较差异大的序列时，采用 N 值较高的 PAM 矩阵可以得到较好的结果，比如选择 PAM-200 到 PAM-250 之间的矩阵；而 N 值较低的 PAM 矩阵一般用于高度相似的序列。实践中用得较多且比较折中的矩阵是 PAM-250，表 3.11 是 PAM-250 突变概率矩阵。

表 3.11　PAM-250 突变概率矩阵

原氨基酸

	A	R	N	D	C	Q	E	G	H	I	L	K	M	F	P	S	T	W	Y	V
A	13	6	9	9	5	8	9	12	6	8	6	7	7	4	11	11	11	2	4	9
R	3	17	4	3	2	5	3	2	6	3	2	9	4	1	4	4	3	7	2	2
N	4	4	6	7	2	5	6	4	6	3	2	5	3	2	4	5	4	2	3	3
D	5	4	8	11	1	7	10	5	6	3	2	5	3	1	4	5	5	1	2	3
C	2	1	1	1	52	1	1	2	2	2	1	1	1	1	2	3	2	1	4	2
Q	3	5	5	6	1	10	7	3	7	2	3	5	3	1	4	3	3	1	2	3
E	5	4	7	11	1	9	12	5	6	3	2	5	3	1	4	5	5	1	2	3
G	12	5	10	10	4	7	9	27	5	5	4	6	5	3	8	11	9	2	3	7
H	2	5	5	4	2	7	4	2	15	2	2	3	2	2	3	3	2	2	3	2
I	3	2	2	2	2	2	2	2	2	10	6	2	6	5	2	3	4	1	3	9
L	6	4	4	3	2	6	4	3	5	15	34	4	20	13	5	4	6	6	7	13
K	6	18	10	8	2	10	8	5	8	3	4	24	9	2	6	8	8	4	3	5
M	1	1	1	1	0	1	1	1	1	2	3	2	6	2	1	1	1	1	1	2
F	2	1	2	1	1	1	1	1	3	6	6	1	4	32	1	2	2	4	20	3
P	7	5	5	4	3	5	4	5	5	3	4	3	4	2	20	6	5	1	2	4
S	9	6	8	7	6	7	6	9	6	5	4	7	5	3	9	10	9	4	4	6
T	8	5	6	6	4	5	5	6	4	6	4	6	5	3	8	11	11	2	3	6
W	0	2	0	0	0	0	0	0	1	0	1	0	0	1	0	1	0	55	1	0
Y	1	1	2	2	3	1	1	1	3	2	2	1	2	15	1	2	2	3	31	2
V	7	4	4	4	4	4	4	5	4	15	10	4	10	5	5	5	7	2	4	17

（左侧竖排标签：替代氨基酸）

注：表中数据来自《生物信息学与功能基因组学》。

可以把 PAM 突变概率矩阵转换成用于序列比对的打分矩阵，即对数比值矩阵（log-odds matrix）或相关比值矩阵（relatedness odds matrix）。

对数矩阵的每个元素基于两个概率的"比值比（odds ratio）"，这两个概率描述了某一 PAM 间隔内，氨基酸 a 替换氨基酸 b 的概率。比对 a 和 b 的分值 S 由式（3.4）给出

$$S(a, b) = 10 \lg(M_{ab}/p_b) \tag{3.4}$$

式（3.4）中，M_{ab} 为真实比对下氨基酸 a 和 b 比对的概率，p_b 为归一化频率，代表随机情况下氨基酸 b 出现的频率。

PAM-250 的对数比值矩阵见表 3.12，所有的值近似到最近的整数。不同于表 3.11 的突变概率矩阵，这个打分矩阵是对称的，因为比对两条序列时，哪条序列为原序列或替代序列都不影响比对结果。

PAM-250 的对数比值矩阵中：①主对角线上的分值是两个相同残基之间的相似性分数，该分值较高，说明对应的氨基酸比较保守，不易突变，而分值较低时，说明这些氨基酸比较容易突变；②不同氨基酸之间的分数值越高，它们之间的相似性越高，进化过程中越容易发生互相替换；③相似性分数值为负数的氨基酸之间的相似性较低，它们在进化过程中不易发生互相替换。

PAM 矩阵有不同的类型，如 PAM-250，PAM-120，PAM-80，PAM-60 等，名称中短线后的数字代表的是序列的进化距离。PAM-250 表示两序列的进化距离大，则相应的相似性

分数就小,约为 14%～27%；PAM-60 表示两序列的进化距离小,则相应的相似性分数就大,约为 60%。

表 3.12　PAM-250 对数比值矩阵

	A	R	N	D	C	Q	E	G	H	I	L	K	M	F	P	S	T	W	Y	V
A	2																			
R	−2	6																		
N	0	0	2																	
D	0	−1	2	4																
C	−2	−4	−4	−5	4															
Q	0	1	1	2	−5	4														
E	0	−1	1	3	−5	2	4													
G	1	−3	0	1	−3	−1	0	5												
H	−1	2	2	1	−3	3	1	−2	6											
I	−1	−2	−2	−2	−2	−2	−2	−3	−2	5										
L	−2	−3	−3	−4	−6	−2	−3	−4	−2	2	6									
K	−1	3	1	0	−5	1	0	−2	0	−2	−3	5								
M	−1	0	−2	−3	−5	−1	−2	−3	−2	2	4	0	6							
F	−3	−4	−3	−6	−4	−5	−5	−5	−2	1	2	−5	0	9						
P	1	0	0	−1	−3	0	−1	0	0	−2	−3	−1	−2	−5	6					
S	1	0	1	0	0	−1	0	1	−1	−1	−3	0	−2	−3	1	2				
T	1	−1	0	0	−2	−1	0	0	−1	0	−2	0	−1	−3	0	1	3			
W	−6	2	−4	−7	−8	−5	−7	−7	−3	−5	−2	−3	−4	0	−6	−2	−5	17		
Y	−3	−4	−2	−4	0	−4	−4	−5	0	−1	−1	−4	−2	7	−5	−3	−3	0	10	
V	0	−2	−2	−2	−2	−2	−2	−1	−2	4	2	−2	2	−1	−1	−1	0	−6	−2	4

注：表中数据来自《生物信息学与功能基因组学》P53,图 3-14。

(5) BLOSUM 矩阵

BLOSUM 打分矩阵是另一种常用的氨基酸替换矩阵,它也是通过统计相似蛋白质序列的替换率而得到的。PAM 矩阵是从蛋白质序列的全局比对结果推导出来的,而 BLOSUM 矩阵则基于蛋白质序列块比对。基本数据来源于 BLOCKS 数据库,其中包括局部多重比对,包含较远的相关序列。虽然在这种情况下没有使用进化模型,但它的优点在于可以通过直接观察而不是通过外推获得数据。

同 PAM 打分矩阵一样,BLOSUM 矩阵也有一系列的矩阵 BLOSUM-N,可以根据亲缘关系的不同来选择不同的 BLOSUM-N 矩阵进行序列比对。BLOSUM-N 矩阵中 N 值的意义与 PAM-N 矩阵中 N 值的意义正好相反。N 值较低的 PAM 矩阵适合用来比较亲缘较近的序列,而 N 值较低的 BLOSUM 矩阵更多是用来比较亲缘较远的序列。一般来说,BLOSUM-62 矩阵适于用来比较大约具有 62% 相似度的序列,而 BLOSUM-80 矩阵更适合于相似度为 80% 左右的序列。表 3.13 是 BLOSUM-62 氨基酸置换矩阵。

PAM 矩阵和 BLOSUM 矩阵建立的理论基础不同,PAM 矩阵是对相关序列中所有氨基酸位置进行记分,而 BLOSUM 矩阵则是基于相关序列中最相似的共同区域中氨基酸的替换和匹配,所以在实际应用中,PAM 矩阵可用于寻找蛋白质的进化起源,而 BLOSUM 矩阵则是用于发现蛋白质的保守区域。

表 3.13 BLOSUM62 打分矩阵

	A	R	N	D	C	Q	E	G	H	I	L	K	M	F	P	S	T	W	Y	V
A	4																			
R	−1	5																		
N	−2	0	6																	
D	−2	−2	1	6																
C	0	−3	−3	−3	9															
Q	−1	1	0	0	−3	5														
E	−1	0	0	2	−4	2	5													
G	0	−2	0	−1	−3	−2	−2	6												
H	−2	0	1	−1	−3	0	0	−2	8											
I	−1	−3	−3	−3	−1	−3	−3	−4	−3	4										
L	−1	−2	−3	−4	−1	−2	−3	−4	−3	2	4									
K	−1	2	0	−1	−3	1	1	−2	−1	−3	−2	5								
M	−1	−2	−2	−3	−1	0	−2	−3	−2	1	2	−1	5							
F	−2	−3	−3	−3	−2	−3	−3	−3	−1	0	0	−3	0	6						
P	−1	−2	−2	−1	−3	−1	−1	−2	−2	−3	−3	−1	−2	−4	7					
S	1	−1	1	0	−1	0	0	0	−1	−2	−2	0	−1	−2	−1	4				
T	0	−1	0	−1	−1	−1	−1	−2	−2	−1	−1	−1	−1	−2	−1	1	5			
W	−3	−3	−4	−4	−2	−2	−3	−2	−2	−3	−2	−3	−1	1	−4	−3	−2	11		
Y	−2	−2	−2	−3	−2	−1	−2	−3	2	−1	−1	−2	−1	3	−3	−2	−2	2	7	
V	0	−3	−3	−3	−1	−2	−2	−3	−3	3	1	−2	1	−1	−2	−2	0	−3	−1	4

注：表中数据来自《生物信息学与功能基因组学》P56，图 3-17。

3.1.4 序列比对的空位罚分

为了获得两个序列的最优比对,在序列比对中需要引入插入 Insert(-,b)和删除 Delete(a,-)这两种编辑操作,即在两条序列的某个位置上插入空位。比对的计分是由得分与罚分两部分组成,罚分又包括对失配(替换)进行罚分和对空位进行罚分。对得分和失配罚分是根据上述的打分矩阵进行计算的,那么空位罚分又是怎样计算的呢?空位罚分的选取必须与打分矩阵相匹配,如果用一个太高的空位罚分,空位就不会出现在比对中,相反,如果空位罚分过低,空位将出现在比对的任何地方。

空位罚分涉及几个问题:①空位罚分是否大于失配罚分;②空位的引入与延伸是否予以不同的罚分,这些问题对序列比对的结果有显著影响。

对于空位罚分是否大于失配罚分,其确定类似于替换打分矩阵的选择,需要根据序列特征而定。如果已知比对的序列中包含较多的在进化中引入的插入和删除突变,则引入空位可合理地代表这些突变,这时可令空位罚分小于失配罚分,使得同源的未突变的字符得以匹配;如果比对的序列少有插入和删除突变,但有许多替换突变,则不应轻易引入空格去破坏已变异但仍同源的字符序列,这时可令空位罚分大于失配罚分。

对于空位的引入与延伸是否予以不同的罚分,可如下处理:定义"k 阶空位"是一个具有连续"空位"字符的区域,其空位字符的数目 $k>1$。对于序列的突变,k 阶空位出现的可能性要大于 k 个不连续的空位出现的可能性,这是因为一个 k 阶空位对应于一串字符的插入或者删除，对应于一个遗传突变事件，而不连续的空位可能对应于多个不同的突变事件，从遗传变异的角度来分析，一个突变的发生要比多个突变同时发生的可能性大。从这个意义上说，我们希望将 k 阶空位与 k 个不连续的空位在打分方面区别开来，k 阶空位的罚分应该比 k 个不连续空位的罚分低。所以，空位罚分应分两种：第一个空位（gap_open）罚分和延伸空位（gap_extend）罚分，且第一个空位罚分要大于延伸空位罚分。

3.2　双序列比对

3.2.1　概述

双序列比对是指通过一定算法对两个核酸或蛋白质序列按照一定的规律排列起来，逐对比较其字符的异同，判断它们之间的相似程度和同源性，从而推测它们的结构、功能以及进化上的联系。

双序列比对是常用的序列分析方法之一，序列的测定和拼接、RNA 和蛋白质的结构功能预测、系统发育树的构建等都需要对生物分子进行序列相似性的比较。序列比对在发现生物序列有关功能、结构和进化信息等方面具有非常重要的意义。

双序列比对还是数据库搜索的基础，将查询序列与整个数据库的所有序列进行比对，从数据库中获得与其最相似序列的数据，能快速地获得有关查询序列的参考信息，对于进一步分析其结构和功能都会有很大的帮助。

双序列比对可以用以下方法来实现，即点阵法（dot matrix method）、动态规划法（dynamic programming method）、K-元法（K-tuple method）/字串法（word method）。

点阵法是双序列比对的基本方法，通常用图示法表示，这种方法能以矩阵对角线的形式显示尽可能多的比对。点阵法可以很容易地发现插入/删除序列和重复序列，这对于其他方法要困难一些。该方法的主要局限性在于，对绝大多数点阵，计算机程序不能显示出精确的序列。

1970 年 Needleman 和 Wunsch 首先将动态规划法用于全局比对。到 1981 年，Smith 和 Waterman 又将该算法用于局部比对。动态规划的基本思路是将复杂问题分解成与之相似的子问题，再通过求解各个子问题来得到整个问题的解决方案。

K-元法/字串法，用于 FastA 和 BLAST 搜索程序。该方法从寻找完全匹配的短片段（称为 K-元或字）出发，并以此为基础运用动态规划方法将这一片段向两端延伸，得到较长的相似性匹配。其采用启发式算法提高运行速度，可以在普通计算机上运行。

3.2.2　点阵法

1. 点阵法原理

点阵法是由 Gibbs & McIntyre 于 1970 年首先提出。点阵法是双序列比对中最基本也是最直观的方法，它是利用点阵图来显示出相似的区域。在构造一个简单点阵图时，第一条比对的序列自左向右排列在点阵空间的横轴，第二条比对的序列自下而上排列在纵轴。点阵空间中两条序列中的核苷酸或氨基酸相同时，在对应的位点上做出标记。两条序列间连续相同的区域在图中会形成由标记组成的斜线，如图 3.4 所示，点阵图的名称由此而来。

2. 点阵法的应用

（1）寻找两条比对序列间所有可能的相似之处

将两条待比较的序列分别放在矩阵的两个轴上，一条从左到右排列在 X 轴上，一条从下往上排列在 Y 轴上，如图 3.4 所示。当对应的行与列的序列字符匹配时，则在矩阵对应的位置作出"点"标记。逐个比较所有的字符对，最终形成点矩阵。

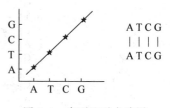

图 3.4　序列比对点阵图

显然，如果两条序列完全相同，则在点矩阵主对角线的位置都有标记；如果两条序列存在相同的子串，则对于每一个相同的子串对，有一条与对角线平行的由标记点所组成的斜线，如图 3.5 中的斜线代表相同的子串 TAT 和 GCCT，而对于两条互为反向的序列，则在反对角线方向上有标记点组成的斜线，如图 3.6 所示。

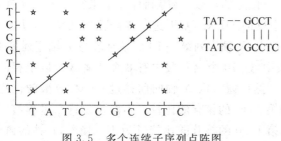

图 3.5　多个连续子序列点阵图

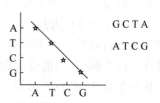

图 3.6　反向序列点阵图

对于矩阵标记图中非重叠的与对角线平行的斜线，可以组合起来，形成两条序列的一种比对，在两条子序列的中间可以插入符号"-"，表示插入空位字符，如图 3.5 所示。找两条序列的最佳比对（对应位置等同字符最多），实际上就是在点阵图中找非重叠平行斜线最长的组合。

除非已经知道待比较的序列非常相似，一般先用点矩阵方法比较，因为这种方法可以通过观察点阵的对角线迅速发现可能的相同片段。

（2）发现序列正向或反向的重复

重复序列（repeated sequence）是指一个序列中出现不止一次的子序列，重复序列可以彼此方向相同，也可以相反。如序列 ctgactgactga 就为重复序列，点阵分析如图 3.7 所示。从图中可以看出，点阵分析可以用来发现序列中的正向（或反向）重复序列。当把序列同自身进行比对时，从点阵中的斜线可以揭示出其中的重复片断。自身序列比对的点阵图是沿着主对角线对称的。

重复序列常常给比对造成困难，因为它会人为地造成比对的分值增高，而这种重复所在的区域仅能提供较少的生物信息，称为低复杂区域（low-complexity regions）。分析程序通常自动不考虑这些区域，通过对序列自身的比对，就可以找到其中的重复子序列。

（3）分析长且相似的序列

当对长且相似的序列进行比对时，点阵图会变得非常复杂和拥挤，以至于看不清相似序列在什么位置。以 HEXA 基因为例，用点阵法比对人的 HEXA 基因和小鼠的 HEXA 基因，其结果见图 3.8。人的 HEXA 基因在 GenBank 中的编号为 NM_000520，小鼠的 HEXA 基因在 GenBank 中的编号为 AK_080777。从图 3.8 看不到两条序列有什么相似性。

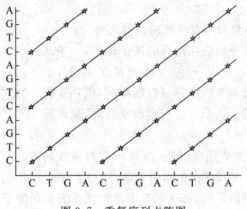

图 3.7　重复序列点阵图

　　如果使用滑动窗口技术代替一次一个位点的比较,会得到什么结果呢? 图 3.9 就是采用滑动窗口技术对人的 HEXA 基因和小鼠的 HEXA 基因进行点阵比对的结果,使用的滑动窗口的大小为 10,相似性阈值为 8。首先,X 轴序列第 1-10 的核苷酸与 Y 轴序列第 1-10 的核苷酸进行比较。如果在第一次比较中,这 10 个核苷酸中有 8 个或者 8 个以上相同,那么就在点阵空间(1,1)的位置画上圆点。然后窗口沿 X 轴向前移过一个核苷酸的位置,将 X 轴序列第 2-11 的核苷酸与 Y 轴序列第 1-10 的核苷酸比较。不断重复这个过程,直到 X 轴中每个长度为 10 的子序列都与 Y 轴第 1-10 的核苷酸比较过为止。接着,Y 轴的窗口向前移过一个核苷酸的位置,重复以上过程,直到两条序列中所有长度为 10 的子序列都被两两比较过为止。图 3.9 显示出了人的 HEXA 基因和小鼠的 HEXA 基因的相似序列。

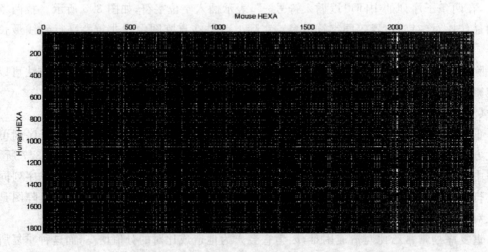

图 3.8　人类的 HEXA 基因和小鼠的 HEXA 基因比对的点阵图

3.2.3　动态规划法

　　进行序列的两两比对最直接的方法就是生成两条序列所有可能的比对,分别计算得分或代价,然后挑选一个得分最高(或代价最小)的比对作为最优比对。但是,两条序列可能的比对结果非常多,而且随着序列长度的增长,计算量以更快的速度增长。因此,对于较长的

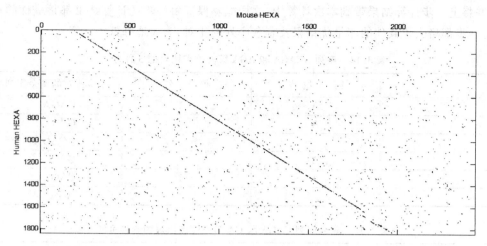

图 3.9 滑动窗口大小为 10,相似度阈值为 8 的人类和小鼠的 HEXA 基因比对的点阵图

序列,这种比对方法显然不合适。用前面所介绍的点矩阵分析方法,在寻找斜线及斜线组合时,仍然需要较大的运算量。因此,必须提高算法的效率以找出最优比对。动态规划算法就是一个很好的选择。

1. 动态规划法原理

动态规划把一个复杂问题分解成计算量较小的子问题,并用这些子问题的结果来计算整个问题的答案,即动态规划算法以递归形式来解决决策过程中的最优化问题。

什么样的复杂问题能够用动态规划法来解决呢?动态规划法要求被解答的问题应具有以下 4 个特点:①被解答的问题能够划分成一系列相继的阶段;②起始阶段包含基本子问题的解;③在后续阶段中,能够按递归方式根据前面阶段的部分结果计算每个部分解;④最后阶段包含全局解。

双序列比对问题是否具有动态规划法所要求的上述 4 个特点呢?

假设要比对这样两条序列:ACAGA 和 AGA,那么第一个位点的比对就存在 3 种可能:①两条序列的第一个字母比对;②第一条序列加一空位与第二条序列的第一个字母比对;③第二条序列加一空位与第一条序列的第一个字母比对,如表 3.14 的"第一位点"所示。根据式(3.1)得分函数的定义,对于第①种情况,因为是两个 A 比对,所以比对会得到匹配奖励,得 +1 分,对于第②、③种情况,都是空位与字母比对,要进行罚分,得 -1,见表 3.14 的"得分"所示。如果能够得到剩余序列的最优比对得分,就可以计算 3 种情况下的比对得分,然后选择得分最高的作为最优比对得分,对应的比对就是最优比对。

求解过程中是这样的,在第一位点比对的 3 种情况中,选择最优的比对结果,即第①种情况作为第一位点的比对结果。然后再计算这种情况下剩余序列 CAGA 和 GA 中第一个字母的比对,同样有 3 种情况,见表 3.15。根据式(3.1)得分函数的定义计算 3 种情况下的得分,然后将表 3.14 中第一位点的最优比对结果"+1"带到表 3.15 中的 3 种情况的比对结果中进行加和,分别得到 3 种情况下的得分:+1;0;0。在这 3 个结果中选择得分最高的 +1,接着将剩余序列依次比对,直到最后位点。

从上述这个求解过程中可以看到,双序列比对问题具有动态规划法所要求的 4 个特点,并且在每个位点的比对得分计算中,我们只是选择得分最优的结果,并据此比对剩余的序列，并将上一步计算结果带到本次计算中，这样能够保证每一步的计算结果都是最优的；同时每一步都略去了其他的非最优结果及剩余序列的比对，大大地降低了计算量。

表 3.14　序列 ACAGA 和 AGA 第一位点比对的 3 种可能

	第 一 位 点	得　　分	待比对的剩余序列
①	A	+1	CAGA
	A		GA
②	—	−1	ACAGA
	A		GA
③	A	−1	CAGA
	—		AGA

表 3.15　剩余序列 CAGA 和 GA 第一位点比对的 3 种可能

	第 一 位 点	得　　分	待比对的剩余序列
①	C	0	AGA
	G		A
②	—	−1	CAGA
	G		A
③	C	−1	AGA
	—		GA

2. 全局比对的动态规划法

1970 年 Saul Needleman 和 Christian Wunsch 将动态规划思想引入到两条序列的全局比对中，后称为 Needleman-Wunsch 算法。这种算法能够获得核酸序列和蛋白质序列的最优比对，也允许在序列中引入空位。

设序列 s、t 的长度分别为 m 和 n，其前缀分别为 $_0{:}s_{:i}(1{\leqslant}i{\leqslant}m)$ 和 $_0{:}t_{:j}(1{\leqslant}j{\leqslant}n)$。假如已知序列 $_0{:}s_{:i}$ 和 $_0{:}t_{:j}$ 所有较短的连续子序列的最优比对，即已知：① $_0{:}s_{:(i-1)}$ 和 $_0{:}t_{:(j-1)}$ 的最优比对；② $_0{:}s_{:(i-1)}$ 和 $_0{:}t_{:j}$ 的最优比对；③ $_0{:}s_{:i}$ 和 $_0{:}t_{:(j-1)}$ 的最优比对。则 $_0{:}s_{:i}$ 和 $_0{:}t_{:j}$ 的最优比对一定是上述三种情况之一的扩展，即：① 的最优比对得分 + 替换 (s_i,t_j) 或匹配 (s_i,t_j) 的得分；② 的最优比对得分 + 删除 $(s_i,-)$ 的得分；③ 的最优比对得分 + 插入 $(-,t_j)$ 的得分。

令 $S(_0{:}s_{:i},_0{:}t_{:j})$ 为序列 $_0{:}s_{:i}$ 与序列 $_0{:}t_{:j}$ 比对的得分，可根据下面的递推公式计算最大值

$$S(_0{:}s_{:i},_0{:}t_{:j}) = \max \begin{cases} S(_0{:}s_{:(i-1)},_0{:}t_{:(j-1)}) + p(s_i,t_j) \\ S(_0{:}s_{:(i-1)},_0{:}t_{:j}) + p(s_i,-) \\ S(_0{:}s_{:i},_0{:}t_{:(j-1)}) + p(-,t_j) \end{cases} \tag{3.5}$$

其初值为

$$S(_0{:}s_{:0},_0{:}t_{:0}) = 0$$
$$S(_0{:}s_{:i},_0{:}t_{:0}) = S(_0{:}s_{:(i-1)},_0{:}t_{:0}) + p(s_i,-), \quad (i=1,2,\cdots,m) \tag{3.6}$$
$$S(_0{:}s_{:0},_0{:}t_{:j}) = S(_0{:}s_{:0},_0{:}t_{:(j-1)}) + p(-,t_j), \quad (j=1,2,\cdots,n)$$

按照这种方法，根据给定的打分函数 $p(s_i,t_j)$，两条序列所有前缀的最优比对得分值可

以定义一个得分矩阵

$$\boldsymbol{D} = (d_{ij})$$

其中,$d_{ij} = S({}_0:s_{:i},{}_0:t_{:j})$,即两条序列任一前缀对的最优比对得分。对于一个长度为 n 的序列,有 $(n+1)$ 个前缀(包括一个空序列),所以,得分矩阵的大小为 $(m+1) \times (n+1)$。其中,矩阵的纵轴方向自上而下对应于第一条序列 s,横轴方向从左到右对应于第二条序列 t。矩阵横向移动表示在纵轴序列相应的位置加入一个空位,纵向的移动表示在横轴序列相应的位置加入一个空位,而斜对角方向的移动表示两序列各自相应的字符进行比对。注意,两轴第一个元素的索引下标为 0。

得分矩阵中任一元素 d_{ij} 的计算公式如下

$$d_{ij} = \max \begin{cases} d_{i-1,j-1} + p(s_i, t_j) \\ d_{i-1,j} + p(s_i, -) \\ d_{i,j-1} + p(-, t_j) \end{cases} \tag{3.7}$$

其中,d_{ij} 最大值的三种选择决定了各矩阵元素之间的关系,用图 3.10 表示。

矩阵右下角元素即为期望的结果:$d_{mn} = S({}_0:s_{:m},{}_0:t_{:n}) = S(s,t)$。

应用动态规划算法求两条序列的最优比对的步骤分以下四步:

图 3.10　得分矩阵中元素 d_{ij} 的计算

（1）初始化得分矩阵 $\boldsymbol{D}$。根据得分函数对得分矩阵的第一行和第一列进行初始化,以式（3.1）的得分函数为例,矩阵第一行的初始化为 $d_{0j} = -j$,$(0 \leqslant j \leqslant n)$,矩阵第一列的初始化为 $d_{i0} = -i$,$(1 \leqslant i \leqslant m)$。

（2）计算得分矩阵中的每个元素。根据式（3.7）从 d_{00} 开始,可以是按行计算,每行从左到右,也可以是按列计算,每列从上到下,任何计算过程,只要满足在计算 d_{ij} 时 $d_{i-1,j}$、$d_{i-1,j-1}$ 和 $d_{i,j-1}$ 都已经被计算即可。在计算 d_{ij} 后,需要保存 d_{ij} 是从 $d_{i-1,j}$、$d_{i-1,j-1}$ 或 $d_{i,j-1}$ 中的哪一个推进的,即保存计算的路径,以便于后续处理。上述计算过程直到 d_{mn} 结束。

（3）求最优路径。从 d_{mn} 开始反向前推,假设在反推时到达 d_{ij},现在要根据保存的计算路径判断 d_{ij} 究竟是根据 $d_{i-1,j}$、$d_{i-1,j-1}$ 和 $d_{i,j-1}$ 中的哪一个计算而得到的,找到这个点以后,再从此点出发,反推下一个元素,一直到 d_{00} 为止。走过的这条路径就是最优路径（即得分最大路径）,对应于两条序列的最优比对。

（4）根据最优路径求出两条序列的最优比对。根据第（3）步反推出的最优路径,从 d_{00} 开始,在得分矩阵 $\boldsymbol{D}$ 中,最优路径斜对角线方向的移动表示两序列各自相应的字符进行比对,最优路径横向移动表示在纵轴序列相应的位置加入一个空位,纵向移动表示在横轴序列相应的位置加入一个空位,直到 d_{mn}。

例 3.3　用动态规划法对序列 $s =$ AGCACACA 和 $t =$ ACACACTA 进行全局比对,采用式（3.1）的得分函数。

解　① 初始化得分矩阵 $\boldsymbol{D}$。

根据条件,矩阵第一行的初始化为 $d_{0j} = -j$ $(0 \leqslant j \leqslant 8)$,矩阵第一列的初始化为 $d_{i0} =$

$-i(1\leqslant i\leqslant 8)$，结果见图 3.11。

		A	C	A	C	A	C	T	A
	0	-1	-2	-3	-4	-5	-6	-7	-8
A	-1								
G	-2								
C	-3								
A	-4								
C	-5								
A	-6								
C	-7								
A	-8								

图 3.11　序列 $s =$ AGCACACA 和 $t =$ ACACACTA 比对的初始化得分矩阵

② 计算得分矩阵 $\boldsymbol{D}$ 中的每个元素。

根据式（3.7）从 d_{11} 开始顺序计算得分矩阵 $\boldsymbol{D}$ 中的每个元素，直到 d_{88}。结果见图 3.12。从图 3.12 矩阵中可以看到，两条序列的最优比对得分为 d_{88} 的值，即最优比对得分为 5。

以得分矩阵中 d_{11} 元素的计算为例，d_{11} 可以通过三种途径到达该位置：

- 从 d_{00} 出发，经过两条序列第一个字符的比对（A，A）；
- 从 d_{01} 出发，在第二条序列加上的空位（A，—）；
- 从 d_{10} 出发，在第一条序列加上的空位，（—，A）。

因此，矩阵中 d_{11} 值来自于下列三个值中最大的一个：

- d_{00} 的值加上匹配（A，A）的得分 1，和为 1；
- d_{01} 的值加上空位罚分 -1，和为 -2；
- d_{10} 的值加上空位罚分 -1，和为 -2。

最终，矩阵中 d_{11} 的值等于 1。

		A	C	A	C	A	C	T	A
	0	-1	-2	-3	-4	-5	-6	-7	-8
A	-1	1	0	-1	-2	-3	-4	-5	-6
G	-2	0	1	0	-1	-2	-3	-4	-5
C	-3	-1	1	1	1	0	-1	-2	-3
A	-4	-2	0	2	1	2	1	0	-1
C	-5	-3	-1	1	3	2	3	2	1
A	-6	-4	-2	0	2	4	3	3	3
C	-7	-5	-3	-1	1	3	5	4	3
A	-8	-6	-4	-2	0	2	4	5	5

图 3.12　序列 $s =$ AGCACACA 和 $t =$ ACACACTA 比对的得分矩阵及最优路径

③ 求最优路径。

从 d_{88} 开始反向前推,根据保存的计算判断 d_{88} 究竟是根据 d_{78}、d_{77} 和 d_{87} 中的哪一个计算而得到的,找到这个点以后,再从此点出发,反推下一个元素,一直到 d_{00} 为止。从 d_{88} 到 d_{00} 的最优路径为:$d_{88} \rightarrow d_{77} \rightarrow d_{76} \rightarrow d_{65} \rightarrow d_{54} \rightarrow d_{43} \rightarrow d_{32} \rightarrow d_{21} \rightarrow d_{11} \rightarrow d_{00}$。结果见图3.12。

④ 根据最优路径求出两条序列的最优比对。

从 d_{00} 开始,最优路径斜对角线方向的移动表示两序列各自相应的字符进行比对(匹配或替换),最优路径横向移动表示在纵轴序列相应的位置加入一个空位,纵向的移动表示在横轴序列相应的位置加入一个空位,直到 d_{88}。结果见图3.13。

$$s \ \text{A G C A C A C - A}$$
$$| \quad | \ | \ | \ | \ | \quad |$$
$$t \ \text{A - C A C A C T A}$$

图3.13 序列 $s =$ AGCACACA 和 $t =$ ACACACTA 的最优比对

值得注意的一点是,在有些情况下,得分矩阵中某些元素的值来自两个以上的路径,亦即存在几条最优路径,因此最优比对并非唯一。

以上计算是在得分函数的基础上进行的,得分值表示序列之间的相似程度。在实际应用中,也可以利用"代价"函数进行计算。两条序列比对的代价越低,序列就越相似;比对的代价越高,序列的差异就越大。因为计算方式刚好与得分函数相反,所以,具体计算时应求出最小代价所对应的路径。一般来讲,由于比对的得分可正可负,使用起来就更加灵活,所以大量的序列比对实用程序在计算时都采用得分的概念。

在计算序列相似程度时还应该考虑序列长度的影响。令 $S(s,t)$ 表示两条长度分别为 m 和 n 的序列的相似性得分,假设 $S(s,t) = 99$,两条序列有 99 个字符一致。如果 $m = n = 100$,则可以说这两条序列非常相似,几乎一样。但是,如果 $m = n = 1000$,则仅有 10% 的字符相同。所以,在实际序列比较时,使用相对长度的得分就更有意义:

$$sim(s,t) = \frac{2S(s,t)}{m+n} \tag{3.8}$$

以 $sim(s,t)$ 作为衡量序列相似性的指标。

3. 局部比对的动态规划法

有些同源序列虽然序列的整体相似性很小,但是存在高度相似的局部区域,如果在进行序列比对时注重序列的局部相似性,则可能会发现重要的序列相似信息。1981 年,Temple Smith 和 Michael Waterman 对双序列的局部比对进行了研究,在 Needleman-Wunsch 算法的基础上进行改进,提出序列局部比对算法,后称 Smith-Waterman 算法。

设序列 s,t 的长度分别为 m 和 n,在这里使用的数据结构依然是一个 $(m+1) \times (n+1)$ 的得分矩阵 $\boldsymbol{D}$,但是,对矩阵中每个元素含义的解释与 Needleman-Wunsch 算法有所不同。因为在进行两条序列局部比对时,不计某序列前缀与空位的罚分,也不计某序列后缀与空位的罚分,所以,矩阵中每个元素的值代表序列 $_0:s_{:i}(0 \leqslant i \leqslant m)$ 某个后缀和序列 $_0:t_{:j}(0 \leqslant j \leqslant n)$ 某个后缀的最佳比对。

因为在双序列局部比对中不计前缀的得分,所以新的得分矩阵初始化见下式

$$\begin{aligned} d_{0,j} &= 0 \quad (0 \leqslant j \leqslant n) \\ d_{i,0} &= 0 \quad (1 \leqslant i \leqslant m) \end{aligned} \tag{3.9}$$

另外，由于 $_0:s_{:i}$ 和 $_0:t_{:j}$ 总有一个得分为 0 的空后缀比对，所以矩阵 D 中的所有元素大于或等于 0。于是，得分矩阵中任一元素的计算见下式

$$d_{i,j} = \max \begin{cases} d_{i-1,j-1} + p(s_i,t_j) \\ d_{i-1,j} + p(s_i,-) \\ d_{i,j-1} + p(-,t_j) \\ 0 \end{cases} \tag{3.10}$$

阈值 0 意味着矩阵中的 0 元素分布区域对应于不相似的子序列，而正数区域则是局部相似的区域。最后，在矩阵中找出最大值，该值就是最优的局部比对得分，它所对应的点为序列局部比对的末点；然后，反向推演前面的最优路径，直到局部比对的起点。

例 3.4　用动态规划法对序列 $s = \text{GCGATATA}$ 和 $t = \text{AACCTATAGCT}$ 进行局部比对，采用式(3.1)的得分函数。

解　① 初始化得分矩阵 D。

根据式(3.9)对得分矩阵 D 进行初始化，矩阵第一行的初始化为 $d_{0j}=0,(0 \leqslant j \leqslant 11)$，矩阵第一列的初始化为 $d_{i0}=0(0 \leqslant i \leqslant 8)$，结果见图 3.14。

		A	A	C	C	T	A	T	A	G	C	T
	0	0	0	0	0	0	0	0	0	0	0	0
G	0	0	0	0	0	0	0	0	0	1	0	0
C	0	0	0	1	1	0	0	0	0	0	2	0
G	0	0	0	0	0	0	0	0	1	1	1	2
A	0	1	1	0	0	0	0	1	0	1	0	0
T	0	0	0	0	0	1	0	2	1	0	0	1
A	0	1	1	0	0	0	2	1	3	2	1	0
T	0	0	0	0	0	1	1	3	2	3	2	2
A	0	1	1	0	0	0	2	2	4	3	3	2

图 3.14　序列 $s = \text{GCGATATA}$ 和 $t = \text{AACCTATAGCT}$ 局部比对的得分矩阵

② 计算得分矩阵 D 中的每个元素。

根据递推公式式(3.10)和得分函数公式式(3.1)，从 d_{11} 开始顺序计算得分矩阵 D 中的每个元素，直到 $d_{8,11}$。结果见图 3.14。

③ 求最优路径。

从图 3.14 的得分矩阵中找到最大得分元素 $d_{88}=4$，反向前推，其最优路径为：$d_{88}=4 \rightarrow d_{77}=3 \rightarrow d_{66}=2 \rightarrow d_{55}=1 \rightarrow d_{44}=0$。结果见图 3.14。

④ 根据最优路径求出两条序列的最优局部比对。

根据最优路径，求出最优局部比对，见图 3.15。

```
                        ←——局部比对
            -GCGA TATA ---
                 ||||
            AAC-C TATA GCT
```

图 3.15　序列 $s = \text{GCGATATA}$ 和 $t = \text{AACCTATAGCT}$ 的最优局部比对

3.2.4　BLAST 算法

1. BLAST 算法原理

BLAST 第 2 章已定义,即基本局部比对搜索工具,其基本原理是先找出某些"种子",即两条比对序列中的一对子序列,它们的长度相等且可以形成无空位的完全匹配。BLAST 首先找出两条比对序列间所有匹配度超过一定阈值的"种子",然后以每个种子为基准,根据给定的相似性阈值向两端扩展延伸,得到一定长度的相似性片段,比较每个"种子"得到的相似性片段,最后给出高分值片段对(high-scoring pairs,HSPs),即最优比对结果。不带空位的片段比对是标准 BLAST 的一个特征,改进后允许在延伸的过程中插入空位。

2. BLAST 软件

BLAST 是目前最常用的数据库搜索程序。在 NCBI 的工具箱中有专门用于双序列比对的 BLAST 在线软件,软件的界面见图 3.16,网址为:

http://blast. ncbi. nlm. nih. gov/Blast. cgi? PROGRAM＝blastp&BLAST_PROGRAMS＝blastp&PAGE_ TYPE ＝ BlastSearch&SHOW _ DEFAULTS ＝ on&BLAST _ SPEC ＝ blast2seq&LINK_LOC＝blasttab。

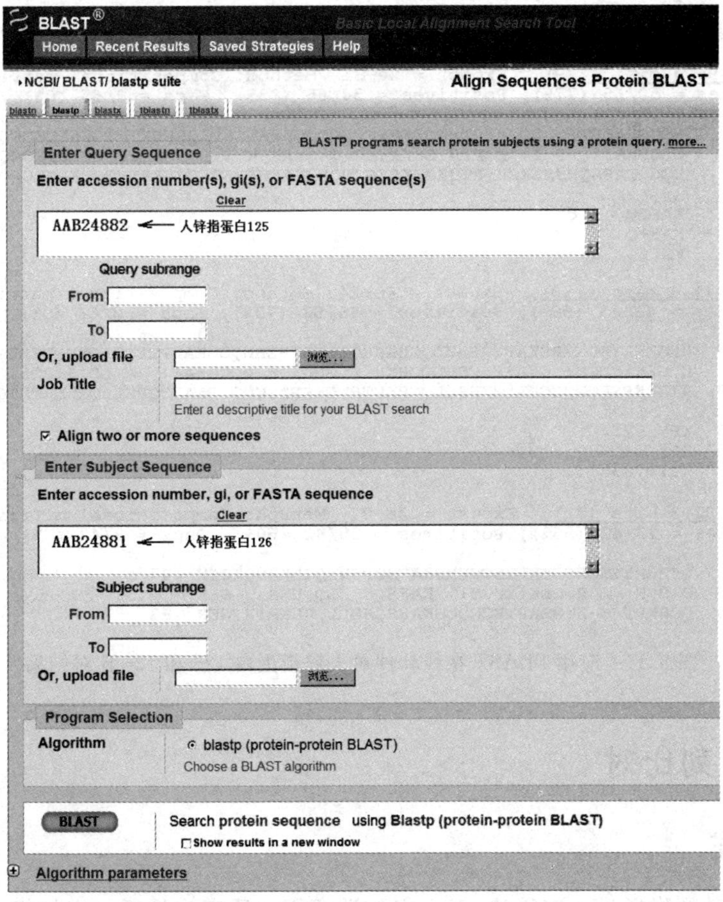

图 3.16　用于双序列比对的 BLAST 在线软件界面

例 3.5 以人锌指蛋白 125 和人锌指蛋白 126 为例，用 BLAST 在线软件进行双序列比对分析，寻找这两种人类锌指蛋白中相同或相似的氨基酸组成区域。

解 人锌指蛋白 125 在 GenBank 的检索号为 AAB24882，人锌指蛋白 126 在 GenBank 的检索号为 AAB24881，将这两个检索号分别写在图 3.16 所示界面的输入框中，选择不同的参数 Algorithm parameters，然后单击 BLAST 按钮，即可得到两条序列的比对结果。图 3.17 是在默认参数下得到的人锌指蛋白 125 和 126 的比对结果。

从图 3.17 中可以看到人锌指蛋白 125 和 126 在默认参数下比对结果共有 4 个：①Score＝113bits，②Score＝96.7bits，③Score＝77.4bits，④Score＝32.3bits。在每种结果中都给出了两条序列的比对，标出了两条序列相同或相似的氨基酸组成区域。

```
>□gb|AAB24881.1|  zinc finger [Homo sapiens]
Length=98
                                Sort alignments for this subject sequence by:
                                  E value  Score  Percent identity
                                  Query start position  Subject start position

 Score =  113 bits (282),  Expect = 7e-38, Method: Compositional matrix adjust.
 Identities = 60/85 (71%), Positives = 68/85 (80%), Gaps = 0/85 (0%)

Query  21  YECNERSKAFSCPSHLQCHKRRQIGEKTHEHNQCGKAFPTPSHLQYHERTHTGEKPYECH  80
           YECN+  KAF+  S L+CH R  IGEK +E NQCGKAF   SHLQ H+RTHTGEKPYEC+
Sbjct  1   YECNQCGKAFAQHSSLKCHYRTHIGEKPYECNQCGKAFSKHSHLQCHKRTHTGEKPYECN  60

Query  81  QCGQAFKKCSLLQRHKRTHTGEKPY  105
           QCG+AF +  LLQRHKRTHTGEKPY
Sbjct  61  QCGKAFSQHGLLQRHKRTHTGEKPY  85

 Score = 96.7 bits (239),  Expect = 2e-31, Method: Compositional matrix adjust.
 Identities = 50/65 (77%), Positives = 54/65 (83%), Gaps = 0/65 (0%)

Query  52  NQCGKAFPTPSHLQYHERTHTGEKPYECHQCGQAFKKCSLLQRHKRTHTGEKPYECNQCG  111
           NQCGKAF   S L+ H RTH GEKPYEC+QCG+AF K S LQ HKRTHTGEKPYECNQCG
Sbjct  4   NQCGKAFAQHSSLKCHYRTHIGEKPYECNQCGKAFSKHSHLQCHKRTHTGEKPYECNQCG  63

Query  112 KAFAQ  116
           KAF+Q
Sbjct  64  KAFSQ  68

 Score = 77.4 bits (189),  Expect = 4e-24, Method: Compositional matrix adjust.
 Identities = 43/63 (68%), Positives = 46/63 (73%), Gaps = 0/63 (0%)

Query  15  HSGEKLYECNERSKAFSCPSHLQCHKRRQIGEKTHEHNQCGKAFPTPSHLQYHERTHTGE  74
           H GEK YECN+  KAFS  SHLQCHKR   GEK +E NQCGKAF     LQ H+RTHTGE
Sbjct  23  HIGEKPYECNQCGKAFSKHSHLQCHKRTHTGEKPYECNQCGKAFSQHGLLQRHKRTHTGE  82

Query  75  KPY  77
           KPY
Sbjct  83  KPY  85

 Score = 32.3 bits (72),  Expect = 2e-07, Method: Compositional matrix adjust.
 Identities = 23/42 (55%), Positives = 25/42 (60%), Gaps = 3/42 (7%)

Query  6   QFHCRYVNNHSGEKLYECNERSKAFSCPSHLQCHKRRQIGEK  47
           Q H R   H+GEK YECN+  KAFS    LQ HKR   GEK
Sbjct  45  QCHKRT---HTGEKPYECNQCGKAFSQHGLLQRHKRTHTGEK  83
```

图 3.17 应用 BLAST 在线软件对人锌指蛋白 125 和 126 比对结果

3.3 多序列比对

3.3.1 概述

多序列比对是指通过一定算法，对一组核酸或蛋白质序列按照一定的规律排列起来，比较这组序列的异同。

在实际研究中,生物学家并不是仅仅分析单个蛋白质,而是更着重于研究蛋白质之间的关系,研究一个家族中的相关蛋白质,研究相关蛋白质序列中的保守区域,进而分析蛋白质的结构和功能。双序列比对往往不能满足这样的需要,难以发现多个序列的共性,必须同时比对多条同源序列。多序列比对还可用于一组同源蛋白质的比对分析,研究隐含在蛋白质序列中的系统发育的关系,以便更好地理解这些蛋白质的进化。

通过序列的多重比对,可以得到一个序列家族的序列特征。当给定一个新序列时,根据序列特征,可以判断这个序列是否属于该家族。对于多序列比对,现有的大多数算法都基于渐进比对的思想,在序列两两比对的基础上逐步优化多序列比对的结果。进行多序列比对后,可以对比对结果进行进一步处理,如构建序列的特征模式,将序列聚类构建分子进化树等。

3.3.2　SP 模型

SP 模型是一种多重序列比对的评价模型,用来评价所得到的多重序列比对,以确定其优劣。

SP(sum-of-pairs),逐对加和函数,具有如下特点:①函数形式简单,具有统一的形式,不随序列的个数而发生形式变化。②根据得分函数的意义,函数值应独立于各参数的顺序,即与待比较的序列先后次序无关。③对相同的或相似字符的比对,奖励的得分值高,而对于不相关的字符比对或空白,则进行惩罚(得分为负值)。

SP 函数用于多重序列比对的评价有两种方法。

方法一　先计算多重比对结果的每一列字符的得分,然后将各列的和加起来求整体多重比对得分,即

$$SP - score(c_1, c_2, \cdots, c_k) = \sum_{i=1}^{k-1} \sum_{j=i+1}^{k} p(c_i, c_j) \tag{3.11}$$

其中 $c_1, c_2, \cdots, c_k$ 是多重序列比对中某一列中的 k 个字符,p 是关于一对字符相似性的得分函数。SP-score$(c_1, c_2, \cdots, c_k)$ 是多重序列比对中某一列的 SP 得分。

方法二　先计算多重序列比对结果的两两比对得分,然后将其相加求整体多重比对得分。

$$SP - score(\alpha) = \sum_{i<j} \alpha_{i,j} \tag{3.12}$$

其中,α 是一个多重比对,α_{ij} 是由 α 推演出来的序列 s_i 和 s_j 的两两比对。

在 $p(-, -) = 0$ 条件下,方法一和方法二的计算才等价。

例 3.6　已知得分函数为 $p(a, a) = 1$;$p(a, b) = -1$;$p(a, -) = p(-, b) = -1$;$p(-, -) = 0$。计算图 3.18 所示多重序列比对的 SP 得分。

N H V K W Y Q Q L P G

I T V N W Y Q Q L P G

Y A M Y W V R Q A P G

Y Y S T W V R Q P P G

图 3.18　多重序列比对结果

解 根据式(3.11)有

$$\begin{aligned}
\mathrm{SP}(c_1) &= p(N,I)+p(N,Y)+p(N.Y)+p(I,Y)+p(I,Y)+p(Y,Y)\\
&= (-1)+(-1)+(-1)+(-1)+(-1)+1\\
&= -4
\end{aligned}$$

$$\begin{aligned}
\mathrm{SP}(c_2) &= p(H,T)+p(H,A)+p(H,Y)+p(T,A)+p(T,Y)+p(A,Y)\\
&= (-1)+(-1)+(-1)+(-1)+(-1)+(-1)\\
&= -6
\end{aligned}$$

同理，$\mathrm{SP}(c_3)=-4$，$\mathrm{SP}(c_4)=-6$，$\mathrm{SP}(c_5)=6$，$\mathrm{SP}(c_6)=-2$，$\mathrm{SP}(c_7)=-2$，$\mathrm{SP}(c_8)=6$，$\mathrm{SP}(c_9)=-4$，$\mathrm{SP}(c_{10})=6$，$\mathrm{SP}(c_{11})=6$。则

$$\begin{aligned}
\mathrm{SP}(c_1,c_2,\cdots,c_{11}) &= (-4)+(-6)+(-4)+(-6)+6+(-2)+(-2)+6+(-4)+6+6\\
&= -4
\end{aligned}$$

3.3.3 动态规划法

和双序列比对一样，动态规划法仍然能够用于多重序列比对。

在例 3.3 中，图 3.12 所示的得分矩阵相当于二维平面；而对于三条序列的比对得分会形成三维立体空间，每一种可能的比对可用三维晶格中的一条路径表示，而每一维对应于一条序列；如果是多条序列的比对，得分形成的空间则是超晶格(hyperlattice)。

如图 3.10 所示，在计算双序列比对的得分矩阵中的任一元素 d_{ij} 时，要依赖 $d_{i-1,j}$、$d_{i-1,j-1}$ 和 $d_{i,j-1}$ 的数值，此时 d_{ij} 称为当前节点，$d_{i-1,j}$、$d_{i-1,j-1}$ 和 $d_{i,j-1}$ 称为前趋节点。

如图 3.19 所示，在计算三条序列比对的当前节点的得分时，要依赖于与它相邻的 7 条边，分别对应于匹配、替换或引入空位等三种编辑操作，计算各操作的得分，并与相应的前趋节点的得分相加，选择一个得分最大的操作，并将得分存放于该节点。在三维晶格中，计算当前节点的得分要考虑 7 个前趋节点，在 k 维情况下要考虑 2^k-1 个前趋节点。

随着待比对的序列数目增加，计算量和所要求的计算空间猛增。对于 k 个序列的比对，动态规划算法需要处理 k 维空间里的每一个节点，计算量自然与晶格中的节点数成正比，而节点数等于各序列长度的乘积；另外，计算每个节点依赖于其前趋节点的个数为 2^k-1。因此，用动态规划方法计算多序列比对的最优得分的时间与空间复杂性太高，所以人们发展了该算法的多种变体使得它们能够在合理的时间内找到优化比对。

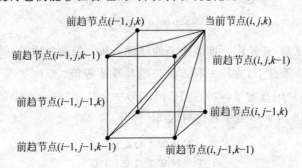

图 3.19　三维晶格中当前节点计算的依赖关系

3.3.4 星形比对算法

采用标准的动态规划算法计算最优的多重序列比对时,其时间与空间复杂性太高以至于难以完成,所以必须考虑其他的方法。首选的就是启发式方法。启发式方法不一定保证最终能得到最优解,但在大多数情况下,其计算结果接近于最优结果;重要的一点是,这类方法能够大大减少所需的计算时间,加快计算速度。目前所用的算法大部分将序列多重比对转化为序列两两比对,逐渐将两两比对组合起来,最终形成完整的多序列比对。这种方式又称为渐进法。

星形比对是一种启发式方法,是由 Gusfield 首先提出的。星形比对的基本思想是:在给定的若干条序列中,选择一个核心序列,通过该序列与其他序列的两两比对,形成所有序列的多重比对 α,从而使得 α 在核心序列和任何一个其他序列方向的投影是最优的两两比对。

设 $s_1, s_2, \cdots, s_k$ 是 k 条待比对的序列,假设已知核心序列是 $s_c (1 \leqslant c \leqslant k)$,则可以利用标准的动态规划算法求出所有 s_c 和 $s_i (1 \leqslant i \leqslant k)$ 的最优比对。将这些序列的两两比对聚集起来,并采用"只要是空位,则永远是空位"的原则。聚集过程从某一个两两比对开始,如 s_c 和 s_1,然后逐步加上其他的两两比对。在这个过程中,逐步增加 s_c 中的空位字符,以适应其他的比对,但决不删除 s_c 中已存在的空位字符。假设在上述过程中的某一时刻,有一个由 s_c 指导的、已经建立好的部分序列的多重比对,接下来就是加入一个新的、与 s_c 两两比对的序列,如果需要,则插入新的空位字符。这个过程一直进行到所有的两两比对都加入之后结束。

那么,如何选择核心序列 s_c 呢?一种方法就是尝试将每一个序列分别作为核心序列,按上述过程进行,取结果最好的一个。另一种方法是计算所有的两两比对,取下式值最大的一个

$$\sum_{i \neq c} sim(s_i, s_c) \tag{3.13}$$

例 3.7 应用星形比对算法对图 3.20 所示的 5 条序列进行多重序列比对。

解 根据式(3.1)所示的得分函数,计算这 5 条序列中任意两条序列的最优比对得分,建立图 3.21 所示的矩阵,矩阵中的每个元素都是所对应的两条序列的最优比对得分。

$S_1 = \text{ATTGCCATT}$

$S_2 = \text{ATGGCCATT}$

$S_3 = \text{ATCCAATTTT}$

$S_4 = \text{ATCTTCTT}$

$S_5 = \text{ACTGACC}$

	s_1	s_2	s_3	s_4	s_5
s_1		7	-2	0	-3
s_2	7		-2	0	-4
s_3	-2	-2		0	-7
s_4	0	0	0		-3
s_5	-3	-4	-7	-3	

图 3.20 五条序列 s_1, s_2, s_3, s_4, s_5 图 3.21 图 3.20 所示的 5 条序列的最优比对得分

根据图 3.21 所示的矩阵中的数据,计算式(3.13)的得分

$$\sum_{i \neq 1} sim(s_i, s_1) = 7 + (-2) + 0 + (-3) = 2$$

$$\sum_{i \neq 2} sim(s_i, s_2) = 7 + (-2) + 0 + (-4) = 1$$

$$\sum_{i \neq 3} sim(s_i, s_3) = (-2) + (-2) + 0 + (-7) = -11$$

$$\sum_{i \neq 4} sim(s_i, s_4) = 0 + 0 + 0 + (-3) = -3$$

$$\sum_{i \neq 5} sim(s_i, s_5) = (-3) + (-4) + (-7) + (-3) = -17$$

通过计算可以看出，当选 $s_c = s_1$ 时，式(3.13)的取值最大。接下来，根据 s_1 与其他序列的最优比对得分矩阵，得出 s_1 与其他序列的最优两两比对，见图 3.22。

S_1 ATTGCCATT	ATTGCCATT--	ATTGCCATT	ATTGCCATT
S_2 ATGGCCATT	S_3 ATC-CAATTTT	S_4 ATCTTC-TT	S_5 ACTGACC--

图 3.22 s_1 与其他序列的最优两两比对

最后多重序列比对的结果见图 3.23。

ATTGCCATT--
ATGGCCATT--
ATC-CAATTTT
ATCTTC-TT--
ACTGACC----

图 3.23 例 3.7 中 5 条序列的多重序列比对结果

星形比对是一种近似的方法。可以证明，用该方法所得到的多重序列比对的代价不会大于最优多重序列比对代价的两倍。

3.3.5 CLUSTAL W 算法

ClustalW 是一种渐进的多重序列比对方法，它包括三个主要阶段：①先将多个序列进行两两比对，基于这些比对，计算得到一个距离矩阵，该矩阵反映每对序列之间的关系；②根据距离矩阵计算产生系统发生树，对关系密切的序列进行加权；③从最紧密的两条序列开始，逐步引入邻近的序列并不断重新构建比对，直到所有序列都被加入为止。如果加入的序列较多，必须加入空位以适应序列的差异。

ClustalW 的程序可以自由使用，在任何主要的计算机平台上都可以运行。在美国国家生物技术信息中心 NCBI 的 FTP 服务器上可以找到下载的软件包，在欧洲生物信息学研究所 EBI 的主页还提供了基于 Web 的 ClustalW 服务，用户可以把序列和各种要求通过表单提交到服务器上，服务器把计算的结果用 Email 返回给用户。EBI 的 ClustalW 网址是：http://www.ebi.ac.uk/clustalw/。ClustalW 对用户输入序列的格式和输出格式的选择比较灵活，可以是 FASTA 格式，也可是其他格式。

例 3.8 表 3.16 是中国不同地区发现的 25 个 H9N2 型禽流感病毒在 GenBank 中的检索号，现在用 EBI 的在线 ClustalW 对这 25 个 H9N2 型禽流感病毒进行多序列比对分析。

解 (1)根据表 3.16 所示的 25 个 H9N2 型禽流感病毒在 GenBank 中的检索号，到 GenBank 数据库中下载相应的蛋白质序列，以 FASTA 格式存储在某一文件中。

表 3.16　中国不同地区发现的 25 个 H9N2 型禽流感病毒在 GenBank 中的检索号

地 区 名	检 索 号	地 区 名	检 索 号	地 区 名	检 索 号
河北	ABI94782.1	广东-1	AAK62979.1	南京-1	AAY52512.1
宁夏	AAY52513.1	广东-2	AAY52500.1	南京-2	AAY52511.1
北京	ACB70206.1	广东-3	AAY52499.1	山东-1	ACG59777.1
河南-1	ABL61477.1	广东-4	AAY52498.1	山东-2	ACG58427.1
河南-2	AAY52508.1	广东-5	AAY52497.1	深圳	AAY52518.1)
黑龙江-1	AAY52505.1	广东-6	AAY52496.1	福建	ABV47278.1
黑龙江-2	AAY52504.1	吉林	AAY52509.1	石家庄	AAY52517.1
广西-1	AAY52502.1	江苏	AAL65235.1		
广西-2	AAY52501.1	上海	AAY52516.1		

（2）根据 EBI 的 ClustalW 网址 http://www.ebi.ac.uk/clustalw/上网,进入 ClustalW 界面,如图 3.24 所示。

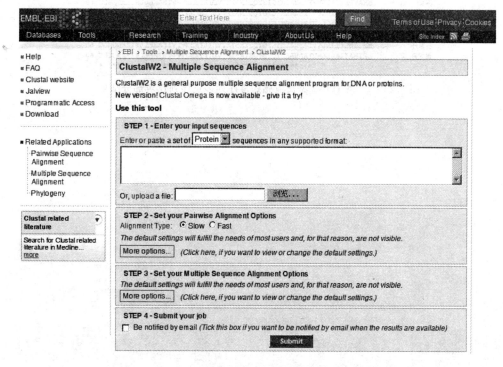

图 3.24　EBI 在线多重比对软件 ClustalW 的工作界面

（3）将第（1）步从 GenBank 中下载的 25 条序列复制到图 3.24 中的输入框中,选择相应的参数,单击“submit”,得到如图 3.25 所示的多重序列比对结果。

（4）图 3.25 只是比对结果的一部分,结果中氨基酸的相似程度用不同的符号来表示:“ ＊ ”号表示这一组蛋白质序列中相应位置的氨基酸不发生改变,氨基酸高度保守;“：”号表示在少数蛋白质序列中氨基酸发生改变,氨基酸保守程度差些;“.”号表示有较多的序列中氨基酸发生改变,氨基酸保守程度更差些;而没有上述符号标志的氨基酸位点差别较大。

（5）通过对表 3.16 所示的 25 条 H9N2 型禽流感病毒序列进行多重序列比对分析,可以寻找在凝集素蛋白质中氨基酸组成相对保守和序列差别较大的区域,其中序列保守区域对应在凝集素蛋白质中相对稳定的结构,如酶的活性中心区域,而序列差别较大的区域可能是导致流感病毒产生耐药性的主要原因。

```
广东_1     MEAVSLITILLVVTASNADKICIGYQSTNSTETVDTLTENNVPVTHAKELLHTEHNGMLC 60
河北       ----SLIAILLVVTVSNADKICIGYQSTNSTETVDTLTENNVPVTHAKELLHTEHNGMLC 56
福建       ----------LVVTVSNADKICIGYQSTNSTETVDTLTENNVPVTHAKELLHTEHNGMLC 50
广东_5     METVSLITILLVATVSNADKICIGYQSTNSTETVDTLTENNVPVTHAKELLHTEHNGMLC 60
河南_1     --------YSLVVTASNADKICIGYQSTNSTETVDTLTENNVPVTHAKELLHTEHNGMLC 52
宁夏       MEVVSLMTILLVVTVSNADKICIGYQSTNSTETVDTLTENNVPVTHAKELLHTEHNGMLC 60
黑龙江_1   MEVVSLITILLVATVSNADKICIGYQSTNSTETVDTLTENNVPVTHAKELLHTEHNGMLC 60
吉林_1     MEVISLITILLVVTVSNADKICIGYQSTNSTETVDTLTENNVPVTHAKELLHTEHNGMLC 60
广东_6     MEVVSLITILLVVTVSNADKICIGYQSTNSTETVDTLTENNVPVTHAKELLHTEHNGMLC 60
河南_2     MEVVSLITILLVGTVSNADKICIGYQSTNSTETVDTLTENNVPVTHAKELLHTEHNGMLC 60
北京       MEVVSLITILLVVTVSNADKICIGHQSTNSTETVDTLTENNVPVTHAKELLHTEHNGMLC 60
山东_1     MEAVSLITILLVVTVSNADKICIGYQSTNSTETVDTLTENNVPVTHAKELLHTEHNGMLC 60
山东_2     MEAVSLITILLVVTVSNADKICIGYQSTNSTETVDTLTENNVPVTHAKELLHTEHNGMLC 60
广西_1     MEVLSLITILLVVTVSNADKICIGYQSTNSTETVDTLTENNVPVTHAKELLHTEHNGMLC 60
广西_2     MEVLSLITILLVVTVSNADKICIGYQSTNSTETVDTLTENNVPVTHAKELLHTEHNGMLC 60
广东_3     MEALSLITILLVVTVSNADKICIGYQSTNSTETVDTLTENNVPVTHAKELLHTEHNGMLC 60
上海       MEVVSLITILLAVTVSNADKICIGYQSTNSTETVDTLTENNVPVTHAKELLHTEHNGMLC 60
广东_2     MKAVPLITILLVVTASNADKICIGYQSTNSTETVDTLTENNVPVTHAKELLHTEHNGMLC 60
深圳       MKAVPLITILLVVTASNADKICIGYQSTNSTETVDTLTENNVPVTHAKELLHTEHNGMLC 60
南京_1     METTSLITILLLVTTSNADKICIGYQSTNSTETVDTLAENNVPVTHAKELLHTEHNGMLC 60
南京_2     METTSLITILLLVTTSNADKICIGYQSTNSTETVDTLAENNVPVTHAKELLHTEHNGMLC 60
江苏       METISLITILLVVTASNADKICIGYQSTNSTETVDTLTESNVPVTHAKELLHTEHNGMLC 60
石家庄     METISLITILLVVTASNADKICIGYQSTNSTETVDTLTESNVPVTHAKELLHTEHNGMLC 60
黑龙江_2   METKAIIAALLMVTAANADKICIGYQSTNSTETVDTLTESNVPVTHTKELLHTEHNGILC 60
           * *.:********:************:*.******:**********:**
```

图 3.25　25 条 H9N2 型禽流感病毒序列多重序列比对部分结果

第4章

核酸序列分析

细胞中的核酸有两大类——DNA 和 RNA,前者携带着决定个体性状的遗传信息,后者参与遗传信息的表达与调控,它们在生命活动中起着重要的作用。生物体的遗传信息存储于 DNA 分子上,表现为特定的核苷酸排列顺序,通过复制将遗传信息传递给后代。DNA 分子中的遗传信息转录到 RNA 分子中,再由 RNA 翻译生成体内各种蛋白质,最终执行其特定的生物功能。ACGT(U)四种核苷酸是构成各种生物体核酸序列的基本组分,不同生物体具有不同的排列顺序,不同的排列顺序蕴含着不同的生物信息。核酸序列中包含着生物的遗传信息和进化信息,从海量的已经测序的核酸序列中获取和挖掘信息,是生物信息学的研究目的,序列分析是重要的途径之一,也是对核酸序列进行生物信息学分析的首要步骤。

4.1 DNA 序列信息分析

DNA 是主要的遗传物质,是携带遗传信息的载体之一。DNA 序列是指 DNA 的一级结构,由 ACGT 四种碱基组成,DNA 序列又可称为碱基序列,不同种属的 DNA 碱基组分存在差异,与遗传密码子的使用偏好和 DNA 甲基化程度具有相关性。

DNA 主要携带两类遗传信息,一类信息储存于具有功能活性的 DNA 序列中,能够通过转录过程形成 RNA(主要有编码 RNA 和非编码 RNA 两种形式),其中编码 RNA 含有编码蛋白质的氨基酸序列信息,这类 DNA 序列主要是指遗传的基本单位即基因序列;另一类信息属于调控信息,主要存在于特定 DNA 的区域,能被各种功能性蛋白分子特异地识别结合,进而完成各种生物过程,例如启动子和增强子调控基因的表达。遗传信息储存于具有特征信息的 DNA 序列中,根据这些特征信息设计不同的算法,能够在海量的序列数据中挖掘出具有生物学功能的特征信息。

本节将介绍 DNA 序列一级结构的基本信息和特征信息分析方法。DNA 基本信息分析主要包括序列组分分析、序列转换、限制性内切酶位点分析;序列的特征信息分析主要包括开放阅读框(open reading frame,ORF)分析、启动子及转录因子结合位点分析和 CpG 岛(CpG island)识别。

4.1.1　DNA 序列的基本信息

(1) DNA 序列组分分析

物理化学性质是 DNA 的基本性质,不同物种 DNA 的物理化学性质具有差异性。DNA 物理化学性质主要由碱基组成决定,碱基组成有两种方法表示——碱基比例(base ratio)和 GC 百分比含量简称 GC 含量(GC content)。

奥地利犹太生物学家 Erwin Chargaff 用层析和电泳技术分析组成 DNA 的碱基,提出了 DNA 碱基组成的 Chargaff 规则:同一生物的 DNA 碱基含量是 A=T,G=C,A+G=C+T;且(A+T)/(G+C)的比值因生物种类不同而异。

原核生物中不同种属的 GC 含量从 25% 到 75% 不等,这种组分差异可用于识别细菌种类。真核生物物种间 GC 含量的差别不如原核生物明显,但真核基因组中不同区域 GC 含量存在差异。GC 含量与物种的密码子使用频率有关,而且与 DNA 双链的熔解温度有关,是进行核酸杂交的重要参数。

核酸碱基组成可通过一些常用软件直接获得,如:BioEdit 和 DNAMAN。BioEdit 是 Tom Hall 开发的一个生物序列编辑器,其基本功能是提供蛋白质核酸序列的编辑排列处理和分析,如序列比对、序列检索、引物设计、系统发育分析等。DNAMAN 是美国 Lynnon Biosoft 公司开发的高度集成化的分子生物学应用软件,可完成核酸和蛋白质序列的综合分析工作,包括多重序列比对、引物设计、限制性酶切分析、蛋白质分析、质粒绘图等。

核酸碱基组成分析工具及其网址如下:

BioEdit　　http://www.mbio.ncsu.edu/BioEdit/bioedit.html

DNAMAN　http://www.lynnon.com

例 4.1　人类 CD9 基因序列组分分析。

应用 BioEdit 软件,以人类 CD9 基因序列(序列号 AY422198)为例进行核酸组分分析。打开 BioEdit 输入 AY422198 序列,选中该序列,单击"sequence"下拉菜单"Nucleic Acid"中的"Nucleotide Composition"项,即可得到序列组分分析结果,见图 4.1。其结果显示 CD9 基因序列中四种碱基 A、C、G、T 的含量分别是 23.44%、25.46%、25.51%、25.58%,GC 含量为 50.97%。

```
DNA molecule: Homo sapiens CD9 antigen (p24) (CD9) gene
Length = 41466 base pairs
Molecular Weight = 12595495.00 Daltons, single stranded
Molecular Weight = 25214085.00 Daltons, double stranded
G+C content = 50.97%
A+T content = 49.03%

Nucleotide   Number   Mol%
    A         9721    23.44
    C        10557    25.46
    G        10580    25.51
    T        10608    25.58
```

图 4.1　AY422198 序列组分分析结果界面

（2）序列转换

DNA 序列具有双链性、双链互补性及开放阅读框在两条链上存在的特性，因此进行序列分析时，经常需要针对 DNA 序列进行各种转换，例如反向序列、互补序列、反向互补序列、显示 DNA 双链、转换为 RNA 序列等。

序列转换可使用的软件有 DNASTAR、BioEdit、DNAMAN 等。DNASTAR 软件是 DNASTAR 公司开发的 Lasergene 程序组，是核酸序列和蛋白质序列的综合分析工具，其中的 EditSeq 程序能够实现核酸 DNA 序列的各种转换。DNASTAR 网址是 http://www.dnastar.com/。

例 4.2　人类 CD9 基因序列转换。

应用 DNASTAR 软件，以人类 CD9 基因（序列号 AY422198）前 300bp 序列为例进行序列转换。打开 DNASTAR 软件"EditSeq"程序，输入 AY422198 序列，选中该序列，单击"Goodies"下拉菜单中的"Reverse Sequence"项，可得到该序列的反向序列；单击"Reverse Complement"则可得到该序列的反向互补序列，如图 4.2 所示。

```
              10        20        30        40        50
     AGGTGAGAAAGAGCCTTGTGCTCCTGGACTTTGCACTCTGAGCATTAGGG    50
     GCCACCGAAAGGTTCAAGCAGGGGAATGGTTGGATCTGCTGTGTTTTCAG    100
     AGGTTCTCTGCCTGTGTTTTAGGTAGTTGGGTGGGGGAAGGCCGGAGGGG    150
     CAGGTAGGAAGCCCCTTGAGGACGGACCATTGTTGGCATCTCCAGTCC    200
     TTGGCTCAGTGCTTTACGGGATTGCATGGAACATGGAGATGTTGTATTTG    250
     GGGAGACGCAATCAGGTAATATGAGGGGAGCAGTGGTAGATGAAAGTTGA    300
```

图 4.2　AY422198 序列反向互补序列界面

（3）限制性内切酶位点分析

在生物体内有一类酶，具有将异源性 DNA 切断的功能，可以限制异源 DNA 的侵入并使之失活，但对自身 DNA 无损伤作用，它们能够维持细胞原有遗传信息的完整性。这种具有切割作用的内切核酸酶被称为限制性核酸内切酶，简称内切酶。它们能够识别 DNA 的特异顺序序列即识别位点，并在识别位点内部或周围切割双链 DNA。内切酶是分子生物学和基因工程中重要的工具酶，限制性内切酶位点分析是分子克隆的基础。

内切酶分为Ⅰ、Ⅱ、Ⅲ型三大类。基因工程中的内切酶一般指的是Ⅱ型内切酶。这类内切酶具有专一的识别和切割位点，能识别专一的、短的 DNA 序列，并在识别位点或附近切割双链 DNA。序列中被内切酶识别的位点多数为回文对称结构，长度一般为 4～8 个碱基，常见为 6 个碱基，切割位点在 DNA 两条链相对称的位置。例如，基因工程中常用的两个内切酶 EcoRⅠ和 HindⅢ的识别序列和切割位置如下

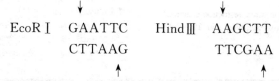

核酸序列内切酶位点识别依据内切酶所识别的序列结构信息进行预测分析。常用内切酶的资源是限制酶数据库（Restriction Enzyme Database，REBASE），由新英格兰生物实验室建立，收录了内切酶的所有信息，包括内切酶识别序列和切割位点、甲基化酶、甲基化特异性、其他相关酶、酶类产品的商业来源及公开发表的和未发表的参考文献。REBASE 提供

了内切酶的查询工具、识别位点序列信息及内切酶酶切双链 DNA 的三维结构等信息；分析工具具有提供理论酶切消化图谱、序列比对、酶切位点分析等功能。

限制性内切酶位点分析常用的工具是 NEBCutter2，可接收 DNA 序列并产生酶切位点分析结果。NEBCutter2 使用的内切酶来源于 REBASE 数据库，它的识别位点列表每天根据 REBASE 数据库数据同步更新。此外，很多 DNA 分析的商业软件都含有酶切位点分析功能，如集成化分析软件 BioEdit 、DNAMAN 和 DNASTAR 等。

限制性内切酶位点分析常用数据库和工具网址如下

REBASE　http://rebase.neb.com/rebase/rebase.html

NEBCutter2　http://tools.neb.com/NEBcutter2/

例 4.3　人类 CD9 基因序列内切酶位点分析。

应用 REBASE 数据库的分析工具箱链接 NEBCutter2 分析软件获得人类 CD9 基因（序列号 AY422198）序列内切酶图谱。首先登录 REBASE 数据库页面进入 REBASE Tools 工具箱，登录如图 4.3 所示的 NEBCutter2 分析页面。序列输入有三种方式：输入 GenBank 序列号（如：AY422198），直接粘贴序列及从本地序列文件输入；输出方式有两种：直线形和环形，本例选择直线形；内切酶库选择"NEB enzymes"。提交序列后页面返回酶切位点分析结果，如图 4.4 所示。选择序列某区域单击"ZOOM in"进行放大得到该区域详细的酶

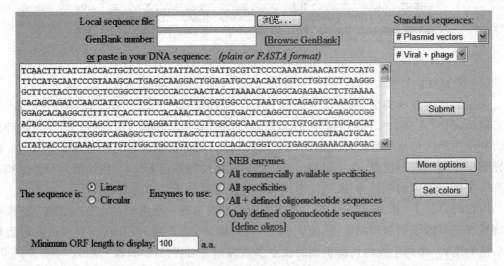

图 4.3　NEBCutter2 分析页面

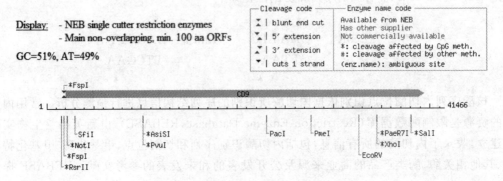

图 4.4　AY422198 序列酶切位点分析结果

切位点,如图 4.5 所示。图 4.4 中的识别位点标示"blunt end cut"为平末端、"5′ extension"为黏性末端 5′ 端突出、"3′ extension"为黏性末端 3′ 端突出。NEBCutter2 还可提供单一酶切或多选酶切位点识别和模拟消化图谱。

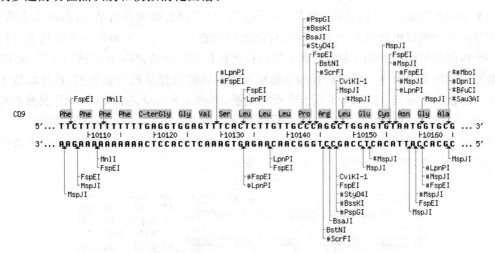

图 4.5　AY422198 序列 10106-10165bp 区域放大后的酶切位点图

4.1.2　DNA 序列的特征信息

（1）开放阅读框分析

完整的开放阅读框是从 5′ 端起始密码子（ATG）到终止密码子（TAA、TAG、TGA）之间的一段编码蛋白质的碱基序列。一个 ORF 存在一个潜在的编码序列（coding sequence，CDS），不同的 ORF 翻译成氨基酸可得到不同的蛋白编码。DNA 序列中一个 ORF 对应一个候选的 CDS，ORF 分析是对 DNA 序列是否为编码序列的初步判别,是判断该序列是否为 CDS 的方法之一。一条 DNA 序列可能存在六种阅读框,如图 4.6 所示,对于任意一条给定的核酸序列,根据密码子的起始位置,可以按照三种方式进行解释,其反向互补序列又含有三种阅读框顺序。

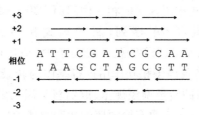

图 4.6　DNA 序列阅读框顺序

ORF 的预测程序主要是对编码区进行特征统计、相关模式的识别或利用同源比对的方法进行识别。原核生物编码区通常只含有一个单独的 ORF,识别方法相对简单,即最长 ORF 法。而真核生物的编码区被内含子分隔成数个不连续的外显子,其编码区序列分析更趋复杂。

ORF 分析常用的工具为 NCBI 在线分析工具 ORF Finder,网址为 http://www.ncbi.nlm.nih.gov/gorf/gorf.html。其他集成化的软件有 BioEdit、DNAMAN 和 DNASTAR 等。

例 4.4 大肠杆菌基因组序列 ORF 分析。

以大肠杆菌基因组序列 U00096 前 2800bp 片段为例,应用 NCBI 的 ORF Finder 分析该片段可能存在的 ORF。登录 ORF Finder 主页,粘贴该序列片段。点选"Genetic Codes"下拉菜单中的"Bacterial Code"。单击"OrfFind"提交序列后得到分析结果,如图 4.7 所示。图中显示六种相位中长度大于 100bp 的可能的阅读框共 17 个:左侧每一条深色条形框代表一个预测的可能的 ORF,右侧阅读框依据长度从长到短排列,"Frame"栏"+1"表示 DNA正链第一相位读码顺序。单击最长的条形框可获得该阅读框编码的氨基酸,该片段位于正链第一相位 337bp 至 2799bp,编码 820 个氨基酸,如图 4.8 所示。为验证 ORF 预测的可靠性,ORF Finder 提供蛋白质序列与蛋白质序列比对的 blastp 工具,来查询氨基酸序列在蛋白质数据库中的相似序列。如图 4.9 所示,该编码氨基酸序列与蛋白质数据库中多条序列具有高度相似性,说明该 ORF 具有较高的可靠性。

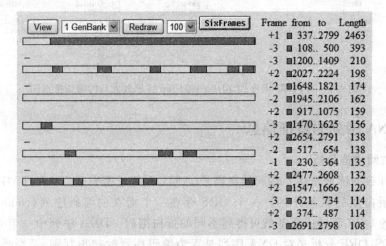

图 4.7　ORF 预测结果页面

(2)启动子及转录因子结合位点分析

DNA 序列中存储着调控信息,其中转录调控控制基因的转录活性。真核基因转录调节主要通过顺式作用元件和反式作用因子的相互作用而实现。启动子是一段 RNA 聚合酶识别、结合和起始转录的特定 DNA 序列,属于顺式作用元件。转录因子结合位点(transcription factor binding site,TFBS)位于启动子中,是与转录因子结合的 DNA 序列,长度约为 5~20 bp,它们与转录因子相互作用进行基因的转录调控。识别基因的调控区序列特征是研究基因功能、基因的转录调控规律、识别新基因及解析基因组结构的途径之一。挖掘调控区序列特征信息的方法主要有同源匹配法和模式识别法。

原核基因启动子区具有明显共同一致的序列,真核基因启动子区与多种转录因子相互作用共同完成转录调控,其调控机制更加复杂。真核生物启动子的-25~-35 区域含有TATA 序列,是 RNA 酶的识别区,可使转录精确地起始,称为核心启动子元件;-70~-80 区域含有 CCAAT 序列,-80~-110 区域含有 GCCACACCC 或 GGGCGGG 序列,这两个区域控制着转录的起始频率。TATA 框上游的保守序列称为上游启动子元件(upstream promoter element,UPE)或上游激活序列(upstream activating sequence,UAS)。真核转录因子数量大、种类多、作用机制复杂。同一转录因子能够同时调控多个基因,虽然

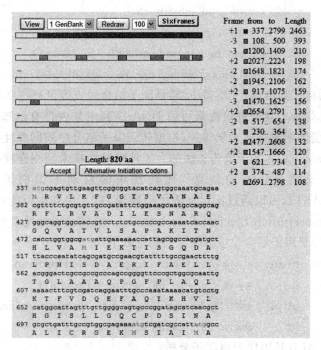

图 4.8 预测最长 ORF 的编码氨基酸

Description	Max score	Total score	Query cover	E value	Ident	Accession
homoserine dehydrogenase, partial [Escherichia coli] >gb|EFJ61288.1| h	1687	1687	100%	0.0	100%	WP_001335377.1
bifunctional aspartokinase I/homoserine dehydrogenase I [Escherichia co	1687	1687	100%	0.0	100%	WP_001201038.1
fused aspartokinase I and homoserine dehydrogenase I [Escherichia coli	1687	1687	100%	0.0	100%	NP_414543.1
bifunctional aspartokinase I/homoserine dehydrogenase I [Escherichia co	1686	1686	100%	0.0	99%	YP_001742118.1
bifunctional aspartokinase/homoserine dehydrogenase 1 [Escherichia co	1686	1686	100%	0.0	99%	WP_021515983.1
homoserine dehydrogenase, partial [Escherichia coli] >gb|EFU52714.1| h	1686	1686	100%	0.0	99%	WP_001332592.1
bifunctional aspartokinase I/homoserine dehydrogenase I [Escherichia co	1685	1685	100%	0.0	99%	WP_001264714.1
bifunctional aspartokinase/homoserine dehydrogenase 1 [Escherichia co	1685	1685	100%	0.0	99%	WP_016236854.1
bifunctional aspartokinase I/homoserine dehydrogenase 1 [Escherichia co	1685	1685	100%	0.0	99%	WP_001526568.1
bifunctional aspartokinase I/homoserine dehydrogenase I [Escherichia co	1685	1685	100%	0.0	99%	WP_001264721.1

图 4.9 预测最长 ORF 编码氨基酸序列 blastp 结果页面

与不同基因序列的结合位点具有一定的保守性,但又存在一定的可变性,结合位点是较短的 DNA 片段,在整个基因组中会存在大量的重复序列,这些特点给正确识别 TFBS 带来一定的难度,也使得预测方法普遍存在较高的假阳性率。

启动子位点和转录因子结合位点信息储存在相关数据库中。EPD(Eukaryotic Promoter Database)是一个有注释的非冗余的真核生物 RNA 聚合酶 II(Pol II)启动子数据库,其中的转录起始位点(transcription start site,TSS)都通过实验获得。TRANSFAC 是真核生物转录调控信息的数据库,收录的数据都经过实验验证,包含转录因子、转录调控关系以及转录因子结合位点等相关信息,涵盖的物种主要有人、酵母、线虫、拟南芥、果蝇、大鼠、小鼠等,它通过文献挖掘收集数据,具有较高的质量。

启动子和转录因子结合位点常用数据库网址如下:

EPD	http://www.epd.isb-sib.ch
TRANSFAC	http://www.gene-regulation.com/pub/
DBTSS	http://dbtss.hgc.jp/index.html
TRRD	http://wwwmgs.bionet.nsc.ru/mgs/dbases/trrd4/

一些保守的功能区如启动子、增强子、转录因子结合位点等可通过序列分析获得相应的序列特征信息。其分析工具能直接搜索目的 DNA 序列中是否含有已知位点的序列模式。Promoter Scan 由美国明尼苏达大学维护，根据转录因子结合序列同源性分析预测 DNA 中的启动子区；Promoter 2.0 基于遗传算法的人工神经网络技术预测脊椎动物启动子区 Pol II 和其他调控因子结合位点的信息。比较常用的启动子识别工具还有：TfBlast (TRANSFAC BLAST)，可以通过比对算法找出目标 DNA 序列中可能存在的转录因子结合位点；TESS(Transcription Element Search System)是转录元件搜索系统。

常用启动子、转录因子结合位点分析工具网址如下：

Promoter Scan	http://www-bimas.cit.nih.gov/molbio/proscan/
Promoter 2.0	http://www.cbs.dtu.dk/services/Promoter/
TfBlast	http://www.gene-regulation.com/cgi-bin/pub/programs/tfblast/
TESS	http://www.cbil.upenn.edu/tess/

例 4.5 人类 ALB 基因序列启动子分析。

以人类 ALB 基因的序列(序列号为 NC_000004.11)为例，选取该序列中第一外显子之前长 2000bp 和其 3′ 方向顺延 100bp 共计 2100bp 长度的序列进行启动子识别。应用 Promoter Scan(1.7 版本)，粘贴 FASTA 格式提交序列，预测结果如图 4.10 所示。Promoter Scan 程序默认预测阈值为 53.00，分值越高代表预测准确性越大。程序预测该序列启动子区位于正链的 1710 到 1960 之间，预测结果分值为 53.70，图中显示了可能与该区域结合的转录因子的名称、编号、位置及权重。预测该序列正链有 4 个转录因子(PEA1、Albumin_US2、CTF/NF-1、CTF)的结合位点；单击转录因子编号(TFD #)列可得到该转录因子的详细信息。由于目前启动子的预测方法存在较高的假阳性率，因此为提高识别率，在进行启动子预测时最好同时参考基因结构信息，如 CpG 岛、外显子/内含子等信息。

Proscan：Version 1.7

Processed Sequence：2100 Base Pairs

Promoter region predicted on forward strand in 1710 to 1960

Promoter Score：53.70 (Promoter Cutoff = 53.000000)

Significant Signals：

Name	TFD #	Strand	Location	Weight
PEA1	S01595	+	1892	1.539
AP-1	S00982	−	1898	1.613
Albumin_US2	S00627	+	1926	50.000
CTF/NF-1	S00696	+	1944	1.765
CTF	S00301	+	1945	2.993

图 4.10　Promoter Scan 预测 NC_000004.11 序列启动子结果

（3）CpG 岛识别

哺乳类动物基因组中 5％ ～10％是 CpG（二核苷酸），CpG 的聚集称 CpG 岛；其中 70％ ～80％呈甲基化状态，称为甲基化的 CpG（mCpG）。人类和小鼠分别有 55.9％和 46.9％的基因与 CpG 岛有着密切的关联。CpG 岛经常在脊椎动物基因的 5′区域被发现，主要位于基因的启动子和第一外显子区域，这一特点有助于基因的识别。CpG 岛同时是表观遗传学中重要的作用区域，CpG 岛甲基化是基因转录活性的调控因素之一，CpG 岛甲基化异常常伴随着疾病发生。

CpG 岛的 GC 含量达到 55％、CpG 二核苷酸的出现率（观测值与期望值的比率）达到 0.65 且长度不少于 500 bp，符合这三个条件的 DNA 序列更趋向于分布在基因的 5′端区域。传统的 CpG 岛识别方法依据上面三个序列特征，即 GC 含量、序列长度、二核苷酸的出现率；另一主要方法是基于统计学特征的识别方法，如马尔可夫链和隐马尔可夫链识别 CpG 岛。

EMBL 提供的 CpG 岛的计算工具是在线分析软件 EMBOSS 的 CpGPlot/CpGReport/Isochore，基于传统的窗口滑动法，一般默认的 CpG 岛跨度至少为 200bp，GC 含量＞50％，CpG 出现频率＞0.6，符合这些参数的区域都默认为 CpG 岛。其他分析工具还有 CpG Island Searcher、CpGcluster 等。

CpG 岛识别的在线分析工具网址如下：

EMBOSS http://www.ebi.ac.uk/embosscpgplot/

CpG Island Searcher http://cpgislands.usc.edu/

CpGcluster http://bioinfo2.ugr.es/CpGcluster/

例 4.6 人类 TERT 基因序列 CpG 岛分析。

以人类 TERT 基因序列（序列号 NG_009265.1）为例，选取序列中 4000-5300bp 区域共 1301 个碱基序列，包含第一个内含子序列。参数设置中 Program 选择 cpgplot 以直方图形式显示预测结果；Window 是计算 CG 含量和 CpG 岛的窗口大小，默认为 100；Step 是窗口移动的碱基数，默认为 1；Obs/Exp 是最小平均观察值与期望值之比，默认为 0.6；MinPC 是每 10 个移动窗口中最小的平均 CG 含量，默认为 50；Length 设定 CpG 岛的最小长度，默认为 200；Reverse 用于选择预测目标序列的反向序列，默认为 no；Complement 用于选择预测目标序列的互补序列，默认为 no；参数设置如图 4.11 所示。

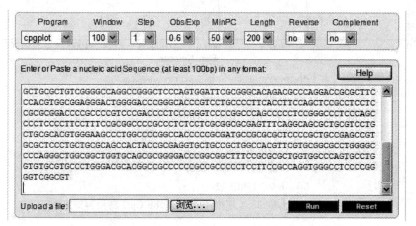

图 4.11 EMBOSS 在线分析软件页面

预测结果如图 4.12 所示。图中上部显示预测的参数；中部显示了三个直方图，包括 Obs/Exp 图、CG 含量百分比图以及上面两个图综合判断而得出的 CpG 岛预测结果图；最后给出预测结论，该序列可能存在两个 CpG 岛，分别为长 250bp 的 313-562 区段和长 665bp 的 581-1245 区段。

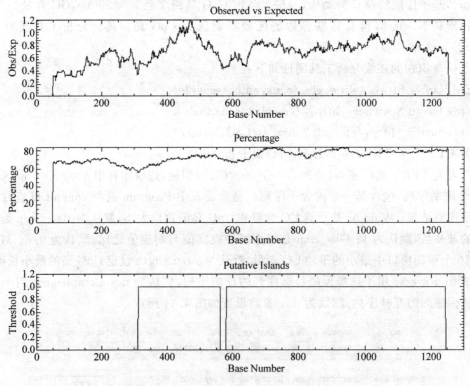

图 4.12　NG_009265.1 序列 4000-5300bp CpG 岛预测结果

4.2 基因组结构注释分析

基因组序列主要构成成分是基因序列、重复序列和基因间序列。基因组时代最重要的工作之一是对海量的基因组数据进行注释,基因组注释包括基因组结构注释和基因组功能注释。基因组结构注释中的核心是基因识别,而为了提高基因识别效率需要首先寻找并屏蔽重复的和低复杂性的序列。本节将主要介绍基因组重复序列分析和基因识别方法。

4.2.1 重复序列分析

(1)重复序列基本概念

重复序列(repetitive sequence)是指在基因组中不同位置出现的相同或对称性序列片段。重复序列在顺式调控元件如启动子、增强子、终止子处被大量发现,在真核生物中广泛分布。重复序列大致可以分成三类,即低度重复序列(low repetitive sequences)、中度重复序列(moderately repetitive sequences)和高度重复序列(highly repetitive sequences)。对于真核生物的核酸序列而言,在进行基因识别之前首先应该把大量的简单重复序列标记出来并去除,避免重复序列对预测程序产生干扰,尤其是涉及数据库搜索的程序。

(2)重复序列分析方法

不同重复序列数据库储存了不同类型的重复序列信息。美国遗传信息研究所(GIRI)的 RepBase 是常用的真核生物 DNA 重复序列数据库;ALU 数据库是人类及其他灵长类代表性的 Alu 重复片段,可以通过 NCBI 的 BLAST 序列搜索程序检测序列中的 Alu 序列;其他重复序列数据库有 LINE-1 数据库、短的串联重复序列数据库 STR 等。RepeatMasker 是比较常用的重复序列分析工具,由美国华盛顿大学维护,通过与已知重复序列数据库比对搜索基因组序列中的相似序列,用于识别、分类和屏蔽重复元件,包括低复杂性序列和散在重复。

重复序列分析常用数据库和分析工具网址

RepBase　http://www.girinst.org/repbase/

RepeatMasker　http://www.repeatmasker.org/

LINE-1　http://line1.bioapps.biozentrum.uni-wuerzburg.de/

STR　http://www.cstl.nist.gov/div831/strbase/

例 4.7　人类 15 号染色体 RP11-79C23 克隆序列重复序列分析。

以人类 15 号染色体 RP11-79C23 克隆序列(序列号 AC138701.3)为例,使用 RepeatMasker 程序进行重复序列分析。登录 RepeatMasker 主页面,进入 RepeatMasker 分析页面。搜索引擎有 Cross_match、ABBlast 及 RMBlast 三种:Cross_match 在三者中速度慢但精度高;ABBlast 速度快精度略低;RMBlast 是 NCBI Blast 工具的兼容版。

RepeatMasker 分析结果如图 4.13 所示,分为两部分。第一部分是总体结果显示,包括序列长度、GC 含量及总屏蔽率。如图 4.13 所显示,AC138701.3 序列长度为 145239 bp,GC 含量为 36.56%,被屏蔽的碱基数是 95308bp,占全序列的 65.62%。第二部分是详细的被屏蔽重复序列的说明，包括重复序列的种类如 SINEs、LINEs、LTR elements、DNA elements、Total interspersed repeats、Small RNA、Satellites、Simple repeats、Low complexity 等以及每种中含有的元件数量、长度和所占序列的百分比。如图 4.13 中 SINEs 的元件数为 50，长度为 12274bp，占总序列的 8.45%；LINEs 的元件数为 33，长度为 29189 bp，占总序列的 20.10%；LTR 元件数为 23，长度为 11823 bp，占总序列的 8.14%等。综合结果显示 AC138701.3 序列中各种重复元件的覆盖率为 65.62%。

Summary:

file name: RM2sequpload_1288248422
sequences:　　　1
total length:　　(145239 bp excl N/X-runs)
GC level:　　　36.56 %
bases masked:　　95308 bp (65.62 %)

	number of elements	length occupied	percentage of sequence
SINEs:	50	12274 bp	8.45 %
ALUs	43	11392 bp	7.84 %
MIRs	7	882 bp	0.61 %
LINEs:	33	29189 bp	20.10 %
LINE1	26	27148 bp	18.69 %
LINE2	6	1906 bp	1.31 %
L3/CR1	1	135 bp	0.09 %
LTR elements:	23	11823 bp	8.14 %
ERVL	6	3960 bp	2.73 %
ERVL-MaLRs	7	2215 bp	1.53 %
ERV_classI	9	4636 bp	3.19 %
ERV_classII	1	1012 bp	0.70 %
DNA elements:	10	3348 bp	2.31 %
hAT-Charlie	4	560 bp	0.39 %
TcMar-Tigger	4	2325 bp	1.60 %
Unclassified:	0	0 bp	0.00 %
Total interspersed repeats		56634 bp	38.99 %
Small RNA:	1	104 bp	0.07 %
Satellites:	5	34407 bp	23.69 %
Simple repeats:	25	2252 bp	1.55 %
Low complexity:	38	1911 bp	1.32 %

图 4.13　RepeatMasker 对 AC138701.3 序列分析结果

4.2.2　基因识别

（1）基因识别基本概念

基因识别是识别基因组序列中的编码基因。随着测序方法的进步，更多的物种基因组测序不断完成，基因识别是基因组研究的基础性工作。生物信息学中基因识别的方法主要包括同源性方法、隐马尔可夫模型、人工神经网络、动态规划法、基于规则的识别方法、语义学的方法和决策树方法等。

原核基因为连续基因,结构简单,其编码区是一个完整的 DNA 片段,见图 4.14;真核基因比原核基因复杂,具有复杂的调控机制,编码区是非连续的,被内含子分割为若干个小片段,见图 4.15。两者基因结构不同,故应用的基因识别方法也不同。

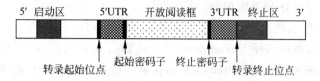

图 4.14　原核基因结构(引自孙啸等著《生物信息学基础》)

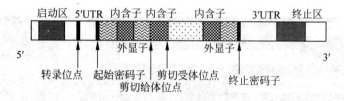

图 4.15　真核基因结构(引自孙啸等著《生物信息学基础》)

(2) 基因识别方法

原核生物基因识别常用方法:一是基于序列同源性的算法,使用序列比对工具 BLAST或 FASTA 来进行数据库搜索,利用已知序列的信息识别基因;一是基于序列组成统计学特征的算法,也称为从头预测(*ab initio*)方法,利用编码区组成特性和一些功能位点信息识别基因。

原核基因识别常用工具:GeneMarkS 是由美国乔治亚理工学院开发,采用迭代隐马尔可夫模型(iterative Hidden Markov model)方法的识别工具;Glimmer 是美国马里兰大学开发的基于插入式马尔可夫模型(Interpolated Markov Models,IMMs)的识别工具。

真核基因识别常用方法:一是基于特征信号的识别方法,利用真核编码区域一些具有特征的序列信息,例如:上游启动子区特征序列(TATA box、CAAT box、GC box);5′端外显子位于核心启动子 TATA 盒的下游,含有起始密码子;内部的外显子两端的供体位点和受体位点;3′端外显子的下游包含终止密码子和 polyA 信号序列。综合多个序列特征信息确定外显子的边界,识别编码区域。一是基于统计学特征的方法,对已知编码区进行统计学分析找出编码规律和特性,通过统计值区分外显子、内含子和基因间区域。统计学特征主要包括密码子使用偏好性和双联密码子出现频率。此外,真核基因识别也可以采用同源序列比较的方法获得编码区信息。在实际应用中常常联合几种方法,以提高识别效率。

真核基因识别常用工具 GENSCAN 是美国麻省理工大学开发的脊椎动物基因预测软件,它使用广义隐马尔可夫模型根据基因的整体结构进行基因预测,包括外显子、内含子、基因间区域、转录信号、翻译信号、剪接信号等信息,能在基因组 DNA 序列识别完整的外显子-内含子结构,能识别多个基因,具有同时处理正、反两条链的功能。其他常用识别工具有美国橡树岭国家实验室支持的 GRAIL,是利用神经网络技术同时组合各种编码度量的识别方法。

常用基因识别工具的网址如下。

GENSCAN　http://genes.mit.edu/GENSCAN.html

GRAIL　http：//compbio. ornl. gov/Grail-1. 3/

GeneMarkS　http：//opal. biology. gatech. edu/GeneMark/

Glimmer　http：//cbcb. umd. edu/software/glimmer/

例 4.8　人类 CD9 序列基因识别分析。

应用 GENSCAN 在线分析工具,分析人类 CD9 序列(序列号 AY422198)基因结构。登录 GENSCAN 主页,物种选择 Vertebrate(脊椎动物),判别阈值为 1.00,序列名称中填写 cd9 AY422198,预测选项选择 Predicted peptides only,序列框中粘贴序列,单击"Run GENSCAN"运行,如图 4.16 所示。分析结果见图 4.17,显示该序列被预测出的 10 个外显子的信息。

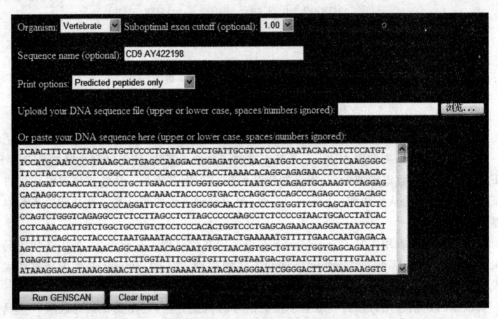

图 4.16　GENSCAN 在线分析界面

图 4.17 中主要参数如下：

Gn. Ex：gene number,exon number（for reference）

Type：　**Init** = Initial exon（ATG to 5′ splice site）

　　　　Intr = Internal exon（3′ splice site to 5′ splice site）

　　　　Term = Terminal exon（3′ splice site to stop codon）

　　　　Sngl = Single-exon gene（ATG to stop）

　　　　Prom = Promoter（TATA box / initation site）

　　　　PlyA = poly-A signal（consensus：AATAAA）

S：DNA strand（+ = input strand；− = opposite strand）

Begin：beginning of exon or signal（numbered on input strand）

End：end point of exon or signal（numbered on input strand）

Len：length of exon or signal（bp）

Fr：reading frame（a forward strand codon ending at x has frame x mod 3）

Ph：net phase of exon (exon length modulo 3)

I/Ac：initiation signal or $3'$ splice site score (tenth bit units)

Do/T：$5'$ splice site or termination signal score (tenth bit units)

CodRg：coding region score (tenth bit units)

P：probability of exon (sum over all parses containing exon)

Tscr：exon score (depends on length，I/Ac，Do/T and CodRg scores)

```
Predicted genes/exons:


Gn.Ex Type S .Begin ...End .Len Fr Ph I/Ac Do/T CodRg P.... Tscr..
----- ---- - ------ ------ ---- -- -- ---- ---- ----- ----- ------

1.01 Init +    2030   2299  270  1  0   98   39   306 0.436 23.67

1.02 Intr +    7489   7614  126  0  0  123   72    74 0.908 10.18

1.03 Intr +   20012  20123  112  1  1  106   49    40 0.454  1.85

1.04 Intr +   26834  27067  234  0  0   29   94   212 0.525 13.56

1.05 Intr +   34168  34265   98  2  2  115  105   100 0.964 14.13

1.06 Intr +   34948  35022   75  0  0  115   92   107 0.997 13.51

1.07 Intr +   36765  36923  159  2  0  103   15   291 0.736 23.48

1.08 Intr +   37012  37101   90  0  0   79   92    96 0.757  9.29

1.09 Intr +   37728  37811   84  2  0   43  101   229 0.947 19.72

1.10 Term +   39299  39364   66  1  0  110   40    67 0.937  2.04

1.11 PlyA +   39776  39781    6                           1.05
```

图 4.17 AY422198 序列分析结果界面

GenBank 给出 AY422198 序列编码区信息如下，包含 8 个外显子：

CDS join(2030..2095，26959..27067，34168..34265，34948..35022，36765..36863，37012..37101，37728..37811，39299..39364)

预测结果和 GenBank CDS 信息的对比见表 4.1，有 6 个外显子完全匹配，GENSCAN 多识别出两个外显子，另有两个外显子的 $3'$ 或 $5'$ 端位置预测出现偏差，这与 GENSCAN 特性有关。

表 4.1　AY422198 序列基因 GENSCAN 预测结果与 GenBank 对比

外显子编号	预测结果（碱基位置）	GenBank CDS	对　　比
1.01 Init +	2030～2299	2030..2095	$5'$端匹配
1.02 Intr +	7489～7614	—	不匹配
1.03 Intr +	20012～20123	—	不匹配
1.04 Intr +	26834～27067	26959..27067	$3'$端匹配
1.05 Intr +	34168～34265	34168..34265	匹配
1.06 Intr +	34948～35022	34948..35022	匹配

续表

外显子编号	预测结果（碱基位置）	GenBank CDS	对　比
1.07 Intr ＋	36765～36923	36765..36863	匹配
1.08 Intr ＋	37012～37101	37012..37101	匹配
1.09 Intr ＋	37728～37811	37728..37811	匹配
1.10 Term ＋	39299～39364	39299..39364	匹配

4.3　RNA 序列分析

　　RNA 既是携带遗传信息的主要生物大分子，也是重要的功能单位。RNA 包括 mRNA、tRNA、rRNA 三种主要形式，参与蛋白质的生物合成；还包括微小 RNA（miRNA）、小干扰 RNA（siRNA）等，参与生物调控。mRNA 属于编码 RNA，miRNA、siRNA、tRNA、rRNA 属于非编码 RNA。本节将重点介绍 mRNA 和 miRNA 部分生物学特征的分析方法。

4.3.1　mRNA 可变剪接分析

1. 基本概念

　　可变剪接也称选择性剪接，是指生物体中的单一基因能够生成多个转录本，从而产生远多于基因数目的蛋白质，完成机体的复杂功能及精细调节。大多数高等真核生物的基因都存在可变剪接的现象。

　　可变剪接受时间和空间的限制，在不同的组织中，在相同组织的不同细胞中，在同一组织的不同发育阶段，对病理过程的不同反应等过程中均会产生不同的剪接变体。有研究表明 94% 以上的人类基因存在可变剪接，其中多达 50% 的致病突变会影响剪接。可变剪接的异常改变使得基因在转录后期产生异常的剪接变体，编码出异常的蛋白质，导致人类遗传疾病甚至癌变。可变剪接种类形式多样，主要通过以下几种方式产生 mRNA 前体的产物，见图 4.18。

　　(1) 外显子跳跃（exon skipping），也称为外显子加入或转移，是可变剪接最常见的一种方式。

　　(2) 5′端或 3′端的可变剪接（alternative 5′ or 3′ splicing），基因的 5′端或 3′端外显子被有选择地延长或缩短。

　　(3) 外显子互斥（mutually exclusive exons），两个相邻的外显子只能有其中一个外显子被包含在剪接产物中。

　　(4) 多个外显子选一（one-of-N），从一个大的外显子集合中选出其中一个外显子，作为可变剪接的产物。

　　(5) 选择性起始（alternative initiation），同一个基因使用两个或两个以上不同的启动子，在 5′端就会产生不同的转录产物。

　　(6) 选择性终止（alternative termination），同一个基因中出现两个或两个以上的 poly A 位点，使转录产物有不同的 3′端。

（7）内含子保留（intron retention），在剪接的过程中有的内含子被保留下来，起到了外显子的作用。

在这几种可变剪接方式中外显子跳跃最为常见，选择性终止的方式比较常见，外显子互斥方式相对较少见，内含子保留方式是最少见的。

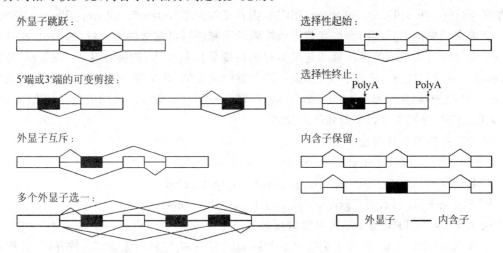

图4.18　可变剪接种类（林鲁萍等著《基因选择性剪接的生物信息学研究概况》）

2. 分析方法

可变剪接数据资源根据数据来源的不同分成两大类：一类基于文献报道的数据库，通过收集、整理已有的实验数据和文献报道建立的数据库；另一类基于 EST 数据的可变剪接数据库，主要是采用 EST 序列数据与基因组或 DNA、mRNA 序列进行比对的方法，发现新的或已经存在的可变剪接形式后建立的数据库或数据集。以下是常用的可变剪接数据库：

ASTD（Alternative Splicing and Transcript Diversity Databases）可变剪接和转录多样性数据库，由 ASD 数据库发展形成，2012 年整合至 Ensembl 基因组数据库。提供人、小鼠、大鼠、斑马鱼、线虫、果蝇等多物种可变剪接数据，是目前常用的可变剪接数据库。

ASD（Alternative Splicing Database）包括多种模式生物的可变剪接数据，ASD 由以下三个子数据库组成：AEdb（alternative exon database），经实验验证的可变外显子；AltExtron，由 EST 与全基因组序列比对得到的可变剪接数据；AltSplice，收集了通过计算的方法得到的可变剪接事件及其模式。

ASAP（the Alternative Splicing Annotation Project）数据库是通过全基因组范围内比对 EST 数据得到的人和小鼠的可变剪接数据库。ASAP 提供基因的外显子、内含子结构、可变剪接、组织特异性可变剪接、可变剪接产生的蛋白质异构体等信息。

可变剪接常用数据库网址

ASTD　http://www.ebi.ac.uk/asd/index.html

ASD　http://www.ebi.ac.uk/asd/

ASAP　http//www.bioinformatics.ucla.edu/ASAP

剪接位点的精确定位是确定真核生物基因结构的关键，生物实验主要采用外显子连接芯片和外显子芯片等高通量技术，这些方法具有探针设计和数据分析相对复杂、无法识别未知剪接位点的局限性。生物信息学已开发出包括从头预测法、基于 EST/cDNA 序列比对法和基于 RNA-seq 数据识别等多种方法。从头预测算法主要采用支持向量机、概率模型、隐马尔可夫模型、神经网络和二次判别分析法等技术预测剪接位点。可变剪接过程的调控机制具有多样性,主要由剪接因子与调节蛋白相互作用来进行调节,剪接因子主要有外显子增强子(exonic splicing enhancer,ESE)、外显子抑制子(exonic splicing silencer,ESS)、内含子增强子(intronic splicing enhancer,ISE)和内含子抑制子(intronic splicing silencer,ISS)。

　　目前常用应用工具都结合可变剪接调控因子预测进行可变剪接的分析,如 ASPicDB 就是一个由可变剪切产生的带注释的转录本和蛋白变异体数据库,能够在基因、转录本、外显子、蛋白质或剪切位点水平进行分析,提供两类蛋白质类型(球状蛋白和跨膜蛋白)及有关定位、PFAM 结构域、信号肽(signal peptides)、跨膜片段和卷曲螺旋片段的信息。ESEfinder、RESCUE-ESE 等用于外显子增强子的预测。

　　可变剪接预测工具网址

ASPicDB　　　http://t. caspur. it/ASPicDB/index. php

ESEfinder　　　http://rulai. cshl. edu/cgi-bin/tools/ESE3/

RESCUE-ESE　http://genes. mit. edu/burgelab/rescue-ese/

例 4.9　人类 TP53BP1 基因可变剪接分析。

　　登录 ASPicDB 主页,见图 4.19。进入"Search"页面,有三种检索方式:按基因、关键词和基因本体(gene ontology)进行检索,见图 4.20。本例应用关键词方式,在查询框中输入 TP53BP1,查询结果得到 1 个 TP53BP1 结果列表,见图 4.21,表中显示该基因有 17 个可变剪接转录本,14 个蛋白变异体。单击"ASPic Results"中的 show 链接可得到人类 TP53BP1 基因 17 个预测转录本和 14 个预测蛋白变异体,结果如图 4.22 和 4.23 所示。在转录本列表信息中包括外显子个数、序列长度、编码区域、编码长度、异构体类型等信息。在预测的 17 个转录本中有三个转录本(TP53BP1. tr14、TP53BP1. tr15、TP53BP1. tr17)没有蛋白序列信息。结果中还包括基因结构图(gene structure view)、预测的剪接位点(predicted splice sites)及内含子列表(intron table)等信息。

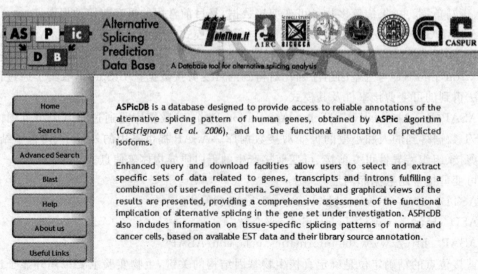

图 4.19　ASPicDB 主页面

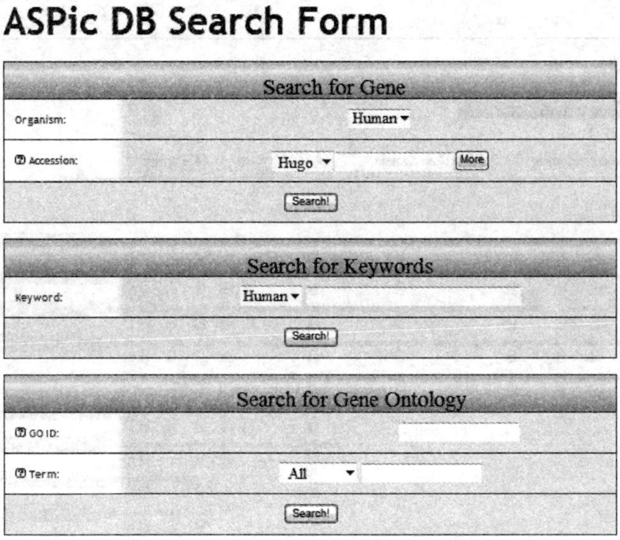

ASPic DB Search Form

Search for Gene

Organism: Human ▾

⑦ Accession: Hugo ▾ [More]

[Search!]

Search for Keywords

Keyword: Human ▾ _____

[Search!]

Search for Gene Ontology

⑦ GO ID: _____

⑦ Term: All ▾ _____

[Search!]

图 4.20 ASPicDB 分析页面

Accession	Description	Organism	Coordinates	Aspic Results	Alt. Trans	Alt. Proteins
TP53BP1 Hs.440968 NM_001141979	tumor protein p53 binding protein 1	human	chr: 15 start:41449550 end:41590218 strand: R	show	17	14

图 4.21 基于 ASPicDB 的人类 TP53BP1 基因查询结果

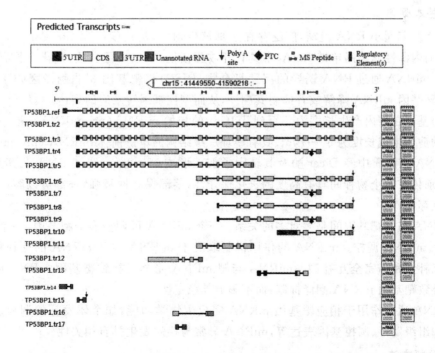

图 4.22 基于 ASPicDB 的人类 TP53BP1 基因预测的 17 个转录本结果

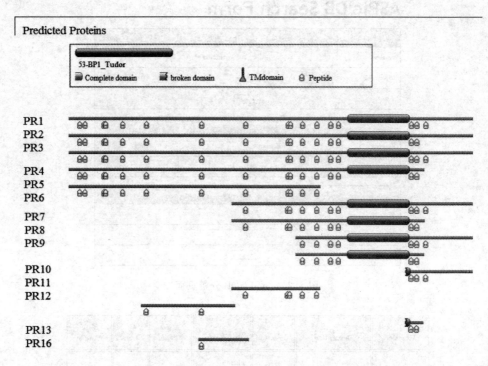

图 4.23   基于 ASPicDB 的人类 TP53BP1 基因预测的 14 个蛋白变异体结果

4.3.2   miRNA 与靶基因预测分析

1. 基本概念

miRNA 归属小 RNA 范畴,广泛存在于真核生物中,是长度约为 19～24nt(nucleotide 的缩写)的内源性非编码单链 RNA,不具有开放阅读框,不编码蛋白质,进化上具有高度的保守性。miRNA 通过 RNA 诱导的沉默复合物(RISC)与靶基因 3′非翻译区(3′UTR)结合,导致靶基因 mRNA 降解或者抑制其翻译,从而调控基因转录后的表达。

编码基因在核内产生长度为几百到几万 nt 的初始 miRNA(pri-miRNA),被一种多蛋白复合物剪切生成长度为 60～70nt、具有茎环二级结构的单链前体 miRNA (pre-miRNA),pre-miRNA 在胞质中经 Dicer 酶及其辅因子加工形成 19～24nt 的 miRNA 及其互补体。miRNA 前体在各个物种间具有高度的进化保守性,茎部保守性最强,环部可以容许更多的突变位点存在。

miRNA 与其靶基因间是多对多的关系:一个 miRNA 可调控多个靶基因,一个基因也可受多个 miRNA 调控。miRNA 的作用机制取决于 miRNA 与靶 mRNA 的互补程度,包括完全互补型和不完全互补型。miRNA 与靶 mRNA 完全互补致靶基因 mRNA 降解,不完全互补致靶基因 mRNA 翻译抑制,而不影响其稳定性。

miRNA 通过作用于相应靶基因 mRNA 完成生物学功能,如个体发育的调控、参与细胞分化和组织发育、调控基因表达等,miRNA 异常与疾病发生具有相关性。

2. 分析方法

miRNA 分析主要包括 miRNA 预测和 miRNA 靶基因预测两方面。

（1）miRNA 预测

miRNA 主要通过 cDNA 克隆测序和计算预测两种方法获得。早期克隆测序直接、可靠，但很难克隆出在不同时期表达或只在特定组织或细胞系中表达的 miRNA，由于它的固有局限性，也很难捕获表达丰度较低的 miRNA。近年来随着该研究的发展，生物信息学预测 miRNA 方法成为一条重要辅助途径，优势是不受 miRNA 表达的时间和组织特异性以及表达水平的影响。

常用 miRNA 预测方法主要有 5 种：①同源片段搜索方法。将已知 miRNA 或 pre-miRNA 序列在自身或其他相近基因组中用比对算法搜索同源序列，结合序列二级结构特征进行筛选；②基于比较基因组学的预测方法。依据进化过程中的保守性在多物种中搜索潜在的 miRNA；③基于序列和结构特征打分的预测方法。根据已知 miRNA 序列和结构的特征对全基因组范围中能形成茎环结构的片段进行筛选，是发现非同源、物种特异 miRNA 的方法；④结合作用靶标的预测方法。依据 miRNA 与其靶基因序列间的碱基互补配对的保守性的特点预测 miRNA；⑤基于机器学习的预测方法。通过对阳性 miRNA 和阴性 miRNA 数据集的训练来构建区分两者的分类器，根据所得分类器对未知序列进行预测，其中支持向量机（SVM）方法是目前 miRNA 分类和预测最常用的机器学习方法。常用 miRNA 预测软件有 MIRSCAN、MiPred、miRFinder 等。

（2）miRNA 靶基因预测

miRNA 通过与靶基因 mRNA3′ UTR 不精确互补配对使靶 mRNA 降解或抑制其翻译，二者相互作用以 miRNA：mRNA 二聚体结构形式存在。miRNA 序列 5′端的 2～8nt 称为种子区域，在 miRNA 靶基因预测中起主导作用。种子区域具有保守性，与靶 mRNA 序列能较好地互补配对结合，且在不同物种中靶序列也是保守的，这些特征是靶基因预测方法的重要依据。miRNA 靶基因预测方法主要有两类：基于种子区域互补和保守性的规则预测，常用软件有 miRanda、Targetscan 等；基于机器学习方法训练参数进行靶基因预测，常用软件有 PicTar、miTarget 等。

（3）miRNA 数据库资源

miRBase 是集 miRNA 序列、注释信息以及预测的靶基因数据为一体的数据库，是目前存储 miRNA 信息最主要的公共数据库之一；TarBase 数据库是存储真实 miRNA 与靶基因间关系的数据库；miRGen 是整合了 miRNA 靶基因数据、基因组注释信息以及位置关系的综合数据库。miRNA 分析常用数据库和预测软件网址如下

miRBase http://www.ebi.ac.uk/enright-srv/microcosm/htdocs/targets/v5

TarBase http://diana.cslab.ece.ntua.gr/tarbase/

miRGen http://www.diana.pcbi.upenn.edu/miRGen/v3/miRGen.html

MIRSCAN http://genes.mit.edu/mirscan/

MiPred http://www.bioinf.seu.edu.cn/miRNA/

miRFinder http://www.bioinformatics.org/mirfinder/

miRanda http://cbio.mskcc.org/mirnaviewer

Targetscan http://www.targetscan.org/

PicTar http://pictar.mdc-berlin.de/

第 5 章

基因组功能注释分析

自从基因组可以被测序以来，从原始的基因组核酸序列中挖掘有用的生物学信息并阐释其生物学含义，即基因组注释（genome annotation），已经成为生物学研究的核心工作之一。基因组注释包括基因组结构注释（structural annotation）和基因组功能注释（functional annotation）两大部分。基因组结构注释是指在基因组序列中寻找基因等功能元件并明确其基本结构；在结构注释的基础上，将进化保守性（evolutionary conservation）和基因本体论（GO）等元数据（meta-data）与功能元件对应起来，找到其生物学功能，这个过程就是基因组功能注释。基因组结构注释的部分内容，在前文有详细的介绍；本章重点介绍基因组功能注释的相关内容。

随着基因芯片（gene chip）和第二代测序技术（next generation sequencing，NGS）等高通量技术的发展与成熟，在基因组水平上进行大规模研究的成本逐渐降低、速度逐渐加快。使用高通量技术（如外显子组测序，全基因组测序等）对全基因组或基因组上的目标区域进行重测序，把测序结果与参考基因组进行比较，进而寻找并锁定候选基因（candidate gene）用于后续的实验验证与分析，这已经成为当下研究复杂疾病的主要手段之一。高通量技术会产生海量的数据，实验方法因成本过高无法直接适用于基因组重测序的后续功能分析，因此，使用生物信息学方法对海量数据进行功能注释就成为基因组研究的必需手段。

本章将借鉴复杂疾病研究领域的经验与成果，由浅入深介绍基因组功能注释的相关知识与工具。本章首先介绍基因组注释的基础知识，包括基因组的组装版本（genome builds）、坐标系统（coordinate system）、注释常用格式以及坐标间的逻辑运算模式（operations on genomic intervals）。之后，在理论知识的基础上，重点通过实例来演示基因组注释中的常见操作，这常常也是进行后续高级注释分析的准备工作，主要包括基因组组装版本间的坐标转换（coordinate transform）、常用格式间的转换以及基因组坐标的逻辑运算。最后，介绍并演示基因组功能注释工作中的几个高级注释内容，包括基因组变异位点的注释、基因集的富集分析（gene set enrichment analysis）和序列标识（sequence logo）的制作，并推荐贯穿全章的生物信息学分析平台——Galaxy。

5.1 基因组注释的基础知识

5.1.1 基因组的组装版本

自从 20 世纪 70 年代 Sanger 测序法诞生以来，DNA 测序技术就在不断发展。虽然越来越多的物种加入被测序的行列，但像人类(*Homo sapiens*)和小鼠(*Mus musculus*)一样，大多数物种的基因组并没有被完全测序。随着测序技术的进步，在全世界科研工作者的努力下，序列不明确的基因组部分会不断被解读出来，测序错误的部分也会被更正。因此，就像操作系统或软件会不时更新、发布新版本一样，基因组数据库也会不定期更新各个物种的现有基因组，或者发布一个新的基因组组装版本。对于同一个物种的基因组来说，不同组装版本间的基因组序列、基因组特征(feature)的坐标等注释信息会有很大不同。因此，在处理基因组数据时，首先要明确使用的基因组组装版本。

对于同一个基因组组装版本，不同数据库中的命名可能不同，但它们本质上完全一样，并存在着一对一的对应关系。在常用的三大综合数据库中，NCBI 一般以"Build X"来对基因组组装版本进行命名；Ensembl 则以"NCBIX"与之对应；UCSC 中的命名比较独特，不同物种使用不同的前缀，如人类基因组的组装版本以"hgX"表示，小鼠的以"mmX"表示。NCBI 和 UCSC 之间的基因组组装版本存在者明确的对应关系，如人类基因组的 UCSC hg18 对应 NCBI Build 36.1，发布于 2006 年 3 月；小鼠基因组的 UCSC mm9 对应 NCBI Build 37，发布于 2007 年 7 月。人类和小鼠的基因组组装版本对应关系如表 5.1 所示。更多物种、更多组装版本间的对应关系可以查阅 List of UCSC genome releases。

此处涉及的数据库与网站如下

NCBI http://www.ncbi.nlm.nih.gov

Ensembl http://www.ensembl.org/index.html

UCSC http://genome.ucsc.edu

List of UCSC genome releases http://genome.ucsc.edu/FAQ/FAQreleases.html#release1

表 5.1 人类和小鼠的基因组组装版本

物 种 (SPECIES)	UCSC 版本 (UCSC VERSION)	发 布 时 间 (RELEASE DATE)	NCBI 版本 (RELEASE NAME)
Human	hg19	Feb. 2009	Genome Reference Consortium GRCh37
	hg18	Mar. 2006	NCBI Build 36.1
	hg17	May 2004	NCBI Build 35
	hg16	Jul. 2003	NCBI Build 34
	hg15	Apr. 2003	NCBI Build 33
Mouse	mm10	Dec. 2011	Genome Reference Consortium GRCm38
	mm9	Jul. 2007	NCBI Build 37
	mm8	Feb. 2006	NCBI Build 36
	mm7	Aug. 2005	NCBI Build 35
	mm6	Mar. 2005	NCBI Build 34

5.1.2 基因组的坐标系统

如果把染色体序列看作一条很长的线段,其上的单核苷酸多态性(SNP)等位点就可以看作线段上的点,而基因等特征则好比线段上一条短的子线段。如同数学中使用坐标来精确定位点线一样,在生物学中,描述基因组特征时,为了与基因组序列对应起来,常常使用基因组坐标(coordinate)来将其精确定位。比如,对于人类基因组 hg19 来说,SNP rs1800468位于 19 号染色体的 41860587 位置,表示为 chr19:41860587;基因 SAMD11 位于 1 号染色体上,起始于 861121,终止于 879961,表示为 chr1:861121-879961。

基因组坐标有两种不同的坐标系统,其表示方法略有差异。一种是比较容易理解的全包含的 1-based (one-based, fully-closed)坐标系统,表示为"[start, end]";另一种是容易引起混淆、但常用且易用的半包含的 0-based (zero-based, half-closed-half-open)坐标系统,表示为"[start, end)",此坐标系统有时也被称为以 0-based 开始、以 1-based 结束(zero-based start, one-based end)的坐标系统。在处理基因组数据时,如果对两种坐标系统不加区分,很可能会因差之毫厘而谬以千里。

两种坐标系统之间的区别可以用一个例子来进行说明,见图 5.1。对于序列"AATTGGCC"来说,其中的子序列"TG",如果采用 0-based 的坐标系统,其位置表示为"[3,5)";如果采用 1-based 的坐标系统,则表示为"[4,5]"。

```
Sequence  A  A  T  T  G  G  C  C
0-index   0  1  2  3  4  5  6  7
1-index   1  2  3  4  5  6  7  8
```

图 5.1 基因组的坐标系统

在常用的数据格式中,GFF、VCF、SAM 和 Wiggle 等采用的是 1-based 的坐标系统,而BED、BAM 和 PSL 等采用的则是 0-based 的坐标系统。在常用的数据库和工具中,DAS(Distributed Annotation System)和 UCSC 的 Genome Browser 使用的是 1-based 的坐标系统,NCBI 的 dbSNP 和 UCSC 的 Table Browser 则使用 0-based 的坐标系统。总体来说,主要给研究人员肉眼查看的数据基本上都采用 1-based 的坐标系统,主要用于计算机程序处理的数据则大多采用 0-based 的坐标系统。

对于两种坐标系统的详细区别和各自的优缺点,可以参看以下网站

Database/browser start coordinates differ by 1 base http://genome. ucsc. edu/FAQ/FAQtracks ♯tracks1

Coordinate Transforms http://genomewiki. ucsc. edu/index. php/Coordinate_ Transforms

5.1.3 基因组注释常用格式

为了简洁且精确地描述特定的基因组信息,针对序列、特征、变异等多样的基因组数据,科研人员发明了多种格式来存储相应的数据与信息。如使用 FASTA 等格式存储基因组序列,使用 BED 和 GFF 等格式存储基因组特征,使用 VCF 格式存储基因组序列中的变异信息。针对特定数据设计的多种格式,其存储的信息往往具有一定的相似性,因此这些相关的

格式间可以进行转换，如都是存储基因组特征信息的 BED 和 GFF 格式就可以进行相互转换。

1. FASTA 格式

FASTA 格式是保存序列最常见的格式之一，如图 5.2 所示，其起始标识符为"＞"，后面紧跟序列的 ID 以及可有可无的描述信息，下面一行或数行则是具体的序列。严格来讲，每一行最好不要超过 80 个字符，序列中的回车符不会影响序列的连续性及程序对序列的处理。FASTA 格式中的序列使用标准的 IUB/IUPAC 核酸代码和氨基酸代码，见表 5.2 和表 5.3。此外，还应注意以下情况：

（1）允许小写字母的存在，但会转换成大写；

（2）单个"-"符号代表不明长度的空位；

（3）在氨基酸序列中允许出现"U"和符号"＊"；

（4）任何数字都应该被去掉或转换成字母（如：不明核酸用"N"表示，不明氨基酸用"X"表示）。

```
>gi|183121|gb|M29645.1|HUMGFIII Human insulin-like growth factor II mRNA, complete cds
CAGGGGCCGAAGAGTCACCACCGAGCTTGTGTGGGAGGAGGTGGATTCCAGCCCCCAGCCCCAGGGCTCT
GAATCGCTGCCAGCTCAGCCCCCTGCCCAGCCTGCCCCACAGCCTGAGCCCCAGCAGGCCAGAGAGCCCA
GTCCTGAGGTGAGCTGCTGTGGCCTGTGGCCAGGCGACCCCAGCGCTCCCAGAACTGAGGCTGGCAGCCA
GCCCCAGCCTCAGCCCCAACTGCGAGGCAGAGAGACACCAATGGGAATGCCAATGGGGAAGTCGATGCTG
GTGCTTCTCACCTTCTTGGCCTTCGCCTCGTGCTGCATTGCTGCTTACCGCCCCAGTGAGACCCTGTGCG
GCGGGGAGCTGGTGGACACCCTCCAGTTCGTCTGTGGGGACCGCGGCTTCTACTTCAGCAGGCCCGCAAG
CCGTGTGAGCCGTCGCAGCCGTGGCATCGTTGAGGAGTGCTGTTTCCGCAGCTGTGACCTGGCCCTCCTG
GAGACGTACTGTGCTACCCCCGCCAAGTCCGAGAGGGACGTGTCGACCCCTCCGACCGTGCTTCCGGACA
ACTTCCCCAGATACCCCGTGGGCAAGTTCTTCCAATATGACACCTGGAAGCAGTCCACCCAGCGCCTGCG
CAGGGGCCTGCCTGCCCTCCTGCGTGCCCGCCGGGGTCACGTGCTCGCCAAGGAGCTCGAGGCGTTCAGG
GAGGCCAAACGTCACCGTCCCCTGATTGCTCTACCCACCCAAGACCCCGCCCACGGGGGCGCCCCCCCAG
AGATGGCCAGCAATCGGAAGTGAGCAAAACTGCCGCAAGTCTGCAGCCCGGCGCCACCATCCTGCAGCCT
CCTCCTGACCACGGACGTTTCCATCAGGTTCCATCCCGAAATCTCTCGGTTCCACGTCCCCCTGGGGCTT
CTCCTGACCCAGTCCCCGTGCCCCGCCTCCCCGAAACAGGCTACTCTCCTCGGCCCCCTCCATCGGGCTG
AGGAAGCACAGCAGCATCTTCAAACATGTACAAAATCGATTGGCTTTAAACACCTTCACATACCT
```

图 5.2　FASTA 格式示例

关于 FASTA 格式的更多说明可以参看以下网站

BLAST help　http://www.ncbi.nlm.nih.gov/BLAST/blastcgihelp.shtml

FASTA format　http://en.wikipedia.org/wiki/FASTA_format

What is FASTA format　http://zhanglab.ccmb.med.umich.edu/FASTA

FASTA format description　http://www.bioinformatics.nl/tools/crab_fasta.html

表 5.2　IUB/IUPAC 核酸代码表

Code(代码)	Meaning(含义)	Mnemonic(说明)
A	A	Adenine
C	C	Cytosine
G	G	Guanine
T	T	Thymine
U	U	Uracil
R	A or G	puRine
Y	C, T or U	pYrimidines
K	G, T or U	bases which are Ketones
M	A or C	bases with aMino groups
S	C or G	Strong interaction
W	A, T or U	Weak interaction
B	not A (i. e. C, G, T or U)	B comes after A
D	not C (i. e. A, G, T or U)	D comes after C
H	not G (i. e. A, C, T or U)	H comes after G
V	neither T nor U (i. e. A, C or G)	V comes after U
N	A C G T U	aNy
X	masked	
—	gap of indeterminate length	

2. BED 格式

BED(Browser Extensible Data)格式存储用于展示的特征注释信息如图 5.3 所示,每一行表示一个基因组区域,即基因组特征,又称 BED 记录(record)。BED 格式定义了 12 个项目(即 12 列),见表 5.4,包括 3 个必选项目(required BED fields)和 9 个可选的附加项目(additional optional BED fields),换言之,一个 BED 格式文件的列数在 3～12 之间。在同一个文件中,每个特征(即每一行)的列数必须一致,如果存在可选项目,其出现次序必须遵守 BED 格式的规定。此外,BED 文件中也可以包含对注释信息进行描述或定义的一行或数行内容。

```
chr7    127471196    127472363    Pos1    0    +    127471196    127472363    255,0,0
chr7    127472363    127473530    Pos2    0    +    127472363    127473530    255,0,0
chr7    127473530    127474697    Pos3    0    +    127473530    127474697    255,0,0
chr7    127474697    127475864    Pos4    0    +    127474697    127475864    255,0,0
chr7    127475864    127477031    Neg1    0    -    127475864    127477031    0,0,255
chr7    127477031    127478198    Neg2    0    -    127477031    127478198    0,0,255
chr7    127478198    127479365    Neg3    0    -    127478198    127479365    0,0,255
chr7    127479365    127480532    Pos5    0    +    127479365    127480532    255,0,0
chr7    127480532    127481699    Neg4    0    -    127480532    127481699    0,0,255
```

图 5.3　BED 格式示例

关于 BED 格式的更多说明可以参看以下网站

BED format　https://genome. ucsc. edu/FAQ/FAQformat. html♯format1

BED File Format-Definition and supported options　http://www. ensembl. org/info/website/upload/bed. html

表 5.3 IUB/IUPAC 氨基酸代码表

1(简写)	3(缩写)	Meaning(含义)	Name(名称)
A	Ala	Alanine	丙氨酸
B	Asx	Aspartic acid or Asparagine	天冬氨酸或天冬酰胺
C	Cys	Cysteine	半胱氨酸
D	Asp	Aspartic acid	天冬氨酸
E	Glu	Glutamic acid	谷氨酸
F	Phe	Phenylalanine	苯丙氨酸
G	Gly	Glycine	甘氨酸
H	His	Histidine	组氨酸
I	Ile	Isoleucine	异亮氨酸
K	Lys	Lysine	赖氨酸
L	Leu	Leucine	亮氨酸
M	Met	Methionine	甲硫氨酸
N	Asn	Asparagine	天冬酰胺
O	Pyl	Pyrrolysine	吡咯赖氨酸
P	Pro	Proline	脯氨酸
Q	Gln	Glutamine	谷氨酰胺
R	Arg	Arginine	精氨酸
S	Ser	Serine	丝氨酸
T	Thr	Threonine	苏氨酸
U	Sec	Selenocysteine	硒代半胱氨酸
V	Val	Valine	缬氨酸
W	Trp	Tryptophan	色氨酸
Y	Tyr	Tyrosine	酪氨酸
Z	Glx	Glutamic acid or Glutamine	谷氨酸或谷氨酰胺
X	Xaa	any	不明氨基酸
*		translation stop	翻译终止
—		gap of indeterminate length	不明长度的空位

表 5.4 BED 格式定义的 12 个项目

Col(列)	Field(项目)	Description(描述)
1	**chrom**	染色体名
2	**chromStart**	特征的起始位置
3	**chromEnd**	特征的终止位置
4	name	特征名
5	score	分值(0 ~ 1000)
6	strand	链性("+"代表正链,"-"代表负链)
7	thickStart	加粗显示的起始位置
8	thickEnd	加粗显示的终止位置
9	itemRgb	RGB 值(如:255,0,0)
10	blockCount	特征中的区段数
11	blockSizes	区段大小列表(以逗号分隔)
12	blockStarts	区段起始位置列表(以逗号分隔)

表中加粗的 3 个是必选项目，其他则是可选的附加项目。

3. GFF 格式

GFF(General Feature Format)是用来存储基因组特征的标准数据格式。GFF 格式的文件是用制表符分隔的纯文本文件，通常采用".GFF"作为其后缀。如图 5.4 所示，GFF 格式由注释信息和具体的特征信息两部分组成：注释信息以"##"开头，用来说明格式及其版本号，且必须位于整个文件的第一行；紧随其后的就是基因组特征的相关信息，每行代表一个特征，由 9 列组成（表 5.5）。此外，文件中的空行和仅以一个"#"符号开头的行都会被忽略掉。

```
##gff-version 3
ctg123 . operon    1300 15000  . + .  ID=operon001;Name=superOperon
ctg123 . mRNA      1300  9000  . + .  ID=mrna0001;Parent=operon001;Name=sonichedgehog
ctg123 . exon      1300  1500  . + .  Parent=mrna0001
ctg123 . exon      1050  1500  . + .  Parent=mrna0001
ctg123 . exon      3000  3902  . + .  Parent=mrna0001
ctg123 . exon      5000  5500  . + .  Parent=mrna0001
ctg123 . exon      7000  9000  . + .  Parent=mrna0001
ctg123 . mRNA     10000 15000  . + .  ID=mrna0002;Parent=operon001;Name=subsonicsquirrel
ctg123 . mRNA     10000 12000  . + .  Parent=mrna0002
ctg123 . exon     14000 15000  . + .  Parent=mrna0002
```

图 5.4　GFF 格式示例

表 5.5　GFF 格式定义的 9 个项目

Col(列)	Field(项目)	Description(描述)
1	seqid	特征所在的参考序列的 ID
2	source	产生此特征的程序
3	type	特征类别
4	start	特征的起始位置
5	end	特征的终止位置
6	score	特征的分值
7	strand	特征的链性
8	phase	第一个碱基的阅读相位（仅针对 CDS 类型的特征）
9	attributes	以"键 = 值"形式表示的特征属性列表

关于 GFF 格式的更多说明可以参看以下网站

GenericFeature Format Version 3（GFF3）　http://www. sequenceontology. org/gff3. shtml

GFF format　https://genome. ucsc. edu/FAQ/FAQformat. html#format3

GFF/GTF File Format-Definition and supported options　http://www. ensembl. org/ info/website/upload/gff. html

GFF　http://gmod. org/wiki/GFF

General feature format　http://en. wikipedia. org/wiki/General_feature_format

4. VCF 格式

VCF(Variant Call Format)格式是专门用来存储序列变异信息的标准数据格式。如图 5.5 所示，VCF 格式由三大部分组成：以"##"起始的数行元信息（meta-information lines）、以"#"起始的一行标题行（header line）和剩余的数据信息行（data lines）。在数据行中,每一行代表基因组中的一个位置,列与列之间用制表符分隔,前 8 列为必选项目,见表 5.6,其余为可选的 $N+1$ 列基因型信息(1 个基因型格式说明列和 N 个样本基因型列)。

```
##fileformat=VCFv4.0
##fileDate=20110705
##reference=1000GenomesPilot-NCBI37
##phasing=partial
##INFO=<ID=NS,Number=1,Type=Integer,Description="Number of Samples With Data">
##INFO=<ID=DP,Number=1,Type=Integer,Description="Total Depth">
##INFO=<ID=AF,Number=.,Type=Float,Description="Allele Frequency">
##INFO=<ID=AA,Number=1,Type=String,Description="Ancestral Allele">
##INFO=<ID=DB,Number=0,Type=Flag,Description="dbSNP membership, build 129">
##INFO=<ID=H2,Number=0,Type=Flag,Description="HapMap2 membership">
##FILTER=<ID=q10,Description="Quality below 10">
##FILTER=<ID=s50,Description="Less than 50% of samples have data">
##FORMAT=<ID=GQ,Number=1,Type=Integer,Description="Genotype Quality">
##FORMAT=<ID=GT,Number=1,Type=String,Description="Genotype">
##FORMAT=<ID=DP,Number=1,Type=Integer,Description="Read Depth">
##FORMAT=<ID=HQ,Number=2,Type=Integer,Description="Haplotype Quality">
#CHROM POS     ID        REF ALT    QUAL FILTER INFO                          FORMAT       Sample1        Sample2        Sample3
2      4370    rs6057    G   A      29   .      NS=2;DP=13;AF=0.5;DB;H2        GT:GQ:DP:HQ  0|0:48:1:52,51 1|0:48:8:51,51 1/1:43:5:.,.
2      7330    .         T   A      3    q10    NS=5;DP=12;AF=0.017           GT:GQ:DP:HQ  0|0:46:3:58,50 0|1:3:5:65,3   0/0:41:3
2      110696  rs6055    A   G,T    67   PASS   NS=2;DP=10;AF=0.333,0.667;AA=T;DB GT:GQ:DP:HQ 1|2:21:6:23,27 2|1:2:0:18,2  2/2:35:4
2      130237  .         T   .      47   .      NS=2;DP=16;AA=T               GT:GQ:DP:HQ  0|0:54:7:56,60 0|0:48:4:56,51 0/0:61:2
2      134567  microsat1 GTCT G,GTACT 50  PASS  NS=2;DP=9;AA=G                GT:GQ:DP     0/1:35:4       0/2:17:2       1/1:40:3
```

图 5.5 VCF 格式示例

关于 VCF 格式的更多说明可以参看以下网站

VCF(Variant Call Format) version 4.1 http://www.1000genomes.org/wiki/Analysis/Variant%20Call%20Format/vcf-variant-call-format-version-41

VCF(Variant Call Format) version 4.0 http://www.1000genomes.org/node/101

Encoding Structural Variants in VCF(Variant Call Format) version 4.0 http://www.1000genomes.org/wiki/Analysis/Variant%20Call%20Format/VCF%20%28Variant%20Call%20Format%29%20version%204.0/encoding-structural-variants

VCF format https://genome.ucsc.edu/FAQ/FAQformat.html#format10.1

Variant Call Format http://en.wikipedia.org/wiki/Variant_Call_Format

表 5.6 VCF 格式定义的 8 个必选项目

Col(列)	Field(项目)	Description(描述)
1	CHROM	染色体
2	POS	参考基因组中的位置
3	ID	唯一的名称
4	REF	参考基因组上的碱基
5	ALT	等位基因(非参考基因组上的碱基)
6	QUAL	以 Phred 形式表示的质量值
7	FILTER	如果满足所有过滤标准就为 PASS
8	INFO	附加信息

5.1.4 基因组坐标的逻辑运算模式

使用基因组坐标进行基因组注释工作时,常常需要对坐标进行比较操作,类似于集合运算(set operations),主要包括交集(intersect)、减法(subtract)、合并(merge),串联(concatenate)、补集(complement)、聚类(cluster)、联合(join)等。

如图 5.6(A)所示,基因组坐标的交集是指提取出两组基因组特征坐标中完全重叠的坐标位置或有重叠的基因组特征。比如,在找出含有 SNP 的所有外显子时就需要对外显子数据和 SNP 数据进行交集运算。基因组坐标间的减法与交集相反，如图 5.6(B)所示，是指去除完全重叠的坐标位置，或去除有重叠的基因组特征而只保留完全没有重叠的特征。比如，在找出不含有 SNP 的所有外显子时就需要对外显子数据和 SNP 数据进行减法运算。如图 5.6(C)所示，基因组坐标的合并类似于取并集，是把多个有重叠的坐标位置或基因组特征合并成一个大的坐标或特征。比如，在把有重叠的小的重复元件(repetitive element)合并成大的重复片段时就需要进行合并运算。如图 5.6(D)所示，基因组坐标的串联只是简单地把两组坐标合并起来而已，不进行任何其他操作；如果第一组坐标有 M 条记录(record)，第二组坐标有 N 条记录，那么串联后将有 $M+N$ 条记录。比如，在把分别含有外显子和内含子数据的两个文件合成一个大文件时使用的就是串联操作。如图 5.6(E)所示，基因组坐标的补集是指依据基因组坐标全集(如某条染色体的全长，全部基因组等)对当前的这组坐标或特征取补集。比如，以全基因组为全集，对所有基因的坐标取补集，可以得到全基因组上的基因间区域。如图 5.6(F)所示，基因组坐标的聚类是指根据设定的最小坐标间隔以及聚类需要的最小记录数目，将所有符合要求的坐标聚合成一个坐标，或把所有符合要求的特征聚合成一个大的特征。比如，根据某条染色体上的基因数据和设定的标准，将基因进行聚类可以找到染色体上的基因富集区。

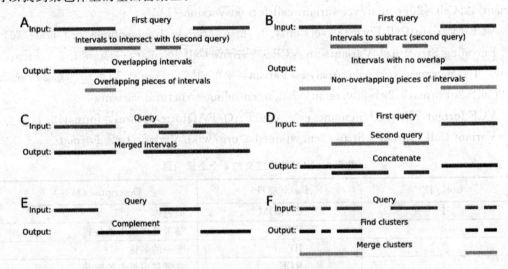

图 5.6　基因组坐标的逻辑运算模式

A. 交集(intersect)；B. 减法(subtract)；C. 合并(merge)；

D. 串联(concatenate)；E. 补集(complement)；F. 聚类(cluster)

基因组坐标的联合会比较两组坐标或特征，根据坐标的重叠情况，把两组坐标或特征中相应的记录对应起来，第二组坐标或特征中相应的记录会紧跟在第一组坐标或特征的对应记录后面。如：根据外显子数据和 SNP 数据，找到含有 SNP 的所有外显子，并将其上的 SNP 信息附加到对应的外显子记录上。根据参数设定的不同，基因组坐标联合后的输出结果也会有所不同，如图 5.7 所示。

关于基因组坐标逻辑运算模式的更多内容可以参看以下网站

Interval Operations in Galaxy　http://wiki.galaxyproject.org/Learn/Interval%20 Operations

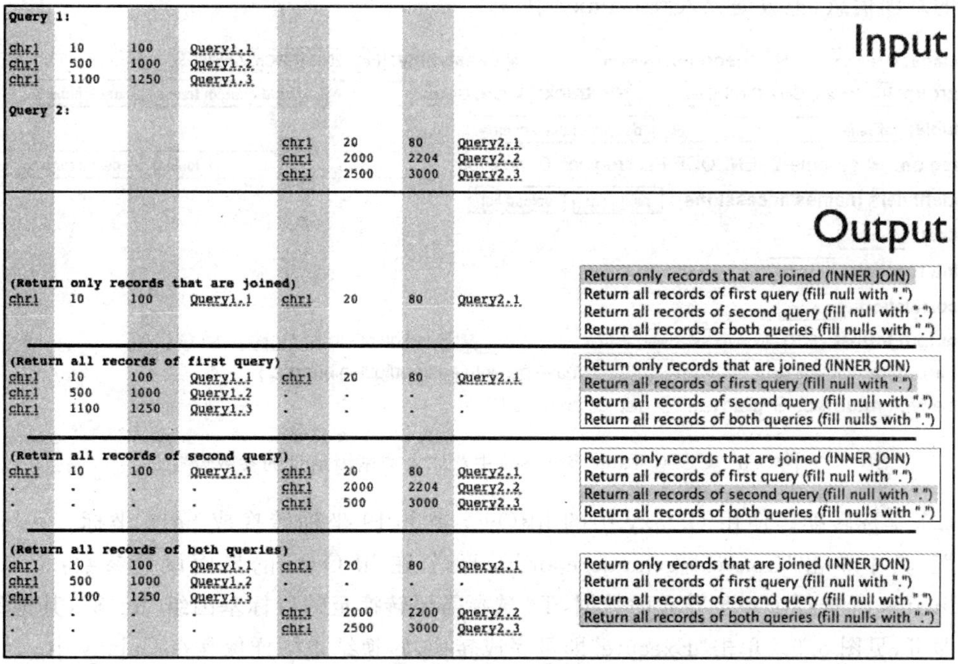

图 5.7　基因组坐标联合(join)操作的示意图

5.2　基因组功能注释的准备工作

5.2.1　基因组组装版本间的坐标转换

虽然基因组不同组装版本间的坐标不同,但它们之间是可以相互转换的。liftOver 是由 UCSC 基因组生物信息学组(UCSC Genome Bioinformatics Group)开发的坐标转换工具,它除了可以转换同一物种基因组不同组装版本间的坐标与注释文件外,还可以在不同物种间转化基因组坐标及相应的注释文件。对于 liftOver 来说,有多种形式的版本可供选用,如网页版的 liftOver,单机版的 liftOver 以及集成到 Galaxy 中的 liftOver。

例 5.1　人类全基因组基因的坐标转换。

使用集成到 Galaxy 中的 liftOver 工具,把人类全基因组基因的坐标从 hg19 转换至 hg18。

(1) 获取输入。使用 Galaxy 中的"UCSC Main",直接从 UCSC 数据库中提取人类 hg19 基因组的全部基因。打开 Galaxy(https://main.g2.bx.psu.edu/),在左侧栏的"Get Data"工具集中找到"UCSC Main",单击可打开 Table Browser 界面,如图 5.8 所示设置参数:clade 选择"Mammal",genome 选择"Human",assembly 选择"Feb. 2009(GRCh37/HG19)",group 选择"Genes and Gene Prediction Tracks",track 选择"RefSeq Genes",table 选择"refGene",region 点选"genome",output format 选择"BED-browser extensible data",Send output to 勾选"Galaxy",file type returned 点选"plain text"。单击"get output"按钮后在新的界面中点选"Whole Gene",最后单击"Send query to Galaxy"即可提取出人类全基

因组的基因信息，把数据导入到 Galaxy 中。

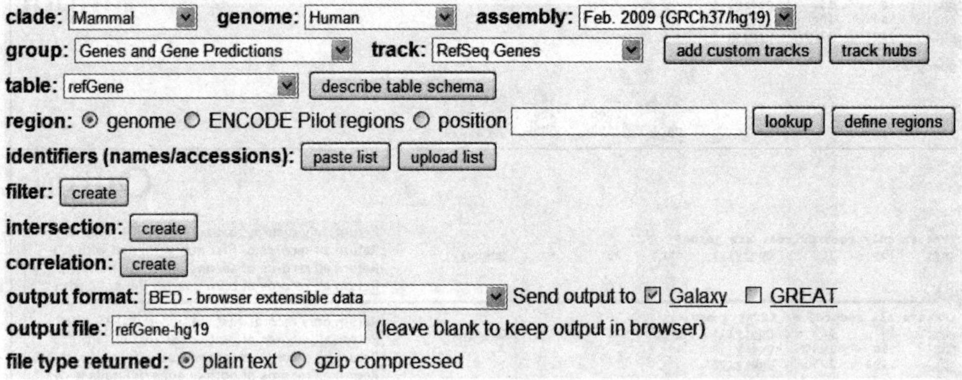

图 5.8　UCSC Table Browser 中获取人类基因信息的参数设置

（2）坐标转换。使用 Galaxy 中的 liftOver 把 hg19 坐标转换成 hg18 坐标。在"Lift-Over"工具中单击"Convert genome coordinates"，在 liftOver 的界面设置参数：Convert coordinates of 选择上一步导入的数据，To 选择需要转换至的目标基因组"hg18"，其他参数默认即可，见图 5.9。单击"Execute"即可完成转换，转换结果同样保存在 Galaxy 中。

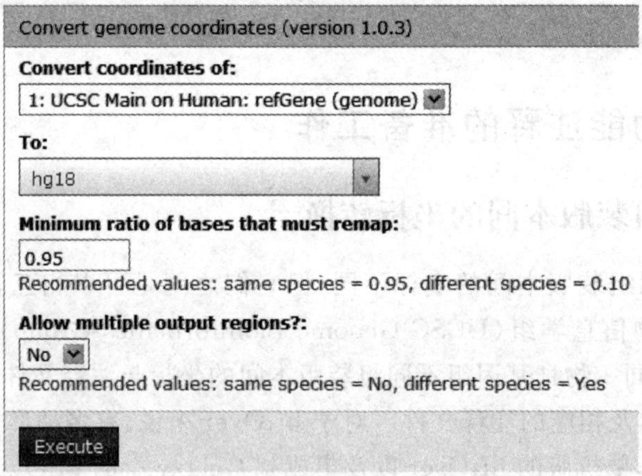

图 5.9　Galaxy 中 liftOver 的参数设置

（3）保存结果。使用 liftOver 转换坐标后，一般会生成两个文件，即转换成功的坐标和转换失败的坐标。一般情况下，只需关注可以成功转换的坐标即可。在 Galaxy 中，标记有"[MAPPED COORDINATES]"即是转换成功的 hg18 坐标；单击右侧的眼睛图标可以直接在 Galaxy 中查看结果，单击软盘图标可以将结果下载保存至本地电脑中。如果有转换失败的坐标，在"[UNMAPPED COORDINATES]"的结果文件中，针对每一条记录都会给出转换失败的原因，常见的有 Partially deleted in new，Split in new，Deleted in new 等。

基因组组装版本间坐标转换工具 liftOver 的网址

网页版 liftOver　http://genome.ucsc.edu/cgi-bin/hgLiftOver

单机版 liftOver　http://hgdownload.cse.ucsc.edu/downloads.html#source_downloads

5.2.2　常用格式间的转换

受数据库等数据来源的限制，或者为了满足软件与工具对输入文件格式的要求，有时需要把已有数据文件的格式转换成需要的特定格式。一般来说，凡是存储相似基因组信息的数据格式，基本上都可以进行双向转换。但因不同格式包含的信息量不同，有可能在双向转换时会丢失部分信息，甚至只能进行单向转换。BED 格式和 GFF 格式存储的都是基因组特征的信息，此处使用集成到 Galaxy 中的格式转换工具来演示这两种格式间的相互转换。

例 5.2　BED 格式和 GFF 格式之间的互转。

使用 Galaxy 中的"BED-to-GFF converter"和"GFF-to-BED converter"，实现存储人类 hg19 基因组 Y 染色体上基因信息的 BED 格式和 GFF 格式之间的相互转换。

（1）获取输入。使用 Galaxy 中的"UCSC Main"，直接从 UCSC 数据库中提取人类 hg19 基因组 Y 染色体上基因的信息。在 Galaxy 左侧栏的"Get Data"工具集中找到"UCSC Main"，打开 Table Browser 界面，设置参数：clade 选择"Mammal"，genome 选择"Human"，assembly 选择"Feb. 2009（GRCh37/HG19）"，group 选择"Genes and Gene Prediction"，track 选择"RefSeq Genes"，table 选择"refGene"，region 点选"position"并在其后的输入框内输入"chrY"，output format 选择"BED-browser extensible data"，Send output to 勾选"Galaxy"，file type returned 点选"plain text"。单击"get output"按钮后在新的界面中点选"Whole Gene"，最后单击"Send query to Galaxy"即可提取人类 Y 染色体的基因信息，把 BED 格式的数据导入到 Galaxy 中。

（2）格式转换。先把 BED 格式转换成 GFF 格式，再把转换后的 GFF 格式转换回 BED 格式。

① 把 BED 格式转换成 GFF 格式。在"Convert Formats"工具集中找到"BED-to-GFF"，选择上一步导入的 BED 格式文件，单击"Execute"即可将其转换为 GFF 格式，转换结果直接保存在 Galaxy 中。

② 把 GFF 格式转换成 BED 格式。在"Convert Formats"工具集中找到"GFF-to-BED"，选择刚刚转换生成的 GFF 格式的文件，单击"Execute"即可将其转换为 BED 格式，转换结果同样保存在 Galaxy 中。

③ 保存结果。对于转换成功后保存在 Galaxy 中的数据，可以直接查看并继续保存在 Galaxy 中用于后续处理，也可以下载保存至本地计算机中。仔细比较最初的 BED 格式文件和最后 GFF 格式转换生成的 BED 格式文件，会发现虽然两者包含的信息基本一样，但文件形式与信息细节上却有一定的差异。因此，在实际工作进行格式转换时，一定要多加留意，仔细检查转换后的格式是否符合要求、有没有丢失重要的信息。

5.2.3　基因组坐标的逻辑运算

因实际工作的需要，可能需要对两组基因组坐标进行各种逻辑运算。此时有众多工具可供选用，如集成到 Galaxy 中的"Operate on Genomic Intervals"工具集和单机版的 BEDTools 等。此处使用集成到 Galaxy 中的工具集，通过比较外显子和 SNP 来演示基因组坐标的减法和联合运算。

例 5.3　人类 Y 染色体上外显子和 SNP 的比较。

使用 Galaxy 中的"Operate on Genomic Intervals"工具集,比较人类 Y 染色体上的外显子和 SNP,首先寻找不含 SNP 的外显子,最后把含有 SNP 的外显子和对应的 SNP 关联起来。

(1) 获取输入。因为要比较人类 Y 染色体上的外显子和 SNP,所以需要两套数据:人类 Y 染色体上的外显子信息和人类 Y 染色体上的 SNP 信息。

① 获取人类 Y 染色体上外显子的信息。使用 Galaxy 中的"UCSC Main",直接从 UCSC 数据库中提取人类 hg19 基因组 Y 染色体上外显子的信息。在 Galaxy 左侧栏的"Get Data"工具集中找到"UCSC Main",打开 Table Browser 界面,如图 5.10 所示设置参数:clade 选择"Mammal",genome 选择"Human",assembly 选择"Feb. 2009(GRCh37/HG19)",group 选择"Genes and Gene Prediction",track 选择"RefSeq Genes",table 选择"refGene",region 点选"position"并在其后的输入框内输入"chrY",output format 选择"BED-browser extensible data",Send output to 勾选"Galaxy",file type returned 点选"plain text"。单击"get output"按钮后在新的界面中点选"Exons",最后单击"Send query to Galaxy"即可提取人类 Y 染色体的外显子信息,把 BED 格式的数据导入到 Galaxy 中。

```
clade: Mammal ▼    genome: Human ▼    assembly: Feb. 2009 (GRCh37/hg19) ▼
group: Genes and Gene Predictions ▼    track: RefSeq Genes ▼    [add custom tracks] [track hubs]
table: refGene ▼    [describe table schema]
region: ○ genome ○ ENCODE Pilot regions ● position chrY          [lookup] [define regions]
identifiers (names/accessions): [paste list] [upload list]
filter: [create]
intersection: [create]
correlation: [create]
output format: BED - browser extensible data ▼    Send output to ☑ Galaxy  ☐ GREAT
output file: [            ]  (leave blank to keep output in browser)
file type returned: ● plain text ○ gzip compressed

[get output] [summary/statistics]


Create one BED record per:
○ Whole Gene
○ Upstream by    [200]    bases
● Exons plus    [0]    bases at each end
○ Introns plus  [0]    bases at each end
○ 5' UTR Exons
○ Coding Exons
○ 3' UTR Exons
○ Downstream by [200]   bases
Note: if a feature is close to the beginning or end of a chromosome and upstream/downstream bases are added, they may
be truncated in order to avoid extending past the edge of the chromosome.
[Send query to Galaxy]
[Cancel]
```

图 5.10　UCSC Table Browser 中获取人类 Y 染色体外显子信息的参数设置

② 获取人类 Y 染色体上的 SNP 信息。使用 Galaxy 中的"UCSC Main",直接从 UCSC 数据库中提取人类 hg19 基因组 Y 染色体上 SNP 的信息。在 Galaxy 左侧栏的"Get Data"工具集中找到"UCSC Main",打开 Table Browser 界面,如图 5.11 所示设置参数:clade 选

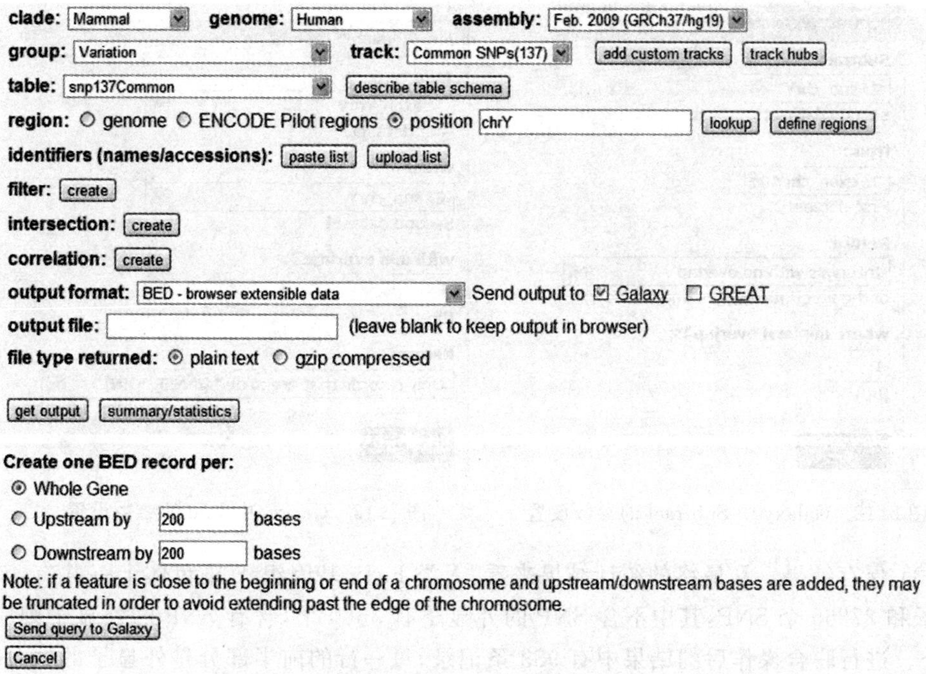

图 5.11 UCSC Table Browser 中获取人类 Y 染色体 SNP 信息的参数设置

择"Mammal", genome 选择"Human", assembly 选择"Feb. 2009 (GRCh37/HG19)", group 选择"Variation", track 选择"Common SNPs(137)", table 选择"snp137Common", region 点选"position"并在其后的输入框内输入"chrY", output format 选择"BED -browser extensible data", Send output to 勾选"Galaxy", file type returned 点选"plain text"。单击"get output"按钮后在新的界面中点选"Whole Gene", 最后单击"Send query to Galaxy"即可提取人类 Y 染色体的 SNP 信息, 把 BED 格式的数据导入到 Galaxy 中。

(2) 逻辑运算。首先使用基因组坐标的减法提取不含 SNP 的外显子, 最后使用基因组坐标的联合操作把外显子和 SNP 的信息关联起来。

① 提取不含 SNP 的外显子。在"Operate on Genomic Intervals"工具集中找到"Subtract", 参数设置如下: Subtract 即 Second dataset 选择上一步导入的 SNP 数据, from 即 First dataset 选择上一步导入的外显子数据, Return 选择"Intervals with no overlap", 其他参数默认即可, 见图 5.12)。单击"Execute"即可提取出人类 Y 染色体上不含 SNP 的所有外显子。

② 将含有 SNP 的外显子和对应的 SNP 关联起来。在"Operate on Genomic Intervals"工具集中找到"Join", 参数设置如下: Join 即 First dataset 选择导入的外显子数据, with 即 Second dataset 选择导入的 SNP 数据, Return 选择"Only records that are joined (INNER JOIN)", 其他参数默认即可, 见图 5.13。单击"Execute"即可提取出人类 Y 染色体上含有 SNP 的所有外显子, 并将其与对应的 SNP 信息关联起来。

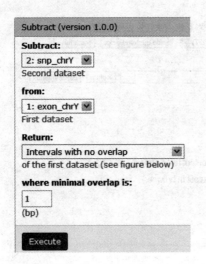

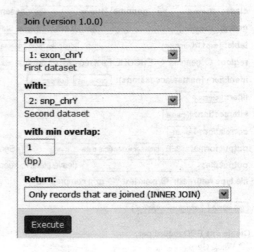

图 5.12　Galaxy 中 Subtract 的参数设置　　图 5.13　Galaxy 中 Join 的参数设置

（3）保存结果。从最终的统计结果来看，人类 hg19 基因组 Y 染色体上一共有 4096 个外显子和 27265 个 SNP，其中不含 SNP 的外显子有 3660 个，含有 SNP 的外显子则应该有 436 个。进行联合操作后的结果中有 983 条记录，每一行的前半部分是外显子的信息，后半部分是 SNP 的信息。此文件的记录条数之所以多于理论上的 436 条，是因为有的外显子上有不止一个 SNP。对于处理完的结果，可以直接查看并继续保存在 Galaxy 中用于后续处理，也可以下载保存至本地计算机中。

Galaxy 和 BEDTools 的网址

Galaxy　https://main.g2.bx.psu.edu

BEDTools　http://bedtools.readthedocs.org/en/latest/

5.3　基因组功能的高级注释

5.3.1　基因组变异位点的注释

随着高通量技术的发展，基因组数据的数据量越来越大。对第二代测序数据等大规模基因组数据进行处理后，往往会得到一大批与参考基因组不同的单核苷酸变异（Single Nucleotide Variations，SNVs）位点。面对成千上万的变异位点，不管是筛选编码区的变异，还是更进一步寻找疾病的候选基因，此时都无从下手，因为最初往往仅有这些变异位点的基因组坐标和 ATGC 四种碱基的变异信息。为了顺利开展后续的工作，首先要做的就是对这些 SNVs 进行注释，即为这些 SNVs 附加相关的基因组注释信息，包括变异位点在 dbSNP 数据库中的 ID、变异位点所在基因的名称（gene name）与索引号（accession number）、变异功能类别（错义突变、同义突变、无义突变等）、导致的氨基酸变化及其在蛋白质产物中的位置等各种相关信息。因为需要注释的 SNVs 数量巨大，所以需要使用专门的工具来对它们进行批量注释，常用的工具有 SeattleSeq Annotation、variant tools 和 SnpEff 等。其中，SnpEff 已经集成到了 Galaxy 中，位于"snpEff"工具集中。

SeattleSeq Annotation 是美国国家心脏、肺和血液研究所（National Heart，Lung and

Blood Institute，NHLBI）支持赞助开发的专门用于注释 SNVs 的在线工具。SeattleSeq Annotation 功能强大，可以注释已知或未知的 SNVs，此外，还可以对小的插入缺失（indels）进行注释。SeattleSeq Annotation 的注释结果包括 dbSNP 中的 ID、基因名、基因索引号、变异功能类别、氨基酸改变及其在蛋白质序列中的位置、保守性分值、HapMap 数据库中的频率、PolyPhen 对变异危害性的预测、变异与临床疾病的关系等诸多内容。此外，SeattleSeq Annotation 在注释结果中还给出了相关基因组注释数据库或站点的链接，方便用户进一步理解注释结果。

例 5.4　使用 SeattleSeq Annotation 对 SNVs 进行注释。

（1）获取输入。因为 SeattleSeq Annotation 限定了输入文件的格式（GFF，VCF，Maq 等），所以需要通过特定的软件直接生成或者通过格式转换工具制作符合要求的输入文件。演示起见，从 SeattleSeq Annotation 网站上下载单个体 Maq 格式的示例文件 example. 1Individual. hg19. txt（http://snp. gs. washington. edu/SeattleSeq Annotation137/HelpDownloadExampleFiles. jsp）。

（2）注释 SNVs。在 SeattleSeq Annotation 主页上设置参数，见图 5.14：enter e-mail address 后输入自己的电子邮箱，在文件选择处单击"浏览"上传需要注释的 SNVs 文件（此处即 example. 1Individual. hg19. txt），input file format 下点选"Maq"，add more annotation 和 gene locations to use，一般默认即可，也可以根据自己的需要进行选择。选择好输出项目后，最后单击"submit"即可将需要注释的 SNVs 提交到注释服务器，在刷新后的界面中单击"monitor job progress"可以实时监视注释的进度，注释完成后单击"show table"即可在线查看 SNVs 注释的统计信息与最终的注释表格。同时，在邮箱中将收到一份注释结果的拷贝，可以在本地计算机上进行后续的处理，或用于日后上传以便在线展示注释结果。

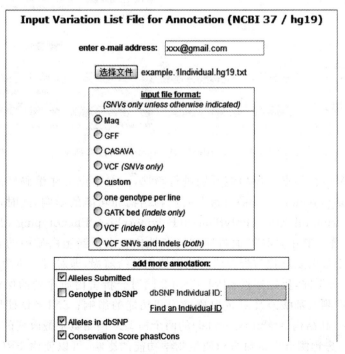

图 5.14　SeattleSeq Annotation 参数设置

（3）保存结果。如图 5.15 所示，在线看到的注释结果，下半部分是以表格形式呈现的具体注释信息；上半部分左侧是对 SNVs 的简单统计，右侧则是各种筛选选项，勾选或点选需要的选项后单击"reset"即可对下半部分表格的呈现方式及内容进行调整。除了在注释结束后立即在线查看注释结果外，也可以通过上传邮箱中接收到的注释结果复制，随时在线查看注释结果：在 SeattleSeq Annotation 主页上找到 Input Annotation File for Table Display，单击输入框后面的"浏览"上传本地拷贝，单击"submit"后即可在线查看注释结果。在注释结果中，inDBSNPOrNot 列表明 SNVs 是不是在数据库中，可以用来挑选全新（novel）的 SNVs；functionGVS 和 functionDBSNP 两列是对 SNVs 功能类别的说明，可以用来过滤感兴趣的类别；polyPhen 列是对氨基酸改变危害性的预测，scorePhastCons 列是对此位点保守性的评估，结合两者及其他的相关信息可以挑选出理论上比较重要的候选 SNVs；geneList 列给出了变异位点涉及的基因。结合实际工作需要，充分利用 SeattleSeq Annotation 注释结果中的各种信息，可以大大缩小候选范围，减少后续的实验工作量，加快课题进展。

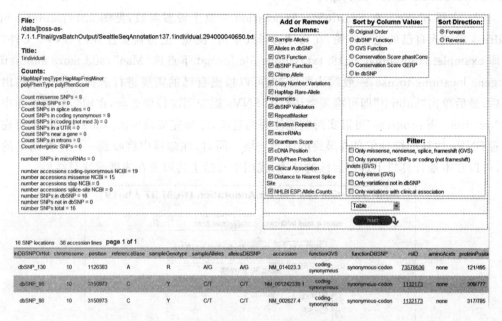

图 5.15   SeattleSeq Annotation 的注释结果

注释完 SNVs 后，根据变异功能类别进行筛选，一般重点关注编码区的非同义多态性（nonsynonymous polymorphisms）对蛋白质产物结构和功能的影响，此时，可以使用 SIFT（sort intolerant from tolerant）、PolyPhen-2（Polymorphism Phenotyping v2）和 SNPs3D 等工具来完成此工作。其中，SIFT 通过序列同源性比较来预测蛋白质中的氨基酸改变对表型的影响，它基于蛋白质进化与蛋白质功能密切相关的前提，即对蛋白质功能重要的位点在家族聚类中会比较保守，反之亦然；PolyPhen-2 同时分析蛋白质序列的保守性和氨基酸的理化性质，从而推测氨基酸改变对蛋白质结构和功能的影响；SNPs3D 使用基于蛋白质序列（profile model）和结构（stability model）的两个模型来预测氨基酸改变的功能性影响。除了 SNVs，如果还想预测 indels 对蛋白质生物学功能的影响，可以使用 PROVEAN（Protein Variation Effect Analyzer）。SIFT 已经整合到了 Galaxy 中，所以也可以在 Galaxy 中使用

SIFT,它位于"Phenotype Association"工具集中。

例5.5 使用 SIFT 对编码区的非同义突变进行注释。

（1）获取输入。SIFT 有着自己的输入文件格式,因此也要先制作符合格式要求的输入文件。演示起见,使用 SIFT 网站上提供的示例文件(http://sift.jcvi.org/www/chr_coords_example.html)。

（2）进行注释。在 SIFT 主页上设置参数,见图 5.16 中的 User Input 区域,Select assembly/annotation version 下选择对应的基因组组装版本,Chromosome Coordinates 输入框中粘贴示例文件,Enter your email address if you want the results through email 下填写电子邮箱以便接收注释结果;Output Options 区域,根据需要选择附加输出项目。最后单击"提交查询"就可将注释工作提交到服务器。

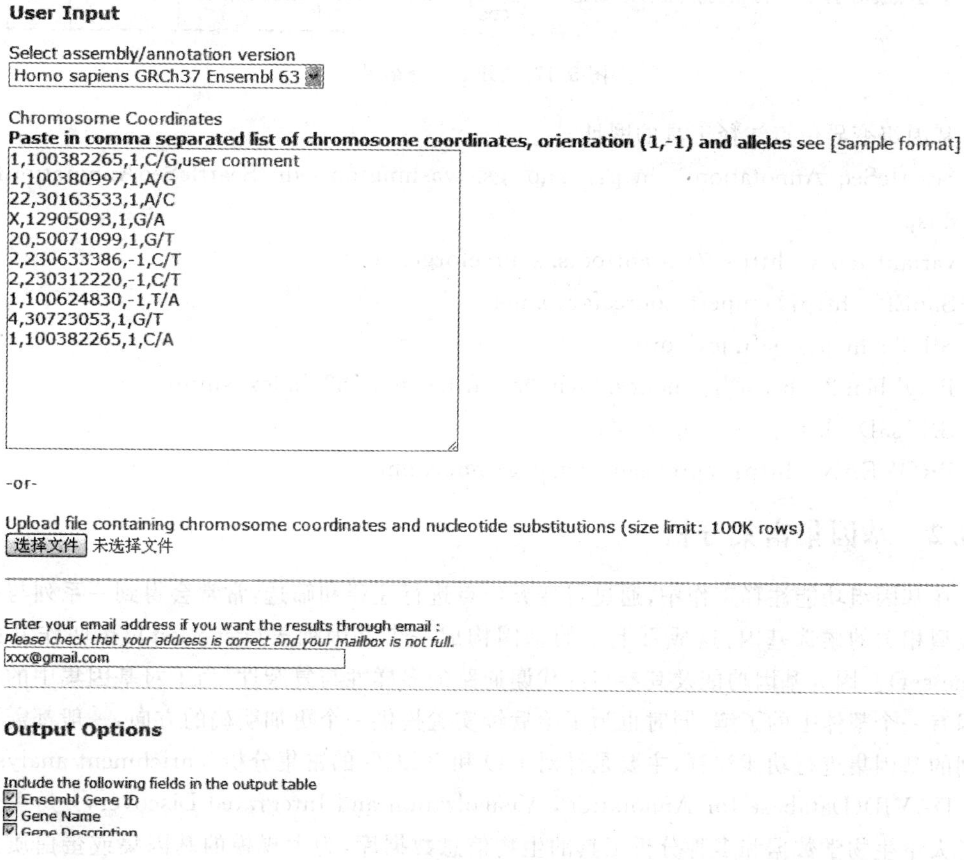

User Input

Select assembly/annotation version
Homo sapiens GRCh37 Ensembl 63 ▾

Chromosome Coordinates
Paste in comma separated list of chromosome coordinates, orientation (1,-1) and alleles see [sample format]

```
1,100382265,1,C/G,user comment
1,100380997,1,A/G
22,30163533,1,A/C
X,12905093,1,G/A
20,50071099,1,G/T
2,230633386,-1,C/T
2,230312220,-1,C/T
1,100624830,-1,T/A
4,30723053,1,G/T
1,100382265,1,C/A
```

-or-

Upload file containing chromosome coordinates and nucleotide substitutions (size limit: 100K rows)
[选择文件] 未选择文件

Enter your email address if you want the results through email :
Please check that your address is correct and your mailbox is not full.
xxx@gmail.com

Output Options

Include the following fields in the output table
☑ Ensembl Gene ID
☑ Gene Name
☑ Gene Description

图 5.16 SIFT 参数设置

（3）保存结果。如图 5.17 所示,在最终的注释结果中,Transcript ID 和 Protein ID 两列分别表示变异影响到的转录本和蛋白质,Substitution 列包含了氨基酸改变及其位置信息,Region 和 SNP Type 两列表明了变异位点所在的区域及其功能类别,SIFT Score 列是具体的 SIFT 数值,Prediction 列则是根据 SIFT 值给出的文字性描述,据此可以对变异位点进行初步的筛选。如果在 Output Options 中选择了"Gene Name"和"Gene Description",在注释结果中还可以看到变异影响到的基因及基因的详细描述。

Transcript ID	Protein ID	Substitution	Region	dbSNP ID	SNP Type	Prediction	SIFT Score
ENST00000294724	ENSP00000294724	R1487G	EXON CDS	rs12118058:G	Nonsynonymous	TOLERATED	0.46
ENST00000294724	ENSP00000294724	E1405G	EXON CDS	rs28730708:G	Nonsynonymous	DAMAGING	0.01
ENST00000294724	ENSP00000294724	R1487R	EXON CDS	rs12118058:G	Synonymous	TOLERATED	0.64
ENST00000330029	ENSP00000332887	E49A	EXON CDS	novel	Nonsynonymous	DAMAGING	0.02
ENST00000371564	ENSP00000360619	T612N	EXON CDS	rs6067785:T	Nonsynonymous	DAMAGING	0
ENST00000283943	ENSP00000283943	Q1910*	EXON CDS	rs1803846:A	Nonsynonymous	N/A	N/A
ENST00000341772	ENSP00000345229	P433L	EXON CDS	rs17853365:A	Nonsynonymous	DAMAGING	0.02

图 5.17　SIFT 注释结果

基因组变异位点注释工具的网址

SeattleSeq Annotation　http：//snp. gs. washington. edu/SeattleSeqAnnotation137/index. jsp

variant tools　http：//varianttools. sourceforge. net

SnpEff　http：//snpeff. sourceforge. net

SIFT　http：//sift. jcvi. org

PolyPhen-2　http：//genetics. bwh. harvard. edu/pph2/index. shtml

SNPs3D　http：//www. snps3d. org

PROVEAN　http：//provean. jcvi. org/index. php

5.3.2　基因集富集分析

在基因组功能注释工作中，通过对变异位点进行注释和筛选，常常会得到一系列与疾病或表型相关的候选基因，这成百上千的基因构成一个基因列表(gene list)，也叫作基因集(gene set)。因为基因功能及其参与的代谢通路的多样性与复杂性，为了对基因集中的所有基因有一个整体上的了解，同时也为了给后续实验提供一个更加明确的方向，一般都需要对得到的基因集进行功能注释，主要是针对 GO 和 KEGG 的富集分析(enrichment analysis)。

DAVID(Database for Annotation, Visualization and Integrated Discovery) 是一个整合了大量生物学数据和多种分析工具的生物信息数据库，为大规模的基因集或蛋白质集提供系统综合的生物功能注释，帮助用户提取并分析注释信息。它将输入列表中成百上千的基因关联到指定的生物学注释，进而从统计学的层面上，找出最显著富集的注释项目(term)。DAVID 是基因集富集分析中使用最为广泛的工具之一。在富集分析中，除了待分析的基因集外，还需要一个背景集作为对照。一般使用相应物种基因组中的全部基因作为背景集，当然，也可以指定另外一套基因集作为待分析基因集的对照。

例 5.6　使用 DAVID 对基因集进行 GO 与 KEGG 的富集分析。

(1) 获取输入。在 DAVID 主页上，单击"Start Analysis"，在"Upload"中上传基因列表，演示起见，单击"Demolist 1"使用 DAVID 自带的数据。之后，在"List"和"Background"

中进行相应的设置,此处默认即可。

（2）富集分析。单击"Functional Annotation Tool",进入注释项目选择页面,根据需要添加或重新点选相应的项目即可。此处,仅选择常用的 GO 和 KEGG 项目,其中 GO 包括生物过程（biological process）、细胞组件（cellular component）和分子功能（molecular function）三个子项目。所以最终选择"Gene_Ontology"中的"GOTERM_BP_FAT"、"GOTERM_CC_FAT"、"GOTERM_MF_FAT"和"Pathways"中的"KEGG_PATHWAY"总共四个注释项目。

（3）保存结果。在 Combined View for Selected Annotation 下有"Functional Annotation Clustering"、"Functional Annotation Chart"和"Functional Annotation Table"三种分析工具,此处仅进行富集分析,所以直接单击"Functional Annotation Chart",在新的页面中可以看到最终的注释结果,见图 5.18。其中,Term 列是具体的注释项目名称,P-Value 列是原始的富集显著性数值,Benjamini 列则是进行多重检验校正（multiple testing correction）后的显著性数值,一般以此为标准进行筛选。单击打开"Options"可以根据需要调整参数,单击"Download File"可以把富集分析的结果下载保存到本地。如果想对结果中每一列的含义有更加深入的了解,可以单击右上角的"Help and Manual"打开帮助页面,其中对结果和参数都有详细的解释。

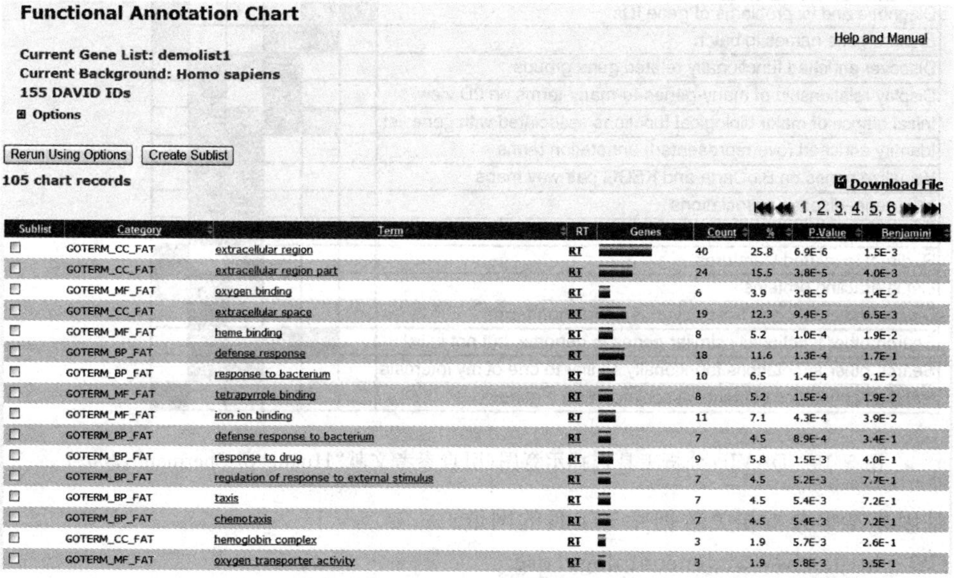

图 5.18 DAVID 的 Functional Annotation Chart 结果

此处仅对 DAVID 中进行富集分析的 Functional Annotation Chart 进行了介绍,但实际上 DAVID 提供了针对四项分析内容的六个分析工具:

（1）Gene Name Batch Viewer:把基因 ID 转换成基因名称,从而可以直观地查看基因集,初步判断基因集的质量是否满足要求。

（2）Gene ID Conversion Tool:在不同数据库的基因 ID 间进行转换,包括 NCBI、Ensembl、UCSC、PIR 和 UniProt 等常用数据库。

（3）Gene Functional Classification Tool:根据注释信息将功能相关的基因聚成一类,

进而在功能注释的层面上分析基因集。

（4）Functional Annotation Tool：DAVID 最核心的分析内容，包括三个分析工具：

① Functional Annotation Clustering：基于基因集中基因的功能注释对注释项目进行聚类。

② Functional Annotation Chart：根据功能注释对基因集中的基因进行富集分析，总共有 80 多个注释项目可供选择。

③ Functional Annotation Table：以表格形式呈现基因集中每个基因在不同数据库中的功能注释。

DAVID 提供的分析工具在分析内容上可能有所重叠，但都有自己的分析侧重点，在实际使用时可以根据图 5.19 选择最合适的一个或多个工具。

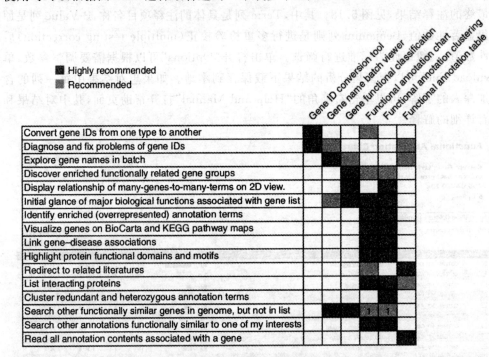

图 5.19　DAVID 分析工具选择示意图（引自参考文献"Huang & Sherman"，2009）

基因集富集分析相关数据库与工具的网址：

GO　http://www.geneontology.org

KEGG　http://www.genome.jp/kegg

DAVID　http://david.abcc.ncifcrf.gov

5.3.3　制作序列标识

序列标识（sequence logo）是基于 DNA、RNA 和蛋白质的多序列比对信息，把多序列的保守性信息通过图形表示出来。序列标识常用于图形化展示转录因子结合位点（TFBS）等序列基序（sequence motif）的一致性序列（consensus sequence），但它提供了一个比一致性序列更丰富、更精确的序列相似性描述。每个序列标识由一系列堆叠的核苷酸或氨基酸组成，横轴表示序列的位置（position），纵轴默认是以比特（bits）为计量单位的保守性。在每一个序列位置上用字符堆叠的总高度表示此位置的保守性,堆叠中每个字符的高度表示此位置上核苷酸或氨基酸出现的相对频率。WebLogo 是一个灵活方便的序列标识产生器,最常用的是其网络版本,但也有命令行界面的本地版可供选用。此外,WebLogo 也已经集成到了 Galaxy 中,位于"Motif Tools"工具集中。

例 5.7　使用 WebLogo 制作人类基因剪接位点的 GT-AG 序列标识。

(1) 获取输入。为了使用 WebLogo 制作序列标识,需要先进行多序列比对,获得以 CLUSTALW、FASTA 或 MSF 等格式保存的比对结果。此处直接使用 WebLogo 官网上 examples(http://weblogo. threeplusone. com/examples. html) 中给出的人类剪接位点 (http://weblogo. threeplusone. com/examples. html ♯ splice) 的数据,包括供体位点 (donor sites)和受体位点(acceptor sites)的多序列比对结果。

(2) 制作序列标识。

① 制作供体位点的序列标识。单击"Exon-Intron (Donor) Sites"前的"Edit Logo",打开序列标识制作界面,见图 5.20。供体位点的多序列比对结果自动填充在"Sequence data"区域。根据需要调整参数,如:Output format 选择"PNG (high res.)",Logo size 选择 "large",First position number 填写"-11",清除 Logo range 中的数字,在 Title 后面的输入框中填写"Exon-Intron (Donor) Sites"。最后单击"Create Logo"即可得到供体位点的序列标识。

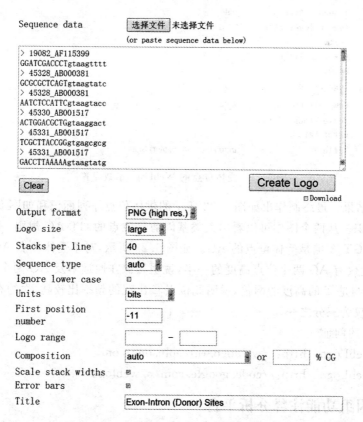

图 5.20　供体位点的 WebLogo 参数设置

② 制作受体位点的序列标识。单击"Intron-Exon（Acceptor）Sites"前的"Edit Logo"，打开序列标识制作界面，见图 5.21。受体位点的多序列比对结果自动填充在"Sequence data"区域。根据需要调整参数，如：Output format 选择"PNG（high res.）"，Logo size 选择"large"，First position number 填写"－21"，在 Title 后面的输入框中填写"Intron-Exon（Acceptor）Sites"。最后单击"Create Logo"即可得到受体位点的序列标识。

Sequence data	选择文件 未选择文件
	(or paste sequence data below)

```
> 19082_AF115399
ttctctgaaatatgaatttagACTGGTACTTATCATGGAG
> 45328_AB000381
gcctgctttctcccctctcagGGACTTACAGTTTGAGATG
> 45328_AB000381
cattgctgcttctttttttagGCATAAATTCTCGTGAACT
> 45330_AB001517
aacttcctgtgtgtttttgcagACAGCTGGATAGAAAACGA
> 45331_AB001517
acaattttgttttcttcacagTTTTCAAATTTGCTGGGTA
> 45331_AB001517
tgtggttttgtctttatcagCAACAAATCTGACACGCTG
```

Clear　　　　　　　　　　　　　　　　**Create Logo**
　　　　　　　　　　　　　　　　　　□Download

Output format	PNG (high res.)
Logo size	large
Stacks per line	40
Sequence type	auto
Ignore lower case	□
Units	bits
First position number	-21
Logo range	-20 – 3
Composition	auto　　or 　　 % CG
Scale stack widths	☑
Error bars	☑
Title	Intron-Exon (Acceptor) Sites

图 5.21　受体位点的 WebLogo 参数设置

（3）保存结果。最终制作出如图 5.22 所示的供体位点序列标识和如图 5.23 所示的受体位点序列标识。从两个图中可以看出人类基因剪接位点的 GT-AG 规则：内含子的 5′端是供体位点的 GT，3′端是受体位点的 AG。如图 5.23 所示，对于受体位点 AG 前的-3 位置来说，其总高度仅有 AG 两个位点高度的一半，说明其保守性远不及 AG 两个位点；此位点中 C 的高度大约是 T 的高度的两倍，说明此位点 C 出现的频率比较高，大约有三分之二，而 T 出现的频率仅为三分之一。

WebLogo 的网址
网页版 WebLogo　http://weblogo.threeplusone.com
单机版 WebLogo　http://code.google.com/p/weblogo

5.3.4　基因组功能注释分析平台

从前文所述可以看出，基因组功能注释的内容丰富多样，涉及的工具更是五花八门。而随着芯片、第二代测序等高通量技术的飞速发展，海量的基因组数据不断积累，分析工作越

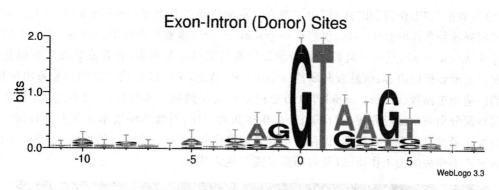

图 5.22 供体位点的序列标识

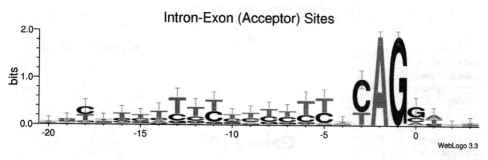

图 5.23 受体位点的序列标识

来越多,注释内容更加复杂。而研究人员则希望数据分析不但要系统化,具有一定的创新性,而且要更能体现个性化。基因组数据与研究人员要求之间的矛盾催生了专业、系统且扩展性高的生物信息学数据分析平台。这些分析平台大多集成了丰富且优秀的生物信息学工具,能够与常用数据库无缝衔接,使研究人员可以轻松快速地进行多样化的基因组功能注释,整个分析工作更加自动化、更具流程性。由 UCSC(加利福尼亚大学圣克鲁兹分校)开发的 Galaxy 便是其中的佼佼者。此外,GenePattern 也是一个不错的选择。

　　Galaxy 是一个开放的、基于网络的生物信息学分析平台,主要针对基因组的相关分析开发设计,特别适合与第二代测序数据相关的基因组注释工作。Galaxy 整合了各种生物信息学分析工具,并把相关的工具分类汇总到特定的工具集中,包括与公共数据库无缝集成的"Get Data"工具集、处理文本数据的"Text Manipulation"工具集,进行数据格式转换的"Convert Formats"工具集、进行基因组坐标逻辑运算的"Operate on Genomic Intervals"工具集、高级功能注释与分析的"Phenotype Association"工具集、用于统计绘图的"Statistics"和"Graph/Display Data"等工具集、专门用于第二代测序数据分析的"NGS Toolbox"工具集,此外,还集成了 EMBOSS 和 BEDTools 等优秀的开源工具,因此通过该平台可以在不下载和安装任何软件的前提下进行各种各样的生物信息学分析工作,即使没有任何编程经验的研究人员也可以快速简单地运行分析工具或分析流程。通过 Galaxy 还可以方便地构建生物数据分析工作流(workflow),而且在 Galaxy 中进行的工作会以历史记录的形式进行保存,从而使计算分析过程可以被重复和共享。除了联网使用外,也可以将 Galaxy 部署在服务器中,或者本地安装到基于 UNIX/Linux 平台的个人电脑中离线使用。

　　如图 5.24 所示,Galaxy 界面主要由四部分组成:顶部是刊头(masthead),可以用来切

换"分析数据"、"工作流"和"账号"等主界面；左侧栏是工具菜单（tool menu），以工具集的
形式罗列各种各样的分析工具，顶部有一个 search tools 搜索框方便用户查找工具；中间是
工作区（work area），点选工具后此处为参数设置与工具说明界面，查看或修改数据时此处
会相应显示数据的内容、信息或其属性（attribute），总之，工作区是最主要的信息输出位置；
左侧栏是历史面板（history panel），以历史记录形式存储每一步操作，其中绿色、黄色和灰
色的步骤分别表示已经完成、正在运行、尚在排队的工作，而紫色则表示正在上传数据。历
史面板除了可以实现下载数据、保存历史等常规操作外，还有一个重要的功能——将已经完
成的多步工作提取为工作流，以便日后重复或与他人共享。

图 5.24　Galaxy 主界面

Galaxy 平台功能强大，但学习起来并不困难，因为该项目提供了丰富的学习资料。可
以先从 Galaxy 101 和 Galaxy Screencasts and Demos 开始，对 Galaxy 有一个直观的认识之
后，再学习并练习 Learn Galaxy 上的其他实例。更加深入的学习资料和使用指南可以在
Galaxy Wiki 中找到。

基因组功能注释分析平台及其学习资料的网址为

Galaxy　https://main.g2.bx.psu.edu

GenePattern　http://www.broadinstitute.org/cancer/software/genepattern

Galaxy 101　http://main.g2.bx.psu.edu/galaxy101

Galaxy Screencasts and Demos　http://wiki.galaxyproject.org/Learn/Screencasts

Learn Galaxy　http://wiki.galaxyproject.org/Learn

Galaxy Wiki　http://wiki.galaxyproject.org/FrontPage

第6章

蛋白质序列信息分析

蛋白质是生命功能的执行体，一切生命活动都与蛋白质有关。遗传信息的携带者虽然是核酸，但遗传信息的传递和表达需要在特定蛋白质酶的催化，并且在各种蛋白质的调节控制下进行，因此对于蛋白质序列数据分析和核酸序列数据分析同样重要。

蛋白质的生物学功能由蛋白质结构决定，同时蛋白质空间结构又是蛋白质发挥功能的基础，要想准确研究蛋白质功能，需要了解蛋白质的空间结构。目前，对于蛋白质结构分析和预测，普遍认同的一个假设是：决定蛋白质折叠的信息隐含在蛋白质一级结构中，因此可以根据蛋白质氨基酸序列预测蛋白质结构。由于蛋白质序列与结构之间的关系非常复杂，这就需要从大量蛋白质氨基酸序列特征中，找出蛋白质序列和结构之间存在的关系和规律，为进一步研究了解蛋白质功能与结构之间的关系提供理论依据。

蛋白质结构分为一级结构与空间结构两类，空间结构包括二级结构、三级结构和四级结构，同时蛋白质空间结构又是蛋白质发挥功能的关键。蛋白质一级结构（primary structure）指组成蛋白质多肽链的各个氨基酸残基的排列顺序，是最基本的蛋白质结构，决定着蛋白质的高级结构。蛋白质二级结构（secondary structure）是指蛋白质分子中某一段肽链的局部空间结构，即多肽链中主链原子的局部空间排布，不涉及侧链部分的构象。主要二级结构包括：α螺旋、β折叠、β转角、无规则卷曲等结构形式。蛋白质多肽链在二级结构的基础上进一步盘曲或折叠形成具有一定规律的三维空间结构，称为蛋白质三级结构（tertiary structure）。稳定蛋白质三级结构的主要作用包括氢键、疏水键、盐键以及范德华力（van der Wasls）等。对于含有两条或两条以上多肽链组成的蛋白质，不同多肽链之间相互组合而形成的空间结构称为蛋白质四级结构（quarternary structure），其中每条具有独立三级结构的多肽链单位称为亚基（subunit）。此外，某些蛋白质分子可进一步聚合成聚合体（polymer）。包含在聚合体中的重复单位称为单体（monomer）。按照所含单体的数量聚合体可以分为二聚体、三聚体或多聚体（polymer），例如胰岛素（insulin）在体内可形成二聚体及六聚体。

1994年，澳大利亚Macquarie大学的Marc R. Wilkins教授首先提出了蛋白质组

（proteome）的概念，主要指一种细胞、组织或有机体所表达的全部蛋白质。随着研究的深入，蛋白质组学（proteomics）已经成为从整体水平上研究细胞、组织或有机体蛋白质组的一门新兴学科。蛋白质组学的主要研究范围是应用生物化学方法对所有蛋白质进行大规模的研究，包括对基因产物的功能分析，例如针对蛋白质的大规模鉴定、定量、定位研究，也包括对蛋白质的功能、结构、修饰、调节和不同蛋白质之间的相互作用研究等；而对单个基因或mRNA 的研究则不属于蛋白质组学的研究范畴。目前，蛋白质组学的研究内容主要包括表达蛋白质组学（expression proteomics）和细胞图谱蛋白质组学（cell-mapping proteomics）。表达蛋白质组学研究模式的技术路线主要通过双向电泳（two-dimensional electrophoresis，2-DE）建立蛋白质组图谱，用图像扫描分析软件进行凝胶图像分析，对感兴趣的蛋白质点进行胰蛋白酶胶上原位消化。通过质谱（mass spectrometry，MS）对蛋白质进行鉴定，应用生物信息学方法进行蛋白质结构和功能的进一步分析。细胞图谱蛋白质组学主要是研究蛋白质与蛋白质的相互作用（protein-protein interaction），主要通过免疫沉淀（Immunoprecipitation）或蛋白质亲和纯化方法对与某种蛋白质发生相互作用的蛋白质加以鉴定，也可通过酵母双杂交系统（yeast two-hybrid system）或蛋白质芯片（protein chip）进行蛋白质相互作用的体内或体外检测。

6.1 蛋白质序列的基本信息分析

针对蛋白质的序列特征进行分析，可以帮助人们准确了解蛋白质的基本信息，如蛋白质的分子量、等电点、氨基酸组成、亲水性和疏水性等性质。

ExPASy（Expert Protein Analysis System）数据库提供了一系列用于分析蛋白质理化性质的工具，例如可以进行蛋白质氨基酸组成分析的 AACompIdent、可以进行蛋白质基本物理化学参数计算的 ProtParam、可以进行氨基酸亲/疏水性分析的 ProtScale；可以进行蛋白酶解肽片段分析的 PeptideMass、可以对裂解酶的断裂部位和蛋白质序列的化学组成进行预测的 PeptideCutter 等。ExPASy 数据库由瑞士生物信息学研究院（Swiss Institute of Bioinformatics，SIB）进行日常维护，并与欧洲生物信息学中心（EBI）及蛋白质信息资源（PIR）联合组成 UniProt 数据库，其网址为 http://www.expasy.org/tools/，操作主界面如图 6.1 所示。

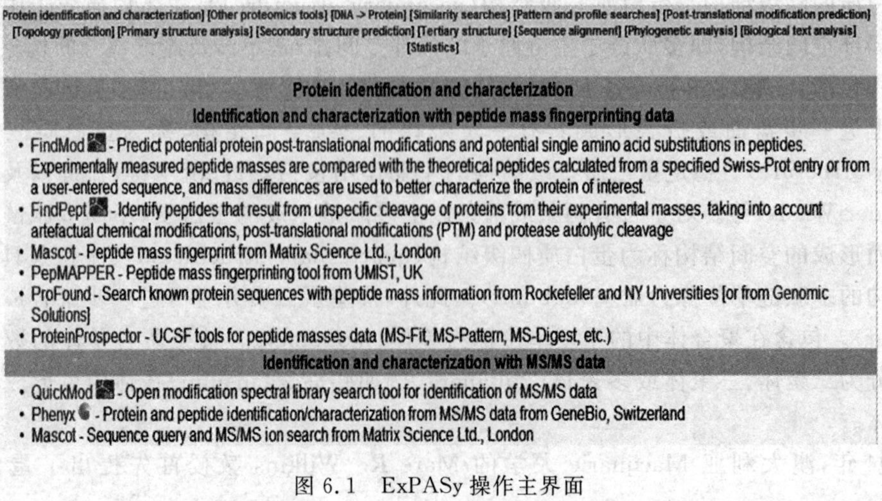

图 6.1 ExPASy 操作主界面

6.1.1　蛋白质的氨基酸组成分析

蛋白质的基本组成元素有碳（50％～55％）、氢（6％～7％）、氧（19％～24％）及氮（13％～19％），除此之外还有硫（0～4％）。有的蛋白质还含有磷和碘，少数蛋白质含有铁、铜、锌、锰、钴、钼等金属元素。由于各种蛋白质的含氮量很接近，平均为 16％，因此可以根据生物样品中的含氮量计算出样品中所含蛋白质的大致含量，即：每克样品中含氮克数 × 6.25 ＝ 每克样品中蛋白质含量。

蛋白质分子的基本组成单位是氨基酸，构成天然蛋白质的氨基酸共 20 种，它们的分子骨架基本相同，但侧链（R 基团）各异。构成蛋白质的各种氨基酸的化学结构式具有共同特点，即在羧基的 α 碳原子上有一个氨基，故称为 α-氨基酸。由于与 α 碳原子相连的四个原子或基团各不相同（当 R 为氢原子时除外），α 碳原子为不对称碳原子，因此各氨基酸都存在 L 和 D 两种构型（甘氨酸除外）。组成蛋白质的氨基酸均为 L-α-氨基酸，而生物界已发现的 D 型氨基酸大多存在于个别植物的生物碱或某些细菌产生的抗生素中。

根据 20 种氨基酸中侧链基团的极性不同，将氨基酸分为以下四类：非极性氨基酸、不带电荷的极性氨基酸、带正电荷氨基酸和带负电荷氨基酸，如表 6.1 所示。

非极性氨基酸的特征是其在水中溶解度小于极性氨基酸，主要包括脂肪族氨基酸（丙氨酸、缬氨酸、亮氨酸和异亮氨酸）、芳香族氨基酸（苯丙氨酸、色氨酸）、含硫氨基酸（甲硫氨酸）和亚氨基酸（脯氨酸）。

不带电荷的极性氨基酸比非极性氨基酸易溶于水，包括含羟基氨基酸（丝氨酸、苏氨酸和酪氨酸），含酰氨基的氨基酸（谷氨酰胺和天冬酰胺），含巯基氨基酸（半胱氨酸）和 R 基团只有一个氢原子的甘氨酸。

带正电荷氨基酸在生理条件下带正电荷，是一类碱性氨基酸，包括赖氨酸、精氨酸和组氨酸。

带负电荷氨基酸在生理条件下带负电荷，是一类酸性氨基酸，包括天冬氨酸和谷氨酸。

表 6.1　蛋白质中存在的 L-α-氨基酸的分类

分　类	中文名称	中文缩写	英文名称	英文缩写
非极性氨基酸	丙氨酸	丙	alanine	Ala（A）
	缬氨酸	缬	caline	Val（V）
	亮氨酸	亮	leucine	Leu（L）
	异亮氨酸	异亮	isoleucine	Ile（I）
	苯丙氨酸	苯丙	phenylalanine	Phe（F）
	色氨酸	色	tryptophane	Trp（W）
	甲硫氨酸	甲硫	methionine	Met（M）
	脯氨酸	脯	proline	Pro（P）
不带电荷的极性氨基酸	丝氨酸	丝	serine	Ser（S）
	苏氨酸	苏	threonine	Thr（T）
	酪氨酸	酪	tyrosine	Tyr（Y）
	谷氨酰胺	谷胺	glutamine	Gln（Q）

续表

分　类	中文名称	中文缩写	英文名称	英文缩写
不带电荷的极性氨基酸	天冬酰胺	天胺	asparagine	Asn（N）
	半胱氨酸	半胱	cysteine	Cys（C）
	甘氨酸	甘	glycine	Gly（G）
带正电荷氨基酸(碱性氨基酸)	精氨酸	精	arginine	Arg（R）
	赖氨酸	赖	lysine	Lys（K）
	组氨酸	组	histidine	His（H）
带负电荷的氨基酸(酸性氨基酸)	天冬氨酸	天冬	aspartic acid	Asp（D）
	谷氨酸	谷	glutamic acid	Glu（E）

（1）AACompIdent

AACompIdent 通过将未知蛋白质的氨基酸组成百分比与 Swiss-Prot/TrEMBL 数据库中的蛋白质理论氨基酸组成百分比进行匹配，从而对未知蛋白质进行鉴定识别。AACompIdent 工具的网址为 http://www.expasy.org/tools/aacomp/。分析时需提交的相关蛋白质信息包括：蛋白质的氨基酸组成、等电点（pI）和分子量（Mw）、物种分类及其他关键词。针对数据库中包含的每一个蛋白质序列，AACompIdent 会对其氨基酸组成与所查询的氨基酸组成的差异进行打分，通过差异分值的高低确定未知蛋白质的种类。AACompIdent 工具的操作主界面如图 6.2 所示。

AACompIdent tool

AACompIdent is a tool which allows the identification of a protein from its amino acid composition [references]. It searches the Swiss-Prot and / or TrEMBL databases for proteins, whose amino acid compositions are closest to the amino acid composition given.

Documentation is available.

You will have to enter the following data:

1. Amino acid composition of the protein to identify.
2. A name for this protein, so that you can recognize it later in the results.
3. The pI and Mw of that protein, if known, as well as error ranges that reflect the accuracy of these estimates.
4. The species or group of species for which you would like to perform the search (example: *HOMO SAPIENS* or *MAMMALIA*). This will produce the list of proteins from this species, as well as a list of proteins independently of species. You may also just specify *ALL* for all Swiss-Prot / TrEMBL entries; If in doubt about the search term to use, consult the Swiss-Prot list of species.
5. For scan in Swiss-Prot only: the keyword for which you would like to perform the search (example: *ZINC-FINGER*). This will produce the list of proteins matching this keyword. You may also just specify *ALL* for all Swiss-Prot entries; If in doubt about the exact keyword to use, consult the list of keywords used in Swiss-Prot.
6. Amino acid composition of a *known* protein, obtained in the same run as the amino acid composition of the unknown protein. This is for calibration; if you do not have a calibration protein, leave *NULL*.
7. The Swiss-Prot identifier (ID) of the calibration protein (example: *ALBU_HUMAN*).
8. Your e-mail address. The search results will be mailed back to you automatically (this should take about 15 minutes).

Few amino acid analysis techniques produce composition results for all amino acids. We currently have indexed Swiss-Prot and TrEMBL for the following constellations. Please choose one of them:

1. Constellation 0: **ALL amino acids**: Ala, Ile, Pro, Val, Arg, Leu, Ser, Thr, Gly, Met, His, Phe, Tyr, Lys, Asp, Asn, Gln, Glu, Cys and Trp.
2. Constellation 1: Ala, Ile, Pro, Val, Arg, Leu, Ser, Asx, Thr, Glx, Gly, Met, His, Phe and Tyr.
   (Asp+Asn=Asx; Gln+Glu=Glx; Lys, Cys and Trp are not considered).
3. Constellation 2: Ala, Ile, Pro, Val, Arg, Leu, Ser, Asx, Lys, Thr, Glx, Gly, Met, His, Phe and Tyr.
   (Asp+Asn=Asx; Gln+Glu=Glx; Cys and Trp are not considered).
4. Constellation 3: Ala, Ile, Pro, Val, Arg, Leu, Ser, Asx, Lys, Thr, Glx, Gly, Met, His and Phe.
   (Asp+Asn=Asx; Gln+Glu=Glx; Tyr, Cys and Trp are not considered).

图 6.2　AACompIdent 的操作主界面

（2）AACompIdent 的应用

从 ExPASy 网站的工具页面选取 AACompIdent 之后，首先需要选择用于匹配的相应氨基酸组群（Constellation）。对于运用标准方法测定的氨基酸组成，通常选用组群 2。该组群显示 16 个氨基酸（Asx、Glx、丝氨酸、组氨酸、甘氨酸、苏氨酸、丙氨酸、脯氨酸、酪氨酸、精氨酸、缬氨酸、蛋氨酸、异亮氨酸、亮氨酸、苯丙氨酸、赖氨酸），不考虑半胱氨酸和色氨酸，并且将天冬酰胺（Asn）和天冬氨酸（Asp）一起按照 Asx 计算，谷氨酸（Glu）和谷氨酰胺（Gln）一起按照 Glx 计算。AACompIdent 工具的输入界面如图 6.3。

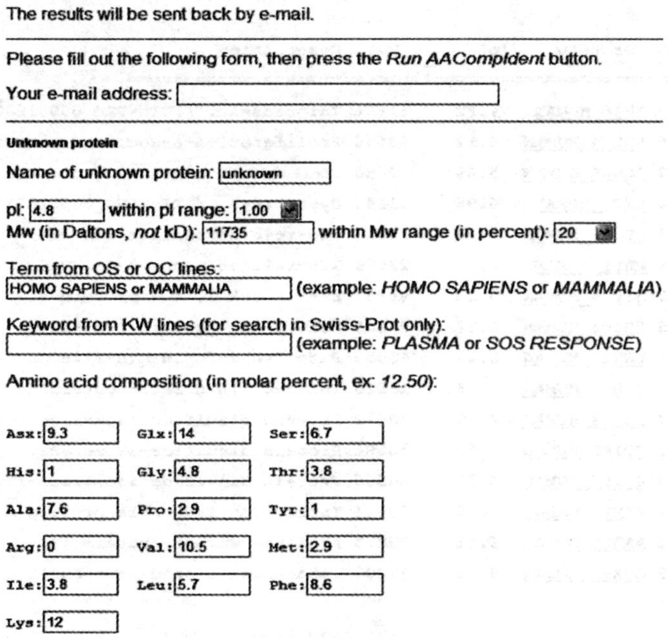

The results will be sent back by e-mail.

Please fill out the following form, then press the *Run AACompIdent* button.

Your e-mail address:

Unknown protein

Name of unknown protein: unknown

pI: 4.8　within pI range: 1.00

Mw (in Daltons, *not* kD): 11735　within Mw range (in percent): 20

Term from OS or OC lines:

HOMO SAPIENS or MAMMALIA　(example: *HOMO SAPIENS* or *MAMMALIA*)

Keyword from KW lines (for search in Swiss-Prot only):

　(example: *PLASMA* or *SOS RESPONSE*)

Amino acid composition (in molar percent, ex: *12.50*):

Asx: 9.3	Glx: 14	Ser: 6.7
His: 1	Gly: 4.8	Thr: 3.8
Ala: 7.6	Pro: 2.9	Tyr: 1
Arg: 0	Val: 10.5	Met: 2.9
Ile: 3.8	Leu: 5.7	Phe: 8.6
Lys: 12		

图 6.3　AACompIdent 的输入界面

在 E-mail 地址栏中填写接收结果的电子邮件地址，然后向下滚动至"Unknown Protein"区域，在此处注明一个用于搜索的名称，同时这也将作为电子邮件的主题。此外，还应该输入实验测定或估算（如蛋白质双向电泳凝胶中的位置）的未知蛋白质等电点和分子质量以及它们的准确性误差范围。然后输入一个或多个在 Swiss-Prot OS（种）或 OC（分类）中的匹配词以及在 Keyword from KW lines 方框中注明关键字，使搜索限定在一个或一系列生物种类内，其中 Swiss-Prot 种属缩写列表见 http://www.expasy.org/cgi-bin/speclist，Swiss-Prot 关键字列表见 http://www.expasy.org/cgi-bin/keywlist.pl。最后在氨基酸组成（Amino acid composition）方框中以摩尔百分比（molar percent）形式注明实验测定蛋白质的各个氨基酸组成。如果在氨基酸分析过程中有校准蛋白质（calibration protein）与未知蛋白质一起进行平行分析，则校准蛋白质组成可作为未知蛋白质分析过程中系统误差的补偿矫正。可在"Calibration Protein"区域中，注明校准蛋白质的 Swiss-Prot ID 名称（如，牛血清白蛋白 ALBU_BOVIN）并输入实验测定的校准蛋白质氨基酸组成以及摩尔百分比形式表示的数据。

当以上信息输入完毕后选择"Run AACompIdent"将数据上传至 ExPASy 服务器中，分析结果将以电子邮件的形式发送给用户。在 E-mail 返回的结果中共包括三张不同的蛋白质列表：第一张列表中包含的蛋白质都基于特定的物种分类而不考虑 pI 和分子量的限制；第二张列表包含了不考虑物种分类、pI 和分子量限制的全体蛋白质；第三张列表中的蛋白质不但基于特定物种分类，而且将 pI 和分子量限制也考虑在内。列表中的蛋白质按照分数由低（最优匹配）向高（最差匹配）排列，若计算所得结果为零分表明该序列与输入的未知蛋白质的组成完全相符。AACompIdent 输出结果的三张列表分别如图 6.4～图 6.6 所示。

```
Scan the UniProtKB/Swiss-Prot database (536029 entries)
-----------------

The closest Swiss-Prot entries (in terms of AA composition)
for the species HOMO SAPIENS:


Rank Score  Protein     (pI     Mw)  Description
======================================================================
  1     5  THIO_HUMAN    4.82   11606 Thioredoxin. /FTId=PRO_0000120005.
  2    46  PA2G4_HUMAN   6.12   43656 Proliferation-associated protein 2G4.
  3    52  COMD6_HUMAN   5.69    9638 COMM domain-containing protein 6.
  4    58  CYTB_HUMAN    6.96   11140 Cystatin-B. /FTId=PRO_0000207136.
  5    63  RB33A_HUMAN   8.07   26593 Ras-related protein Rab-33A.
  6    64  RALB_HUMAN    6.24   23079 Ras-related protein Ral-B.
  7    65  HSP74_HUMAN   5.10   94331 Heat shock 70 kDa protein 4.
  8    65  HS105_HUMAN   5.27   96865 Heat shock protein 105 kDa.
  9    66  ENPLL_HUMAN   5.14   45859 Putative endoplasmin-like protein.
 10    66  TXD17_HUMAN   5.38   13810 Thioredoxin domain-containing protein 17
 11    67  PDIA4_HUMAN   4.89   70672 Protein disulfide-isomerase A4.
 12    69  PDIA1_HUMAN   4.69   55294 Protein disulfide-isomerase.
 13    70  PDILT_HUMAN   6.51   64506 Protein disulfide-isomerase-like protein
 14    71  AIM2_HUMAN    9.79   38954 Interferon-inducible protein AIM2.
 15    71  AKA28_HUMAN   6.31   22815 A-kinase anchor protein 14.
 16    73  COX41_HUMAN   9.16   17200 Cytochrome c oxidase subunit 4 isoform 1
```

图 6.4　AACompIdent 第一张列表

（其中列举的蛋白质都来源于人类而不考虑蛋白质的等电点和分子量限制）

```
The closest Swiss-Prot entries (in terms of AA composition)
for any species:


Rank Score  Protein     (pI     Mw)  Description
======================================================================
  1     5  THIO_HUMAN    4.82   11606 Thioredoxin. /FTId=PRO_0000120005.
  2     6  THIO_PONAB    4.82   11753 Thioredoxin. /FTId=PRO_0000120009.
  3     9  THIO_BOVIN    4.98   11681 Thioredoxin. /FTId=PRO_0000120001.
  4     9  THIO_HORSE    5.15   11605 Thioredoxin. /FTId=PRO_0000120004.
  5    11  THIO_PIG      4.98   11697 Thioredoxin. /FTId=PRO_0000120008.
  6    11  THIO_SHEEP    4.98   11711 Thioredoxin. /FTId=PRO_0000120012.
  7    11  THIO_MACMU    4.71   11606 Thioredoxin. /FTId=PRO_0000120006.
  8    15  THIO_RABIT    4.97   11629 Thioredoxin. /FTId=PRO_0000120010.
  9    18  THIO_CALJA    4.69   11626 Thioredoxin. /FTId=PRO_0000120003.
 10    23  THIO_RAT      4.80   11542 Thioredoxin. /FTId=PRO_0000120011.
 11    24  THIO_MOUSE    4.80   11544 Thioredoxin. /FTId=PRO_0000120007.
 12    32  THIO_CHICK    5.10   11569 Thioredoxin. /FTId=PRO_0000120013.
 13    33  RIMP_BACP2    4.77   17636 Ribosome maturation factor RimP.
 14    38  CYTB_MACFU    6.40   11103 Cystatin-B. /FTId=PRO_0000207137.
 15    38  Y2331_ARCFU   4.30   10521 Uncharacterized protein AF_2331.
 16    39  PDI12_ARATH   4.84   53731 Protein disulfide isomerase-like 1-2.
 17    39  CYTB_BOVIN    6.28   11140 Cystatin-B. /FTId=PRO_0000207134.
 18    41  PDI11_ARATH   4.75   53116 Protein disulfide isomerase-like 1-1.
```

图 6.5　AACompIdent 输出结果的第二张列表

（其中包含了不考虑物种分类、等电点和分子量限制的全体蛋白质）

```
The closest Swiss-Prot entries (in terms of AA composition)
and having pI and Mw values in the specified range
for the species HOMO SAPIENS:


Rank Score  Protein      (pI      Mw)  Description
================================================================
   1      5  THIO_HUMAN   4.82    11606  Thioredoxin. /FTId=PRO_0000120005.
   2     83  S100P_HUMAN  4.75    10400  Protein S100-P. /FTId=PRO_0000144032.
   3     98  OTOR_HUMAN   4.69    12550  Otoraplin. /FTId=PRO_0000019033.
   4    103  S10A2_HUMAN  4.68    11117  Protein S100-A2. /FTId=PRO_0000143971.
   5    108  FNDC5_HUMAN  4.99    12587  Irisin. /FTId=PRO_0000415857.
   6    117  THIOM_HUMAN  4.88    11868  Thioredoxin, mitochondrial.
   7    119  DYLT1_HUMAN  5.00    12452  Dynein light chain Tctex-type 1.
   8    126  SAM13_HUMAN  4.98    13570  Sterile alpha motif domain-containing
   9    129  ELOC_HUMAN   4.74    12473  Transcription elongation factor B
  10    146  PRVA_HUMAN   4.98    11928  Parvalbumin alpha. /FTId=PRO_0000073588.
  11    146  CTRB1_HUMAN  4.80    14049  Chymotrypsin B chain B.
  12    146  CTRB2_HUMAN  4.80    14049  Chymotrypsin B2 chain B.
  13    150  ELOB_HUMAN   4.73    13133  Transcription elongation factor B
  14    153  TIM8A_HUMAN  5.04    10998  Mitochondrial import inner membrane
  15    155  RFA3_HUMAN   4.93    13569  Replication protein A 14 kDa subunit.
  16    162  S10A3_HUMAN  4.71    11713  Protein S100-A3. /FTId=PRO_0000143972.
  17    174  C2AIL_HUMAN  4.87    13196  CDKN2AIP N-terminal-like protein.
  18    176  RPA12_HUMAN  4.90    13904  DNA-directed RNA polymerase I subunit
  19    190  DMP34_HUMAN  4.82    11596  Putative GED domain-containing protein
```

图 6.6　AACompIdent 输出结果的第三张列表

（其中的蛋白质均来源于人类，并且将等电点和分子量也考虑在内）

6.1.2　蛋白质的理化性质分析

理化性质分析是蛋白质序列分析中的基本内容，蛋白质的基本理化性质包括氨基酸组成、等电点、分子量、消光系数、亲/疏水性等。

下面主要介绍一种常用的蛋白质理化性质分析工具 ProParam。

（1）ProtParam 的基本介绍

ProtParam 工具是 Expasy 数据库中的一种分析工具，其网址为 http://www.expasy.org/tools/protparam.html。该工具适用于从蛋白质序列计算蛋白质的氨基酸组成、等电点、分子量、消光系数等理化参数。其输入形式为蛋白质的 Swiss-Prot/TrEMBL 录入号或ID，也可以是蛋白质的氨基酸序列。

（2）运用 ProtParam 可以计算的理化性质

运用 ProtParam 可以计算蛋白质的理化性质包括分子量、理论等电点、氨基酸组成、原子组成、消光系数、体内半衰期、不稳定指数、脂肪指数和总平均亲水性。

消光系数（extinction coefficient）表示蛋白质对某种波长光的吸收能力。ProtParam 可以在不考虑蛋白质二级和三级结构的情况下，根据氨基酸组成来估算消光系数，而准确的消光系数需要通过实验测得。

体内半衰期（*in vivo* half-life）是蛋白质在细胞内合成后，含量消失一半所需的时间，用来衡量蛋白质的稳定性。ProtParam 可预测蛋白质在三种生物（人类、酵母、大肠杆菌）中的体内半衰期，该预测值也可作为预测蛋白质在其他生物体内半衰期的参考。

　　不稳定指数(Instability index)可以作为蛋白质在体外测试中稳定性的参考值。若蛋白质的不稳定指数预测值在 40 以下,提示该蛋白的稳定性较好;若不稳定指数预测值大于40,则提示该蛋白质可能不稳定。

　　蛋白质脂肪指数(Aliphatic index)为蛋白质中脂肪族侧链氨基酸(丙氨酸、缬氨酸、亮氨酸和异亮氨酸)含量的相对值,它可能被视为球状蛋白质热稳定性增加的一个有利因素。蛋白质脂肪指数的计算方法如下

$$脂肪指数 = X(Ala) + a \times X(Val) + b \times [X(Ile) + X(Leu)]$$

其中 X(Ala),X(Val),X(Ile)和 X(Leu)代表丙氨酸、缬氨酸、异亮氨酸和亮氨酸的摩尔数(100×摩尔比例)。公式中的 a 和 b 为缬氨酸侧链和亮氨酸/异亮氨酸侧链对于丙氨酸侧链的相对系数,分别为 a=2.9,b=3.9。

　　蛋白质的总平均亲水性(grand average of hydropathicity,GRAVY)值是预测蛋白质中所有氨基酸的亲水性值总和除以氨基酸残基数量计算得到的。

　　(3) ProtParam 应用实例

　　在 ProtParam 主界面中输入 Thioredoxin [Homo sapiens]的蛋白质序列,其序列如图 6.7 所示,或输入其在 Swiss-Prot/TrTMBL 中的记录号 P10599。ProtParam 的操作主界面如图 6.8 所示,单击 Compute Parameters 即可得到 ProtParam 的蛋白质理化性质分析结果,如图 6.9 所示。

Display Settings: ☑ FASTA

Thioredoxin [Homo sapiens]

GenBank: AAH03377.1

GenPept　Graphics

>gi|13097231|gb|AAH03377.1| Thioredoxin [Homo sapiens]
MVKQIESKTAFQEALDAAGDKLVVVDFSATWCGPCKMIKPFFHSLSEKYSNVIFLEVDVDDCQDVASECE
VKCMPTFQFFKKGQKVGEFSGANKEKLEATINELV

图 6.7　人硫氧还蛋白氨基酸序列的 FASTA 格式

(Swiss-Prot/TrTMBL 中的记录号：P10599)

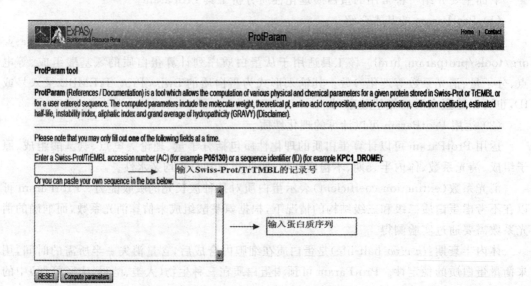

图 6.8　ProtParam 的操作主界面

```
Number of amino acids: 105    →氨基酸残基数
Molecular weight: 11737.5    →分子质量
Theoretical pI: 4.82    →理论等电点
Amino acid composition:   →氨基酸组成
Ala (A)   8    7.6%
Arg (R)   0    0.0%
Asn (N)   3    2.9%
Asp (D)   7    6.7%
Cys (C)   5    4.8%
… …
Tyr (Y)   1    1.0%
Val (V)   11   10.5%
Pyl (O)   0    0.0%
Sec (U)   0    0.0%
Total number of negatively charged residues (Asp + Glu): 17   →负电荷残基总数
Total number of positively charged residues (Arg + Lys): 12   →正电荷残基总数
Atomic composition:   →原子组成
Carbon      C      525
Hydrogen    H      816
Nitrogen    N      128
Oxygen      O      160
Sulfur      S      8
Formula: $C_{525}H_{816}N_{128}O_{160}S_8$   →分子式
Total number of atoms: 1637   →原子总数
Extinction coefficients:   →消光系数
Extinction coefficients are in units of  $M^{-1} cm^{-1}$, at 280 nm measured in water.
Ext. coefficient    7240
Abs 0.1% (=1 g/l)    0.617, assuming all pairs of Cys residues form cystines
Ext. coefficient    6990
Abs 0.1% (=1 g/l)    0.596, assuming all Cys residues are reduced
Estimated half-life:   →估计半衰期
The N-terminal of the sequence considered is M (Met).
The estimated half-life is: 30 hours (mammalian reticulocytes, in vitro).
                          >20 hours (yeast, in vivo).
                          >10 hours (Escherichia coli, in vivo).
Instability index:   →不稳定系数
The instability index (II) is computed to be 26.88
This classifies the protein as stable.
Aliphatic index: 75.14   →脂肪系数
Grand average of hydropathicity (GRAVY): -0.096   →总平均亲水性
```

图 6.9　ProtParam 对蛋白质理化性质的分析结果

6.1.3　蛋白质的亲疏水性分析

组成蛋白质的 20 种氨基酸具有亲水性(hydrophilicity)或疏水性(hydrophobicity)的特征。疏水性氨基酸(hydrophobic amino acid)具有相互聚合且隐藏于蛋白质分子内部的自然趋势,这种结合力称为疏水键,它是维持蛋白质三级结构的最主要的稳定力量。由于氨基酸的亲/疏水性是构成蛋白质折叠的主要驱动力之一,因此蛋白质亲水性分布图(hydropathy profile)可反映蛋白质的折叠情况。蛋白质折叠时会形成内部疏水和外部亲水的特点,并在跨膜区形成高疏水值区域,据此可以测定蛋白质的跨膜螺旋等二级结构的位置。

ProtScale 程序是 ExPASy 数据库中的分析工具之一,可用来进行蛋白质亲疏水性分析,其网址为 http://www.expasy.org/tools/protscale.html,操作主界面如图 6.10 所示。对于选定的蛋白质 ProtScale 可以在 50 个预定义的氨基酸下计算和描绘蛋白质亲疏水性。

以疏水性标度为例,得到的蛋白质亲/疏水性图中的横坐标为序列位置,纵坐标为氨基酸的标度值。通常 ProtScale 默认的标度值为 Hphob. Kyte & Doolittle 标度,当氨基酸的打分值大于 0 表示疏水性,而小于 0 表示亲水性。同时 ExPASy 还提供了 20 种氨基酸的标度值和文献参考。在计算蛋白质亲疏水性时,氨基酸序列将在一个给定大小的滑动窗口内被扫描,其中窗口中点氨基酸的值是窗口内所有氨基酸的平均标度值,窗口大小(window size)决定了每次计算所包含的氨基酸数量。以 P10599 蛋白质序列为例,ProtScale 对其亲疏水性的分析结果分别如图 6.11～图 6.13 所示。

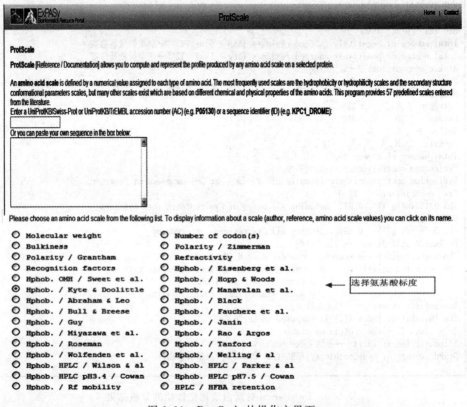

图 6.10　ProtScale 的操作主界面

SEQUENCE LENGTH: 105

Using the scale **Hphob. / Kyte & Doolittle**, the individual values for the 20 amino acids are:

```
Ala:  1.800  Arg: -4.500  Asn: -3.500  Asp: -3.500  Cys:  2.500  Gln: -3.500
Glu: -3.500  Gly: -0.400  His: -3.200  Ile:  4.500  Leu:  3.800  Lys: -3.900
Met:  1.900  Phe:  2.800  Pro: -1.600  Ser: -0.800  Thr: -0.700  Trp: -0.900
Tyr: -1.300  Val:  4.200  : -3.500   : -3.500   : -0.490
```

Weights for window positions 1,..,9, using **linear weight variation model**:

```
  1     2     3     4     5     6     7     8     9
1.00  1.00  1.00  1.00  1.00  1.00  1.00  1.00  1.00
edge              center              edge
```

图 6.11　ProtScale 的对 P10599 蛋白质序列预测输出结果

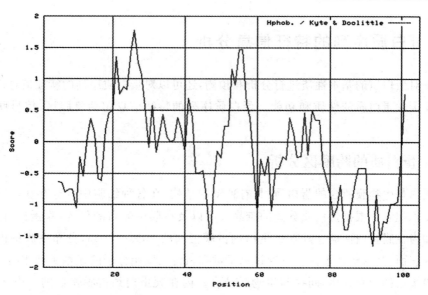

The results of your ProtScale query are available in the following formats:

- Image in GIF-format
- Image in Postscript-format
- Numerical format (verbose)
- Numerical format (minimal, to be exported into an external application)

→ 不同格式输出结果

图 6.12 ProtScale 预测 P10599 蛋白质序列的亲疏水性分布图

```
MIN: -1.656, MAX: 1.778
Sequence: P10599 (THIO_HUMAN) from 1 to 105.
Scale: Hydropathicity.

Window size: 9
Scale not normalized.
Relative weight for window edges: 100 %
Weight variation model: linear


Position:      5      Score: -0.633
Position:      6      Score: -0.644
Position:      7      Score: -0.800
Position:      8      Score: -0.756
Position:      9      Score: -0.756
Position:     10      Score: -1.056
Position:     11      Score: -0.244
Position:     12      Score: -0.544
Position:     13      Score:  0.089
Position:     14      Score:  0.367
Position:     15      Score:  0.122
Position:     16      Score: -0.578
Position:     17      Score: -0.622
Position:     18      Score:  0.189
Position:     19      Score:  0.456
Position:     20      Score:  0.500
Position:     21      Score:  1.356
Position:     22      Score:  0.767
Position:     23      Score:  0.878
Position:     24      Score:  0.833
Position:     25      Score:  1.422
Position:     26      Score:  1.778  (max)
Position:     27      Score:  1.256
Position:     28      Score:  1.067
Position:     29      Score:  0.556
Position:     30      Score: -0.089
Position:     31      Score:  0.578
Position:     32      Score: -0.167
Position:     33      Score:  0.133
Position:     34      Score:  0.433
Position:     35      Score:  0.078
Position:     36      Score:  0.000
Position:     37      Score:  0.033
Position:     38      Score:  0.389
```

图 6.13 ProtScale 预测 P10599 蛋白质序列以文本格式显示的结果

6.2 蛋白质序列的特征信息分析

除了对蛋白质的基本性质进行分析和预测，还可以对蛋白质序列的特征信息进行分析，以更全面了解蛋白质的性质和功能。蛋白质序列的特征信息包括跨膜区、信号肽、卷曲螺旋等。

6.2.1 蛋白质的跨膜区分析

膜蛋白是生物膜所含的蛋白质，具有独特的结构，在各种细胞中普遍存在，是生物膜功能的主要承担者。根据蛋白质分离的难易程度以及在膜中分布的位置，膜蛋白可分为外在膜蛋白和内在膜蛋白两类。外在膜蛋白约占膜蛋白的 $20\% \sim 30\%$，分布在膜的内外表面，主要在内表面，为水溶性蛋白。它通过离子键和氢键与膜脂分子的极性头部相结合，或通过与内在膜蛋白的相互作用，间接与生物膜结合。内在膜蛋白约占膜蛋白的 $70\% \sim 80\%$，是双亲性分子，可以不同程度地嵌入脂质双分子层中。有的膜蛋白贯穿整个脂质双分子层，两端暴露于膜的内外表面，这种类型的膜蛋白又被称为跨膜蛋白（transmembrane protein）。内在膜蛋白的膜外部分含有较多的极性氨基酸，属亲水性区域，与磷脂分子的亲水头部邻近；嵌入到脂质双分子层内部的膜蛋白由一些非极性的氨基酸组成，与脂质双分子层的疏水尾部相结合。由于实验技术的限制，目前仅有少数膜蛋白的结构通过实验可被测得，因此从理论上预测这类蛋白质的结构具有非常重要的意义。

TMpred（http://www.ch.embnet.org/software/TMPRED_form.html）可用于对蛋白质跨膜区的预测、定位，该方法基于统计学结果，通过权重矩阵打分进行预测分析，其操作界面如图 6.14 所示。

下面介绍 TMpred 应用实例。

以多巴胺 D3 受体（dopamine D3 receptor，UniProtKB/Swiss-Prot AC：P35462）的蛋白质序列跨膜区分析为例，介绍 TMpred 软件的使用。将 P35462 蛋白序列粘贴在 TMpred 主操作界面的查询序列框中，选择跨膜螺旋疏水区的最小长度值 17 和最大长度值 33（软件默认值），输出格式（Output format）选择"html"，输入序列格式（Input sequence format）选择"Plain Text"（纯文本格式），然后单击"Run TMpred"，即可得到 TMpred 软件对 P35462 序列的分析结果。

图 6.15 是用 TMpred 分析 P35462 序列所得到的可能跨膜螺旋（tuansmembrane helice）区，预测由膜内到膜外（inside->outside）的跨膜螺旋有 7 个，分别为：80-103，116-141，151-176，200-222，238-257，380-401，417-435；由膜外到膜内（outside->inside）跨膜螺旋有 7 个，分别为：80-104，117-141，158-176，200-222，238-265，380-401，417-436。

另外图 6.16 中还给出了每个跨膜螺旋的得分及中心位点，它们的得分都大于 500，因为只有得分大于 500 的跨膜螺旋被认为具有生物学意义。图 6.16 是用 TMpred 分析 P35462 序列所得到的可能的跨膜螺旋区的相关性列表，结果给出了 7 个跨膜螺旋在某个方向（由膜内向膜外还是由膜外向膜内）的偏好性，符号"＋"表示跨膜螺旋在此方向上有偏好性，符号"＋＋"表示跨膜螺旋在此方向有很强的偏好性。

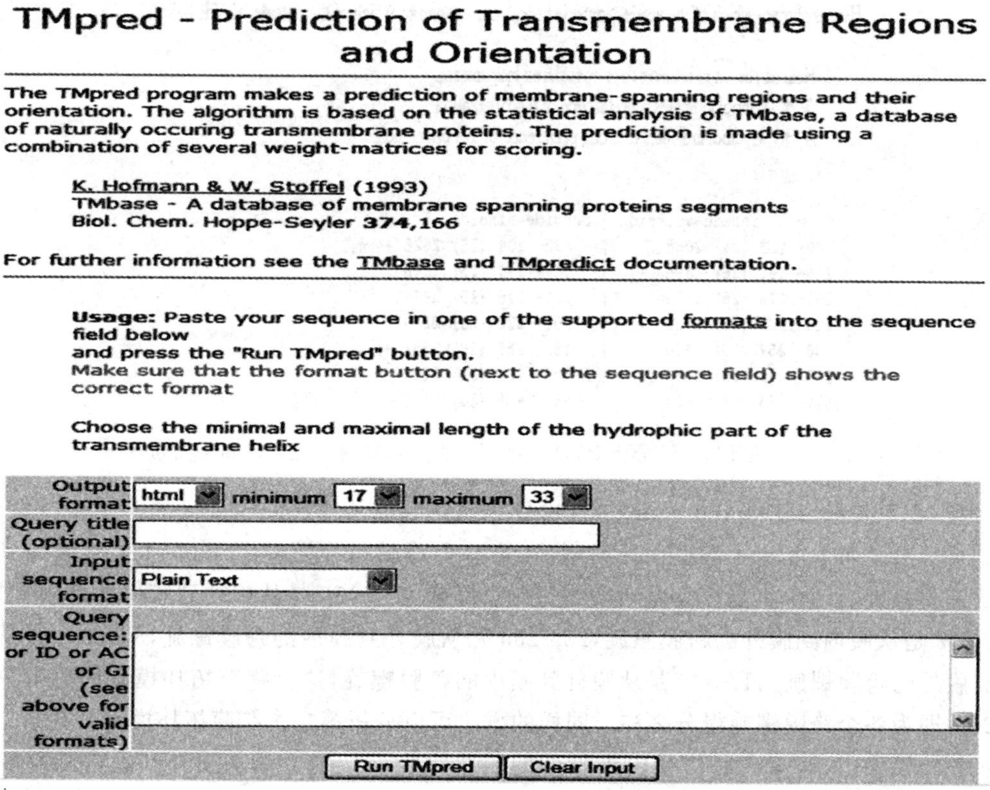

TMpred - Prediction of Transmembrane Regions and Orientation

The TMpred program makes a prediction of membrane-spanning regions and their orientation. The algorithm is based on the statistical analysis of TMbase, a database of naturally occuring transmembrane proteins. The prediction is made using a combination of several weight-matrices for scoring.

K. Hofmann & W. Stoffel (1993)
TMbase - A database of membrane spanning proteins segments
Biol. Chem. Hoppe-Seyler 374,166

For further information see the TMbase and TMpredict documentation.

Usage: Paste your sequence in one of the supported formats into the sequence field below
and press the "Run TMpred" button.
Make sure that the format button (next to the sequence field) shows the correct format

Choose the minimal and maximal length of the hydrophic part of the transmembrane helix

Output format	html	minimum	17	maximum	33
Query title (optional)					
Input sequence format	Plain Text				
Query sequence: or ID or AC or GI (see above for valid formats)					

Run TMpred   Clear Input

图 6.14　TMpred 软件的主操作界面

The sequence positions in brackets denominate the core region.
Only scores above 500 are considered significant.

Inside to outside helices :　　7 found

from		to		score	center
80	(86)	103	(103)	2058	94
116	(116)	141	(135)	1896	126
151	(155)	176	(173)	1475	165
200	(203)	222	(220)	3210	211
238	(240)	257	(257)	1420	248
380	(380)	401	(401)	2735	391
417	(417)	435	(435)	688	426

Outside to inside helices :　　7 found

from		to		score	center
80	(83)	104	(101)	2428	91
117	(117)	141	(137)	1745	128
158	(158)	176	(174)	1444	166
200	(204)	222	(220)	2234	212
238	(238)	265	(256)	2381	248
380	(383)	401	(399)	2328	391
417	(417)	436	(434)	1161	426

图 6.15　用 TMpred 分析 P35462 序列所得的可能 7 个跨膜螺旋区

Here is shown, which of the inside->outside helices correspond to which of the outside->inside helices.

Helices shown in brackets are considered insignificant.
A "+"-symbol indicates a preference of this orientation.
A "++"-symbol indicates a strong preference of this orientation.

```
        inside->outside |  outside->inside
 80- 103 (24) 2058      |    80- 104 (25) 2428 ++
116- 141 (26) 1896 +    |   117- 141 (25) 1745
151- 176 (26) 1475      |   158- 176 (19) 1444
200- 222 (23) 3210 ++   |   200- 222 (23) 2234
238- 257 (20) 1420      |   238- 265 (28) 2381 ++
380- 401 (22) 2735 ++   |   380- 401 (22) 2328
417- 435 (19)  688      |   417- 436 (20) 1161 ++
```

图 6.16　用 TMpred 分析 P35462 序列所得的可能跨膜螺旋区相关性列表

　　图 6.17 表示用 TMpred 分析 P35462 序列所得到的可能跨膜螺旋区的跨膜拓扑模型，该结果给出了两个可能的跨膜拓扑模型，在第一个跨膜拓扑模型中，80-104 是从膜外到膜内的跨膜螺旋，116-141 是从膜内到膜外的跨膜螺旋，158-176 是从膜外到膜内的跨膜螺旋，200-222 是从膜内到膜外的跨膜螺旋，238-265 是从膜外到膜内的跨膜螺旋，380-401 是从膜内到膜外的跨膜螺旋，417-436 是从膜外到膜内的跨膜螺旋，这个跨膜拓扑模型的总得分为 15255，即为各个跨膜螺旋得分之和。同样的方法可以分析第二个跨膜拓扑模型。在第二个跨膜拓扑模型中，80-103 是从膜内到膜外的跨膜螺旋，117-141 是从膜外到膜内的跨膜螺旋，151-176 是从膜内到膜外的跨膜螺旋，200-222 是从膜外到膜内的跨膜螺旋，238-257 是从膜内到膜外的跨膜螺旋，380-401 是从膜外到膜内的跨膜螺旋，417-435 是从膜内到膜外的跨膜螺旋，其总得分为 11948。图 6.18 表示用 TMpred 分析 P35462 序列所得到的可能跨膜螺旋区的图形显示结果。

These suggestions are purely speculative and should be used with extreme caution since they are based on the assumption that all transmembrane helices have been found. In most cases, the Correspondence Table shown above or the prediction plot that is also created should be used for the topology assignment of unknown proteins.

```
2 possible models considered, only significant TM-segments used

-----> STRONGLY prefered model: N-terminus outside
7 strong transmembrane helices, total score : 15255
# from   to length score orientation
1   80  104 (25)   2428 o-i
2  116  141 (26)   1896 i-o
3  158  176 (19)   1444 o-i
4  200  222 (23)   3210 i-o
5  238  265 (28)   2381 o-i
6  380  401 (22)   2735 i-o
7  417  436 (20)   1161 o-i

------> alternative model
7 strong transmembrane helices, total score : 11948
# from   to length score orientation
1   80  103 (24)   2058 i-o
2  117  141 (25)   1745 o-i
3  151  176 (26)   1475 i-o
4  200  222 (23)   2234 o-i
5  238  257 (20)   1420 i-o
6  380  401 (22)   2328 o-i
7  417  435 (19)    688 i-o
```

图 6.17　用 TMpred 分析 P35462 序列所得的跨膜拓扑模型

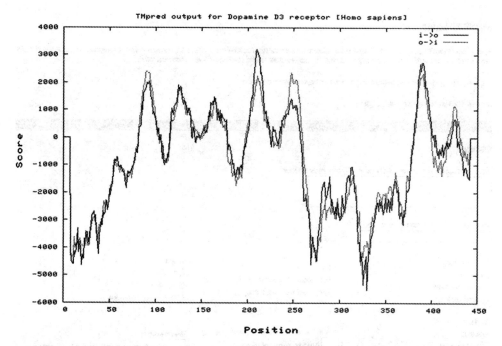

图 6.18　用 TMpred 分析 P35462 序列所得到的 7 个可能跨膜螺旋区的图形显示结果

6.2.2　蛋白质的信号肽分析

　　信号肽(signal peptide)是指新合成多肽链中用于指导蛋白质跨膜转移的末端(通常为 N 末端)氨基酸序列。信号肽中包含至少一个带正电荷的氨基酸和一个高度疏水区以通过细胞膜。科学家 Günter Blobel 因对蛋白质分子中信号肽的研究贡献,获得了 1999 年度诺贝尔生理学或医学奖。信号肽假说认为,分泌蛋白的 mRNA 在翻译时首先合成的是 N 末端带有疏水氨基酸残基的信号肽,它被内质网膜上的受体识别并与之相结合。信号肽经由内质网膜中蛋白质形成的孔道到达内质网内腔,随机被位于内质网腔表面的信号肽酶水解,在信号肽的引导下,新生的多肽可通过内质网膜进入腔内,最终被分泌到细胞外。

　　信号肽的存在,决定了含有这类肽段的新生肽链能否被分泌到细胞外,而在已分泌到细胞外的成熟蛋白质中,将不再含有信号肽。因此信号肽是新生肽链分泌到细胞外的信号,也是一些蛋白质在细胞内定位的信号。由于成熟蛋白质中不含有信号肽,因此只能从细胞内分离不成熟的肽链,进行 N 末端氨基酸测序,以了解信号肽的结构特征。目前的研究发现信号肽序列中含有的疏水性氨基酸较多是其明显的特征之一。

　　SignalP(http://genome. cbs. dtu. dk/services/SignalP/)是丹麦技术大学的生物序列分析中心(Center for Biological Sequence Analysis,CBS)所开发的信号肽在线预测工具。该软件的 SingalP 4.0 版本是运用人工神经网络方法,预测多种生物体(包括革兰氏阳性原核生物、革兰氏阴性原核生物及真核生物)的氨基酸序列信号肽剪切位点的有无及出现位置。图 6.19 是 SignalP4.0 的在线操作页面。图 6.20 是 SignalP 分析人载脂蛋白(Apolipoprotein A5,UniProtKB AC:Q6Q788)序列信号肽的结果。其中在 UniProtKB/Swiss-Prot 数据库中还可以查找到经实验验证的该蛋白质的信号肽位点信息。

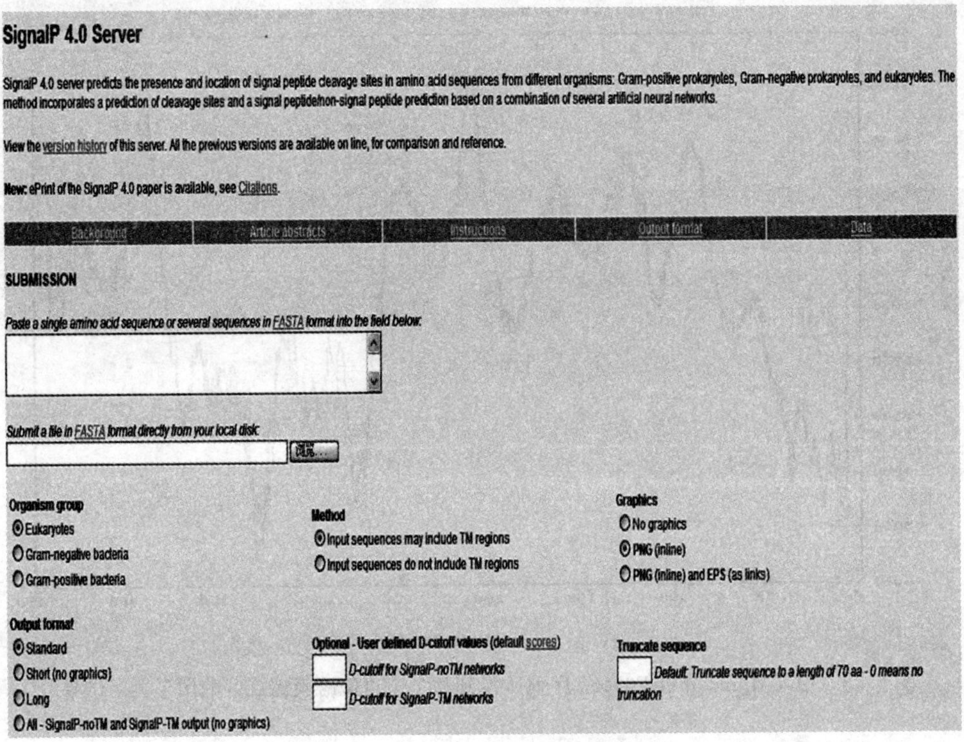

图 6.19　SignalP 的在线操作界面

1. SignalP 4.0 的主要参数

（1）序列输入。有两种方法可以提交待预测蛋白质的序列，一种方法是直接将一条或多条蛋白质序列粘贴到指定方框中，另外一种方法是通过单击"Browse（浏览）"按钮上传保存在本地磁盘中 FASTA 格式的蛋白质序列文件。但运用两种方法每次提交的数据最多不能超过 2000 条蛋白质序列，氨基酸总数不能超过 200000 个，每条序列中氨基酸总数不超过 6000 个。

（2）物种来源（organism group）。目前可以对以下三种物种来源的蛋白质信号肽进行分析，即 Eukaryotes（真核细胞生物），Gram-negative bacteria（革兰氏阴性细菌），Gram-positive bacteria（革兰氏阳性细菌）。

（3）软件所采用的方法（method）。可选择 Input sequences may include TM regions（输入序列中可以包含跨膜区）或 Input sequences do not include TM regions（输入序列中不包含跨膜区）两种模式。

（4）软件分析结果是否要图形显示（graphics output）。在以下三种选择中任选其一：No graphics（不要图形显示），PNG（inline）（以 PNG 格式的图形显示），PNG（inline）and EPS（as links）（以 PNG 和 EPS 格式的图形显示）。

（5）输出文件格式（output format）。以下四种选择任选其一：standard（标准输出），short（no graphics）（输出结果中没有图形显示），long（对每个位点的分析数据都罗列出来），All - SignalP-noTM and SignalP-TM output（no graphics）（所有-SignalP-无跨膜区和 SignalP-跨膜区输出，无图形显示）。

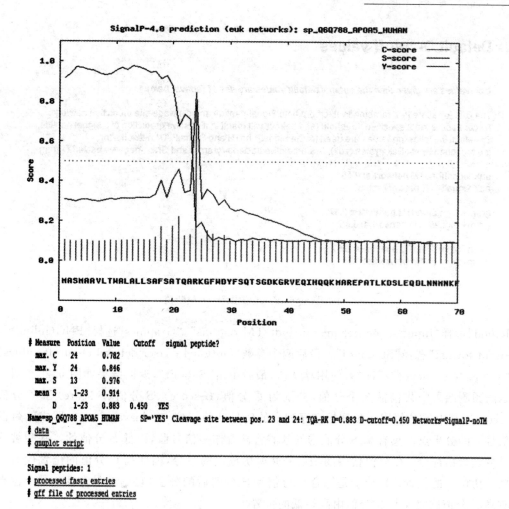

图 6.20 用 SignalP 分析 Q6Q788 序列信号肽的结果

（6）D-截断值（D-cutoff values）。该选项为自由选择项。如果不输入该值，则将应用最优默认值。D-截断分值（D-cutoff score）是从信号肽和剪切位点预测网络得到的组合值。如果分值大于特定阈值，则被预测为一个信号肽。不同生物体类型的默认 D-截断值如图 6.21 所示。

（7）截短序列（truncate sequence）。该参数决定输出结果中显示序列的长度，软件默认值为 70，其中 0 表示没有截短。通常在显示结果时，该参数的选择要适中，参数选择过大，输出结果将不能清楚显示分析结果的重要部分；参数选择过小，则有可能无法明确分析序列信号肽的位置。

（8）提交（submit）。在指定框中粘贴待预测序列并选择好各个参数值后，单击"Submit"提交。SignalP 4.0 软件的输出结果见图 6.20。

2. SingnalP 4.0 应用实例

以人载脂蛋白 A5（Apolipoprotein A5，UniProtKB AC：Q6Q788）为例，介绍 SingnalP 4.0 的应用。从 UniProtKB/Swiss-Prot 数据库中下载 Q6Q788 蛋白质序列并粘贴到指定方框中，本例各个参数的选择如下："Organism group"选择为"Eukaryotes"，

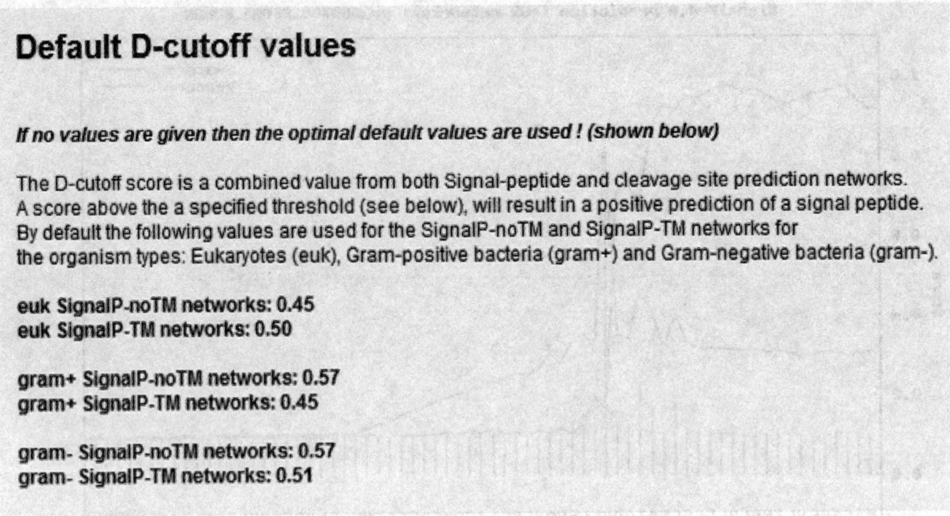

Default D-cutoff values

If no values are given then the optimal default values are used ! (shown below)

The D-cutoff score is a combined value from both Signal-peptide and cleavage site prediction networks.
A score above the a specified threshold (see below), will result in a positive prediction of a signal peptide.
By default the following values are used for the SignalP-noTM and SignalP-TM networks for
the organism types: Eukaryotes (euk), Gram-positive bacteria (gram+) and Gram-negative bacteria (gram-).

euk SignalP-noTM networks: 0.45
euk SignalP-TM networks: 0.50

gram+ SignalP-noTM networks: 0.57
gram+ SignalP-TM networks: 0.45

gram- SignalP-noTM networks: 0.57
gram- SignalP-TM networks: 0.51

图 6.21　SignalP 4.0 的默认 D-截断值

"Method"选择"Input sequences may include TM regions"，"Graphics"选择"PNG(inline)"，"Output format"选择"Standard"。最后两个参数"Optional - User defined D-cutoff values"和"Truncate sequence"不选择，使用默认值，最后单击"Submit"，返回结果如图 6.20。图中显示的预测结果中共包括 3 个分值，分别为 C 分值（C-score）、S 分值（S-score）和 Y 分值（Y-score），其中 S 分值用于预测提交序列中的信号肽剪切位点（cleavage site），即成熟蛋白和信号肽的分界点。具有高 S 分值的氨基酸将被看作是信号肽，而低 S 分值的氨基酸被认为是成熟蛋白部分。C 分值代表的是信号肽剪切位点的得分，因此高 C 分值的位置代表信号肽剪切位点的位置。Y 分值是综合 C 分值和 S 分值后的分值，它可以明确显示哪个位点具有高 C 分值同时又是 S 分值由高转低的位置。

在图 6.20 的结果中最大 S 值 0.976 位于第 13 个氨基酸，最大 C 值 0.782 出现位于第 24 个氨基酸，最大 Y 值 0.846 出现在第 24 个氨基酸。此外结果中还包括两个指标 mean S 和 D。mean S 是从 N 端氨基酸开始到最大 Y 值氨基酸之间所有氨基酸 S 值的平均值，即 1-24 氨基酸 S 值的平均值为 0.914。mean S 主要是区分分泌蛋白和非分泌蛋白的指标。D 分值是 mean S 值和最大 Y 值的平均值，该值是区分预测序列是否是信号肽的重要指标。本例中预测 Q6Q788 蛋白质序列的 D 值为 0.883，表明该蛋白质属于信号肽。结果的最后一行还给出了 Q6Q788 蛋白质序列的剪切位点在第 23 和第 24 氨基酸之间，即 TQA-RK。

6.2.3　蛋白质的卷曲螺旋分析

卷曲螺旋（coiled-coil）是一种蛋白质的超二级结构形式，是由 2～7 个 α 螺旋相互缠绕而形成超螺旋结构的总称。卷曲螺旋区域一般由包含 7 个氨基酸残基的单位组成，分别以 a、b、c、d、e、f、g 表示各个氨基酸的位置，其中 a 和 d 位置的氨基酸应该为疏水性氨基酸，而其他位置的氨基酸残基则为亲水性。许多含有卷曲螺旋的蛋白质具有重要的生物学功能，如调控基因表达的转录因子。含有卷曲螺旋结构最典型的蛋白质包括原癌蛋白（oncoprotein）c-fos 和 jun 以及原肌球蛋白（tropomyosin）。

COILS(http://www.ch.embnet.org/software/COILS_form.html)是由瑞士生物信息学研究院(Swiss Institute of Bioinformatics,SIB)维护,用于预测卷曲螺旋的在线工具。预测时将查询序列在一个包含已知卷曲螺旋的蛋白结构数据库中进行搜索,同时也将查询序列与包含球状蛋白序列的 PDB 数据库进行比较,根据两个数据库搜索得分决定查询序列形成卷曲螺旋的概率。此外,COILS 还提供了免费下载连接,用户可以在本地磁盘中进行预测分析。图 6.22 是 COILS 网站的在线操作页面。

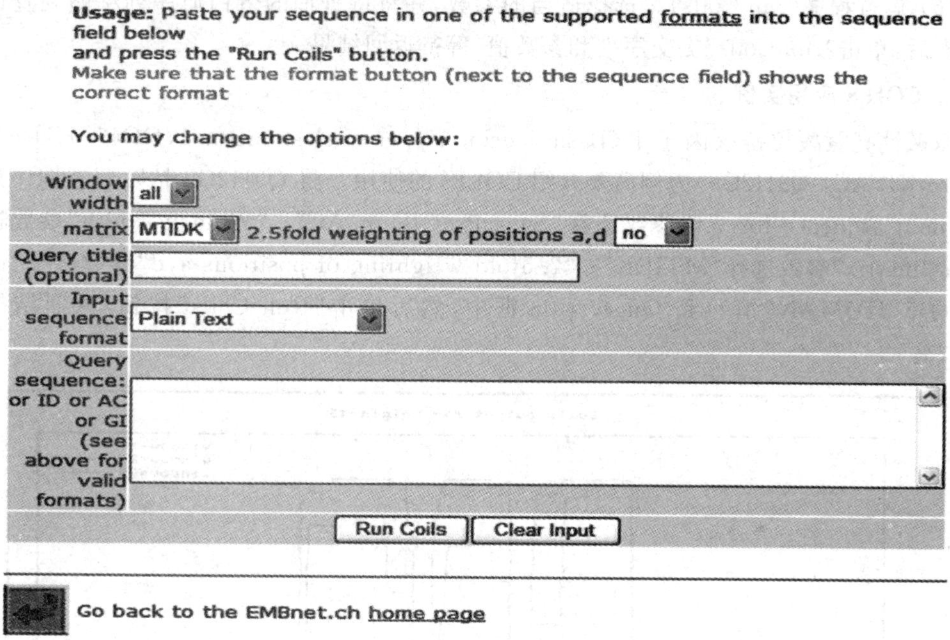

Usage: Paste your sequence in one of the supported <u>formats</u> into the sequence field below
and press the "Run Coils" button.
Make sure that the format button (next to the sequence field) shows the correct format

You may change the options below:

Window width	all
matrix	MTIDK 2.5fold weighting of positions a,d no
Query title (optional)	
Input sequence format	Plain Text
Query sequence: or ID or AC or GI (see above for valid formats)	

Run Coils   Clear Input

Go back to the EMBnet.ch <u>home page</u>

图 6.22 COILS 的在线操作界面

1. COILS 主要参数

(1) 窗口宽度(window width)。由于卷曲螺旋区域一般由 7 个氨基酸残基组成,所以该选项可供选择的选项都是 7 的倍数(14、21、28)。同时,该参数的系统默认值是运用全部(all)窗口参数进行搜索。

(2) 矩阵(matrix):COILS 提供了两个打分矩阵,MTIDK 和 MTK。MTIDK 打分矩阵是根据肌球蛋白、原肌球蛋白、中间纤维类蛋白 Ⅰ～Ⅴ、桥粒蛋白和角蛋白得到的打分矩阵;MTK 打分矩阵是根据肌球蛋白、原肌球蛋白和角蛋白序列得到的打分矩阵。每个打分矩阵以"window width"所设定的氨基酸数为单位,计算每个位点的分值,计算是窗口沿着氨基酸序列移动,然后将每个窗口的分值换算成概率。

(3) 权重参数。用于调整卷曲螺旋中 a 和 d 位置上氨基酸残基权重值(2.5fold weighting of positions a,d)。系统中有两个选项:"yes"和"no"。选择"yes"时,相比于其他位置的氨基酸,a 和 d 位置上的氨基酸残基将被指定 2.5 倍的权重值;选择"no"将所有位置的氨基酸残基指定为相同的权重值。大多数情况下,该参数选择"no",但如果在卷曲螺旋区域中 a 和 d 位置为亲水性氨基酸,则选择"yes",否则会造成预测结果产生偏差。

(4) 查询序列名称(query title)。这是一个可选项(optional),如果将查询序列的名称输入到框中，则 COILS 预测结果将显示出查询序列的名称。

（5）数据输入格式（input sequence format）。COILS 的数据输入格式有六种，分别可以在"Input sequence format"选项中进行选择。六种格式包括：Plain Text，READSEQ convertible，SwissProt ID or AC，TrEMBL ID，GenPept gi，Yeast ORF。最常用的输入方式是将蛋白质的氨基酸序列粘贴到查询序列框中，然后在"Input sequence format"下拉菜单中选择"Plain Text"。

（6）运行程序（run Coils）。选择适当的参数，并将待查询的蛋白质序列粘贴到查询序列方框后，单击"run Coils"提交序列和参数值，等待返回结果。

2. COILS 应用实例

以碱性亮氨酸拉链核因子 I（Basic leucine zipper nuclear factor 1，GO45_HUMAN，UniProtKB AC：Q9H2G9）为例简要介绍 COLIS 的使用。将 Q9H2G9 粘贴到查询序列框中，"Input sequence format"参数选择"SwissProt ID or AC"；"Window width"参数选择"all"；"matrix"参数选择"MTIDK"；"2.5fold weighting of positions a，d"参数选择"no"，将"GO45_HUMAN"填写到 Query title 框中，然后单击"Run Coils"按钮，返回结果见图 6.23。

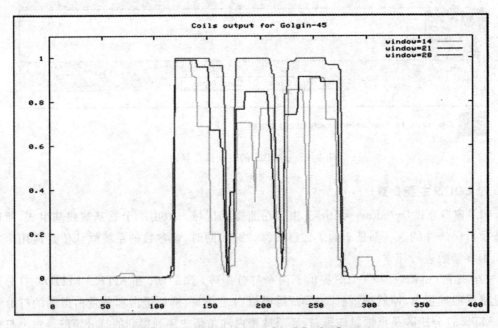

图 6.23　用 COILS 分析 Q9H2G9 序列卷曲螺旋的显示结果

图 6.23 是 COILS 分析 GO45_HUMAN 卷曲螺旋的图形显示结果，图中三条曲线分别代表 Window width 为 14、21、28 时预测卷曲螺旋的位置，从图中结果可以看出 COILS 分析预测出了 3 个卷曲螺旋。图 6.24 显示的是对 COILS 预测得到卷曲螺旋的文本显示结果，这个结果详细列举了查询序列中每个氨基酸可能成为卷曲螺旋的概率。从结果中可以

```
# NCOILS version 1.0
# using MTIDK matrix
# no weights
# Input file is ../wwwtmp/.COILS.15969.4366.seq
```

		Window=14	Window=21	Window=28
1	M	f 0.001	f 0.000	f 0.000
2	T	g 0.001	g 0.000	g 0.000
3	T	a 0.001	a 0.000	a 0.000
4	K	b 0.001	b 0.000	b 0.000
5	N	c 0.001	c 0.000	c 0.000
6	L	d 0.001	d 0.000	d 0.000
7	E	e 0.001	e 0.000	e 0.000
8	T	f 0.001	f 0.000	f 0.000
9	K	g 0.001	g 0.000	g 0.000
10	V	a 0.001	a 0.000	a 0.000
11	T	b 0.001	b 0.000	b 0.000
12	V	c 0.001	c 0.000	c 0.000
13	T	d 0.001	d 0.000	d 0.000
14	S	e 0.001	e 0.000	e 0.000
15	S	f 0.001	f 0.000	f 0.000
16	P	g 0.000	g 0.000	g 0.000
17	I	a 0.000	a 0.000	a 0.000
18	R	b 0.000	b 0.000	b 0.000
19	G	c 0.000	c 0.000	c 0.000
20	A	d 0.000	d 0.000	d 0.000
21	G	e 0.000	e 0.000	e 0.000
22	D	f 0.000	f 0.000	f 0.000
23	G	g 0.000	g 0.000	g 0.000
24	M	a 0.000	a 0.000	a 0.000
25	E	b 0.000	b 0.000	b 0.000
26	T	c 0.000	c 0.000	c 0.000
27	E	d 0.000	d 0.000	d 0.000
28	E	e 0.000	e 0.000	e 0.000
29	P	b 0.000	b 0.000	b 0.000
30	P	c 0.000	c 0.000	c 0.000
31	K	b 0.000	b 0.000	b 0.000
32	S	c 0.000	c 0.000	c 0.000
...	...	... ...		
120	N	e 0.974	e 0.989	e 0.999
121	K	f 0.983	f 0.989	f 0.999
122	E	g 0.991	g 0.989	g 0.999
123	L	a 0.991	a 0.989	a 0.999
124	S	b 0.991	b 0.989	b 0.999
125	E	c 0.991	c 0.989	c 0.999
126	V	d 0.991	d 0.989	d 0.999
127	K	e 0.991	e 0.989	e 0.999
128	N	f 0.991	f 0.989	f 0.999
129	V	g 0.991	g 0.989	g 0.999
130	L	a 0.991	a 0.989	a 0.999
131	E	b 0.991	b 0.989	b 0.999
132	K	c 0.991	c 0.989	c 0.999
133	L	d 0.991	d 0.989	d 0.999
134	K	e 0.991	e 0.989	e 0.999
135	N	f 0.991	f 0.989	f 0.999
136	S	d 0.917	d 0.989	d 0.999
137	E	e 0.917	e 0.989	e 0.999
138	R	f 0.917	f 0.989	f 0.999
139	R	g 0.910	g 0.989	g 0.999
140	L	a 0.910	a 0.989	a 0.999
141	L	e 0.689	e 0.958	e 0.999
142	Q	f 0.689	f 0.958	f 0.999
143	D	g 0.689	g 0.958	g 0.999
144	K	a 0.689	a 0.958	a 0.999
145	E	b 0.689	b 0.958	b 0.999
146	G	c 0.689	c 0.958	c 0.999
147	L	d 0.689	d 0.958	d 0.999
148	S	e 0.689	e 0.958	e 0.998
149	N	f 0.689	f 0.958	f 0.998
150	Q	g 0.689	g 0.958	g 0.998
151	L	a 0.689	a 0.958	a 0.998
152	R	b 0.689	b 0.873	b 0.998
153	V	c 0.197	c 0.672	c 0.964
154	Q	d 0.197	d 0.672	d 0.964
155	T	e 0.197	e 0.672	e 0.964

图 6.24　COILS 分析 GO45_HUMAN 卷曲螺旋的文本显示结果

看出，由于预测时"Window width"的参数选择不同，预测出来的卷曲螺旋的位置和大小也有差别：当 Window width＝14 时，预测出第一个卷曲螺旋的位置在 120～152，其中大部分氨基酸的概率在 0.924～0.986；当 Window width＝21 时，预测出第一个卷曲螺旋的位置在 120～165，其中大部分氨基酸的概率在 0.926～0.964；当 Window width＝28 时，预测出第一个卷曲螺旋的位置在 120～167，其中全部氨基酸的概率在 0.994～0.999。同样预测出第二个和第三个卷曲螺旋的位置和大小也存在着差别。

6.3　蛋白质序列的功能信息分析

蛋白质具有多种生物学功能，例如某些蛋白质构成人体必需的酶，能够催化和调节人体重要的生化反应；某些蛋白质具有运载功能，可以输送各类物质，如输送氧分子的血红蛋白、输送脂肪的脂蛋白、细胞膜上的转运蛋白等；某些蛋白质可维持体液的酸碱平衡及渗透压平衡；某些蛋白质具有免疫和防御作用，如抗体或免疫球蛋白；某些蛋白质具有支持作用，如胶原蛋白构成结缔组织；某些蛋白质还具有调节功能，如激素具有调节体内各器官的生理活性等。

蛋白质的结构与功能之间存在一定的关系，蛋白质的一级结构是空间结构的基础，特定的空间构象主要由蛋白质分子中肽链和侧链 R 基团形成的次级键来维持。在生物体内蛋白质的多肽链一旦被合成后，即可根据一级结构自然折叠和盘曲，形成一定的空间构象。如果两种蛋白质的一级结构相似，那么它们的基本空间构象及功能也将相似。从分子进化上看，来自不同种属生物体的同一功能的蛋白质，进化位置相距越近则一级结构的差别越小。蛋白质的一级结构决定了蛋白质的空间构象，而蛋白质的空间构象是发挥蛋白质功能活性的基础，其功能活性会随着蛋白质空间构象的变化而发生改变。蛋白质变性时，由于空间构象被改变或破坏，可引起蛋白质功能活性丧失。一旦变性的蛋白质重新复性，其空间构象将会复原，则功能活性就可恢复。当一个蛋白质与其配体（或其他蛋白质）结合后，蛋白质的空间构象也可发生改变，从而导致其功能活性的变化而适用于功能的需要，这种现象称为蛋白质的别构效应（allostery）或变构效应。受别构效应调节的蛋白质称为别构蛋白质，如果是酶，则称为别构酶。生物体内具有别构效应的蛋白质（或酶）普遍存在，这对于物质代谢的调节和某些生理功能的变化有十分重要的生理意义。

蛋白质具有特定的基序（或称为模序、模体，motif）和结构域，这些特殊的结构常与蛋白质的某种生物学功能相关。根据结构与功能的关系，可以将具有相同基序或结构域的蛋白质归为一大类，称为超家族（super family）。这样的分类方法包含了蛋白质结构和功能两方面的特性，成为目前蛋白质分类中重要的分类方法和新趋势。依据蛋白质序列特征进行蛋白质功能预测，主要有以下几种方法：基于基序的蛋白质功能信息分析、基于结构域的蛋白质功能信息分析、基于同源性搜索的蛋白质功能信息分析等。

6.3.1　基于蛋白质基序的功能分析

蛋白质基序指与蛋白质特定功能相关，具有特定氨基酸排列顺序的序列片段。例如锌指结构（zinc finger）是一个基序，它由 1 个 α 螺旋和一对反向平行的 β 折叠组成，形状似手指。锌指结构具有结合锌离子的功能。在大多数锌指结构的两端分别有半胱氨酸（Cys）残基和两个组氨酸（His）残基，这 4 个保守氨基酸残基在空间上形成一个稳定结构，能容纳一个锌离子,使锌指结构得以稳定。

PROSITE(http://prosite.expasy.org/)是 ExPASy 中的一个数据库,该数据库包含了针对不同蛋白质家族,运用同源序列比对得到区别于其他蛋白质家族的保守性序列模式,这些保守性区域通常被认为与蛋白质生物学功能密切相关。例如酶的催化位点、配体结合位点、与金属离子结合的残基、二硫键的半胱氨酸、与小分子或其他蛋白质结合的区域等。因此,PROSITE 数据库实际上是蛋白质序列功能位点数据库。截止到 2012 年 5 月,PROSITE 数据库共收集了 1644 条文档记录(prosite documentation)、1308 条模式(pattern)和 1034 条序列谱(profile)记录,目前 PROSITE 数据仍在不断更新增加。

通过将蛋白质序列在 PROSITE 数据库中进行搜索,可判断该序列包含怎样的功能位点,从而推测其可能属于哪一个蛋白质家族。PROSITE 数据库包括两个数据库文件,一个为数据文件即 PROSITE,该文件给出了能进行匹配的序列及序列的详细信息。另一个为说明文件 PROSITE.Doc,PROSITE.Doc 说明文件给出了该序列模式的生物学功能及其文献资料来源。即使某个蛋白质与已知功能蛋白质的整体序列相似性很低,但由于功能的需要保留了与功能密切相关的序列模式,这样也可以通过 PROSITE 的搜索找到该蛋白质序列中隐含的功能 motif。除了序列模式之外,PROSITE 还包括由多序列比对构建的 profile。ScanProsite(http://prosite.expasy.org/scanprosite/)是整合到 PROSITE 数据库中的序列分析工具之一,允许用户对已知和未知蛋白质序列进行保守 motif 和家族分析。用户可以在左框内"(Sequence(s) to be scanned"框内)输入 Swiss-Prot/TrEMBL 数据记录号或自定义序列,还可在右框"(Motif(s) to scan for"框内)输入 PROSITE 登录号或自定义的模式进行搜索,ScanProsite 界面如图 6.25 所示。

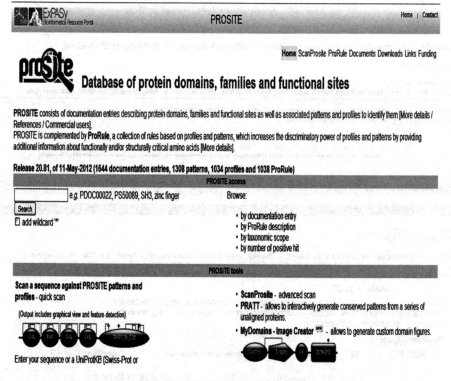

图 6.25 PROSITE 在线操作界面

应用 ScanProsite 对硫氧化还原蛋白(Thioredoxin，UniProtKB AC：P10599)的蛋白质序列基序进行分析，分析结果如图 6.26 和图 6.27 所示。

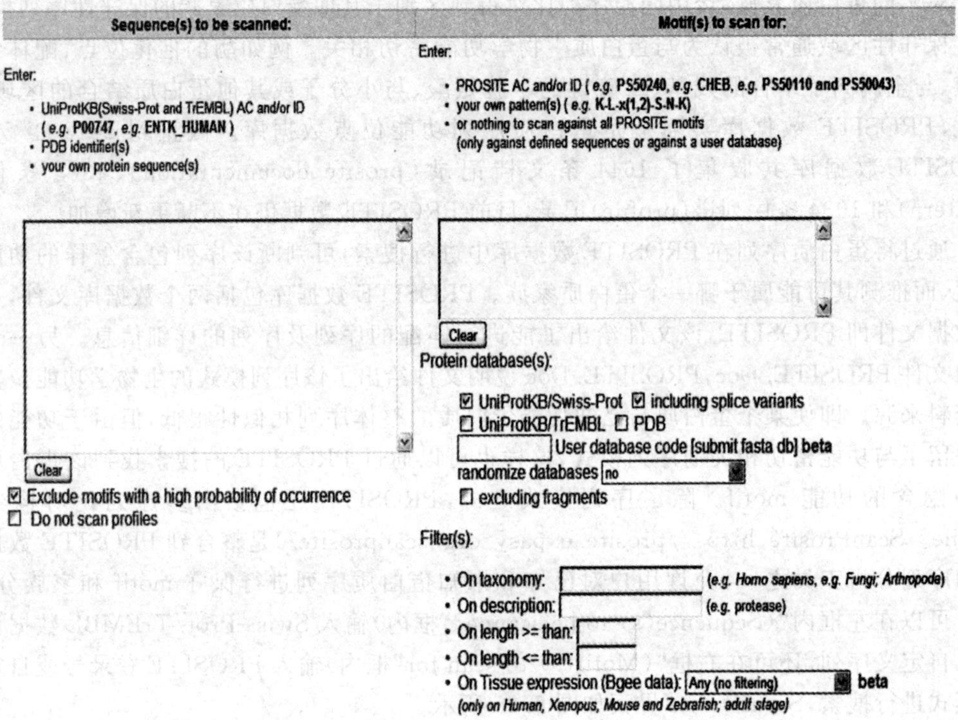

图 6.26　ScanProsite 在线序列提交界面

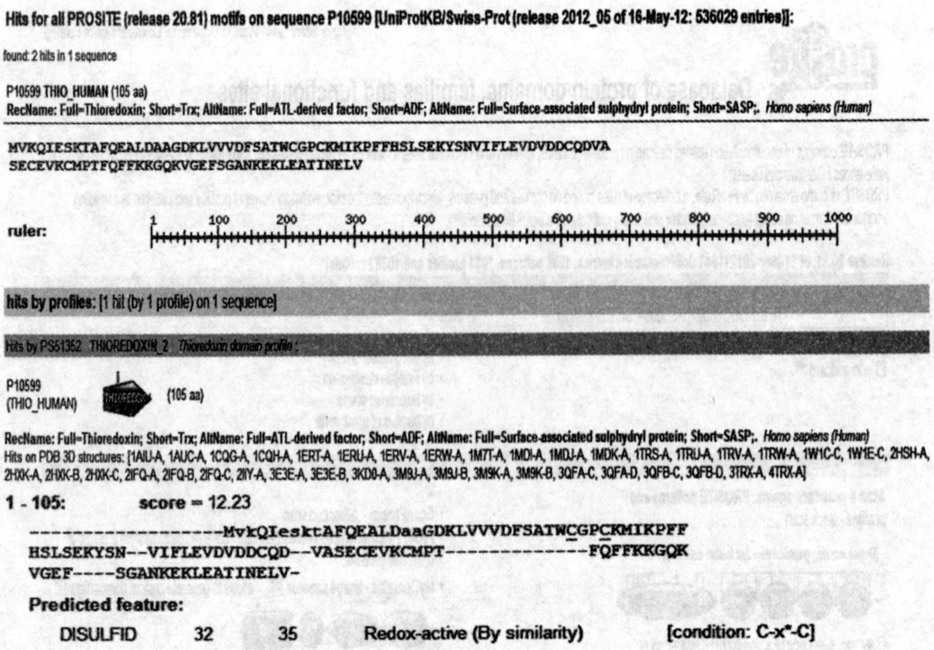

图 6.27　ScanProsite 对 P10599 蛋白质基序分析结果

6.3.2 蛋白质的结构域和功能位点分析

结构域(domain)属于蛋白质构象中二级结构与三级结构之间的一个层次。对于较大的蛋白质分子,由于多肽链上相邻的超二级结构联系紧密,形成二个或多个在空间上可以明显区别其他结构的局部区域,称为结构域。它与蛋白质整体以共价键连接,一般不易分离,这是它与蛋白质亚基结构的区别。一般每个结构域约由 $100 \sim 300$ 个氨基酸残基组成,具有独特的空间构象,并承担不同的生物学功能。如免疫球蛋白(IgG)由 12 个结构域组成,其中两个轻链上各有两个结构域,两个重链上各有 4 个结构域;并且补体结合部位与抗原结合部位处于不同的结构域中。一个蛋白质分子中几个结构域有的相同,有的不同,而不同蛋白质分子之间肽链中的各结构域也可以相同。例如乳酸脱氢酶、3-磷酸甘油醛脱氢酶、苹果酸脱氢酶等均属以 NAD+ 为辅酶的脱氢酶类,它们各由两个不同的结构域组成,但它们与 NAD+ 结合的结构域构象基本相同。

InterProScan 是欧洲生物信息学中心(European Bioinformatics Institute,EBI)开发的包含蛋白质结构域和功能位点的集成数据库,它将 SWISS-PROT、TrEMBL、PROTSITE、PRINTS、PFAM、ProDom 等数据库含有的蛋白质序列中的各种局域模式,如结构域、基序等信息统一起来,提供了较为全面的数据信息。InterProscan 的网址为 http://www.ebi.ac.uk/Tools/pfa/iprscan/,其操作界面如图 6.28 所示,其对硫氧化还原蛋白的蛋白质序列的分析结果如图 6.29 所示。

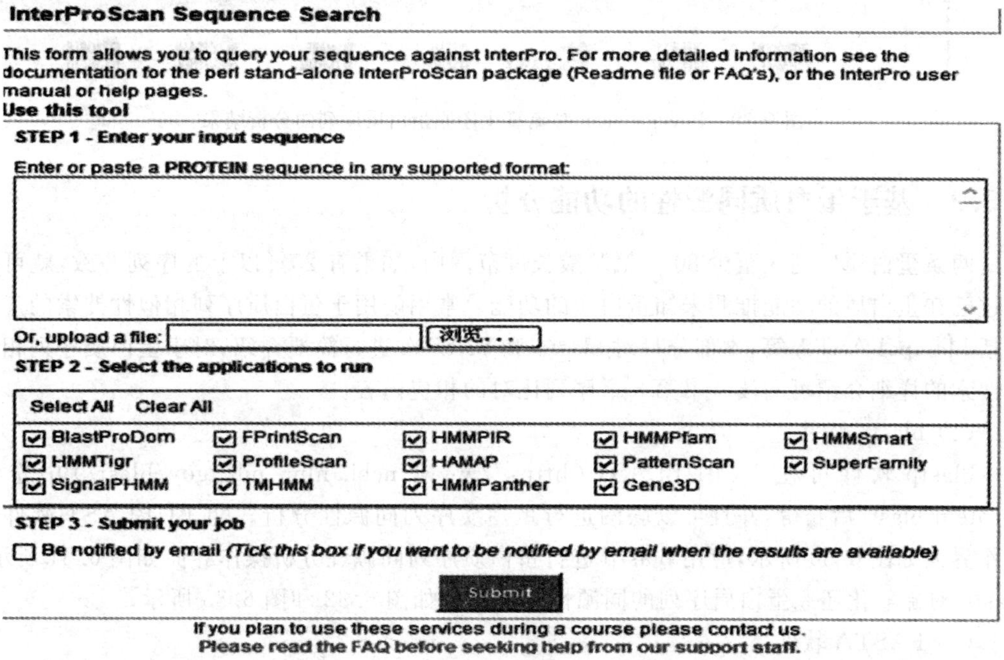

图 6.28 InterProScan 在线操作界面

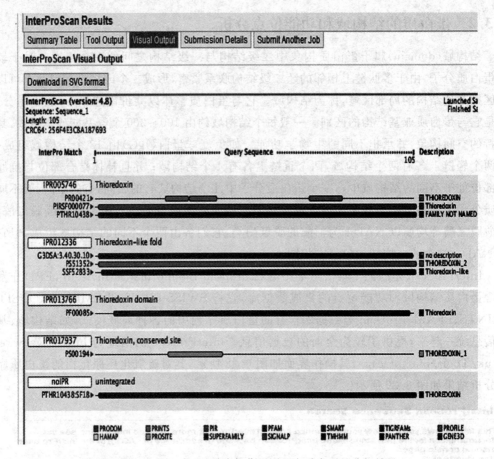

图 6.29　InterProScan 对硫氧化还原蛋白质序列的分析结果

6.3.3　基于蛋白质同源性的功能分析

两条蛋白质序列在至少 80 个氨基酸长度范围内，如果有 25％以上的序列一致，就可以通过已知蛋白质的功能推测未知蛋白质的功能。常用的用于蛋白质序列相似性搜索的工具包括 blastp、FASTA 等，本部分只对 blastp 和 FASTA 进行简要介绍，对于蛋白质序列相似性搜索的详细介绍可阅读本书第 3 章序列比对的相应内容。

（1）blastp 软件

blastp 软件可在 NCBI/BLAST（http://www.ncbi.nlm.nih.gov/blast/）中选择"protein blast"后获得，并且可以联网进行蛋白质序列同源性分析。NCBI/BLAST 软件主操作界面如图 6.30 所示，应用 blastp 进行蛋白质序列同源性分析操作界面如图 6.31 所示，blastp 对硫氧化还原蛋白质序列的同源性分析结果如图 6.32 和图 6.33 所示。

（2）FASTA 软件

FASTA 软件也可以进行蛋白质序列的同源性分析，网址为 http://www.ebi.ac.uk/Tools/sss/fasta/。FASTA 软件进行蛋白质序列同源性分析的操作主界面如图 6.34 所示，FASTA 软件对硫氧化还原蛋白质序列比对的部分结果和对结构域预测的部分结果如图 6.35 和图 6.36 所示。

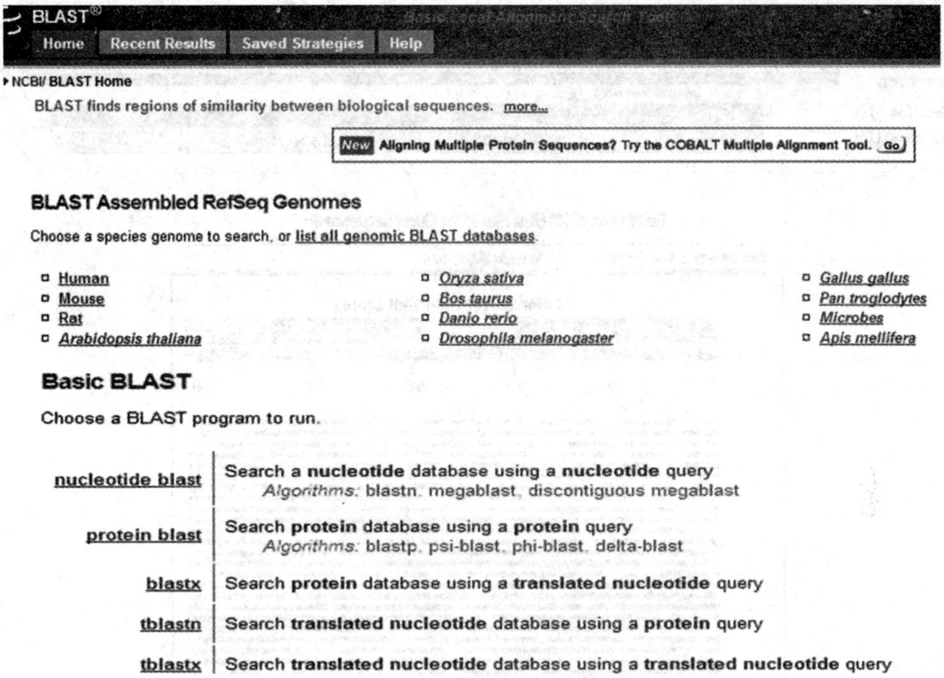

图 6.30 NCBI/BLAST 软件主操作界面

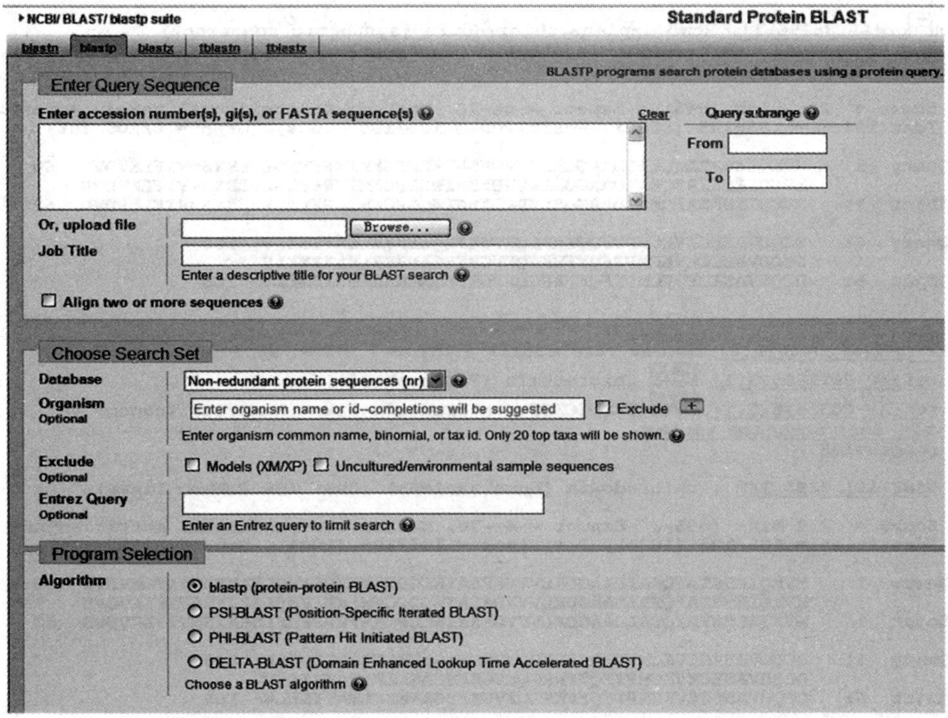

图 6.31 应用 blastp 进行蛋白质序列同源性分析操作界面

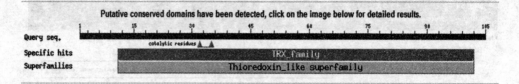

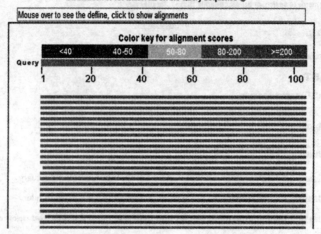

图 6.32　blastp 对硫氧化还原蛋白质序列的同源性分析结果

> gb|AAP36296.1| Homo sapiens thioredoxin [synthetic construct]
  gb|AAX43691.1| thioredoxin [synthetic construct]
  Length=106

 Score = 214 bits (545), Expect = 6e-70, Method: Compositional matrix adjust.
 Identities = 105/105 (100%), Positives = 105/105 (100%), Gaps = 0/105 (0%)

Query 1   MVKQIESKTAFQEALDAAGDKLVVVDFSATWCGPCKMIKPFFHSLSEKYSNVIFLEVDVD 60
            MVKQIESKTAFQEALDAAGDKLVVVDFSATWCGPCKMIKPFFHSLSEKYSNVIFLEVDVD
Sbjct 1   MVKQIESKTAFQEALDAAGDKLVVVDFSATWCGPCKMIKPFFHSLSEKYSNVIFLEVDVD 60

Query 61   DCQDVASECEVKCMPTFQFFKKGQKVGEFSGANKEKLEATINELV 105
            DCQDVASECEVKCMPTFQFFKKGQKVGEFSGANKEKLEATINELV
Sbjct 61   DCQDVASECEVKCMPTFQFFKKGQKVGEFSGANKEKLEATINELV 105

> ref|NP_003320.2| U G M thioredoxin isoform 1 [Homo sapiens]
  ref|NP_001125903.1| G M thioredoxin [Pongo abelii]
  ref|XP_003257823.1| G M PREDICTED: thioredoxin-like [Nomascus leucogenys]
  ▶24 more sequence titles
  Length=105

GENE ID: 7295 TXN | thioredoxin [Homo sapiens] (Over 100 PubMed links)

 Score = 214 bits (545), Expect = 6e-70, Method: Compositional matrix adjust.
 Identities = 105/105 (100%), Positives = 105/105 (100%), Gaps = 0/105 (0%)

Query 1   MVKQIESKTAFQEALDAAGDKLVVVDFSATWCGPCKMIKPFFHSLSEKYSNVIFLEVDVD 60
            MVKQIESKTAFQEALDAAGDKLVVVDFSATWCGPCKMIKPFFHSLSEKYSNVIFLEVDVD
Sbjct 1   MVKQIESKTAFQEALDAAGDKLVVVDFSATWCGPCKMIKPFFHSLSEKYSNVIFLEVDVD 60

Query 61   DCQDVASECEVKCMPTFQFFKKGQKVGEFSGANKEKLEATINELV 105
            DCQDVASECEVKCMPTFQFFKKGQKVGEFSGANKEKLEATINELV
Sbjct 61   DCQDVASECEVKCMPTFQFFKKGQKVGEFSGANKEKLEATINELV 105

图 6.33　blastp 对硫氧化还原蛋白质序列比对的部分结果

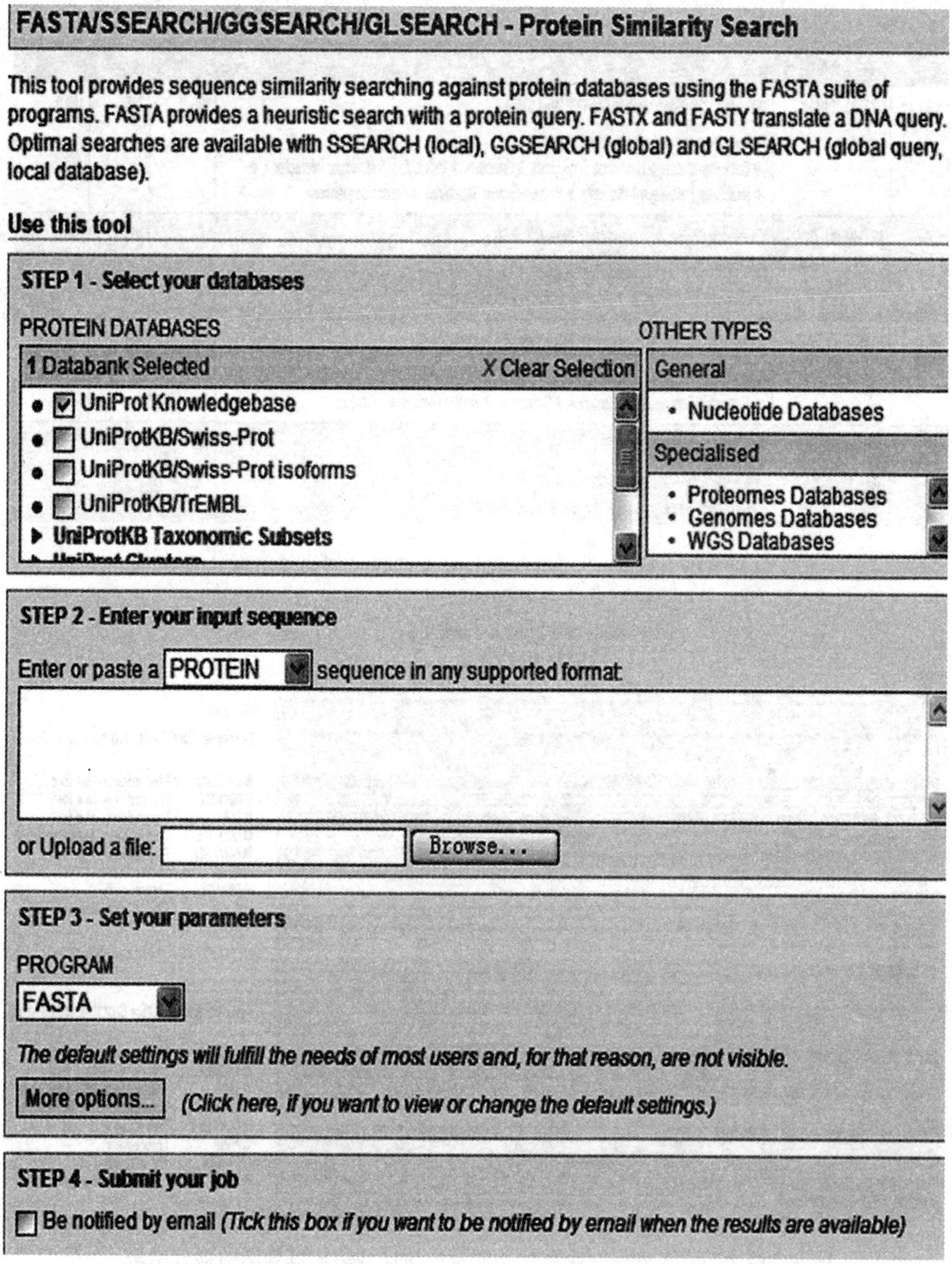

FASTA/SSEARCH/GGSEARCH/GLSEARCH - Protein Similarity Search

This tool provides sequence similarity searching against protein databases using the FASTA suite of programs. FASTA provides a heuristic search with a protein query. FASTX and FASTY translate a DNA query. Optimal searches are available with SSEARCH (local), GGSEARCH (global) and GLSEARCH (global query, local database).

Use this tool

STEP 1 - Select your databases

PROTEIN DATABASES | OTHER TYPES

1 Databank Selected   X Clear Selection

- ☑ UniProt Knowledgebase
- ☐ UniProtKB/Swiss-Prot
- ☐ UniProtKB/Swiss-Prot isoforms
- ☐ UniProtKB/TrEMBL
- ▶ UniProtKB Taxonomic Subsets
- ▶ UniProt Clusters

General
- • Nucleotide Databases

Specialised
- • Proteomes Databases
- • Genomes Databases
- • WGS Databases

STEP 2 - Enter your input sequence

Enter or paste a [PROTEIN ▼] sequence in any supported format:

or Upload a file: [　　　　　] [Browse...]

STEP 3 - Set your parameters

PROGRAM

[FASTA ▼]

The default settings will fulfill the needs of most users and, for that reason, are not visible.

[More options...] *(Click here, if you want to view or change the default settings.)*

STEP 4 - Submit your job

☐ Be notified by email *(Tick this box if you want to be notified by email when the results are available)*

图 6.34 FASTA 软件进行蛋白质序列同源性分析的操作主界面

Align.	DB:ID	Source	Length	Score	Identities
☑1	SP:THIO_HUMAN	Thioredoxin OS=Homo sapiens GN=TXN PE=1 SV=3	105	705	100.0
		Cross-references and related information in:			
		▶ Gene Expression ▶ Nucleotide Sequences ▶ Genomes ▶ Ontologies ▶ Molecular Interactions ▶			
		▶ Reactions, Pathways & Diseases ▶ Macromolecular Structures ▶ Protein Sequences			
☑2	TR:G3QVK1_GORGO	Thioredoxin OS=Gorilla gorilla gorilla GN=TXN PE=3 SV=1	105	705	100.0
		Cross-references and related information in:			
		▶ Genomes ▶ Ontologies ▶ Protein Families ▶ Protein Sequences			
☑3	TR:H2QXP0_PANTR	Thioredoxin OS=Pan troglodytes GN=ENSG00000136810 PE=3 SV=1	105	705	100.0
		Cross-references and related information in:			
		▶ Nucleotide Sequences ▶ Genomes ▶ Ontologies ▶ Protein Families ▶ Literature			
☑4	SP:THIO_PONAB	Thioredoxin OS=Pongo abelii GN=TXN PE=3 SV=3	106	693	99.1
		Cross-references and related information in:			
		▶ Nucleotide Sequences ▶ Ontologies ▶ Protein Families			

图 6.35　FASTA 软件对硫氧化还原蛋白质序列比对的部分结果

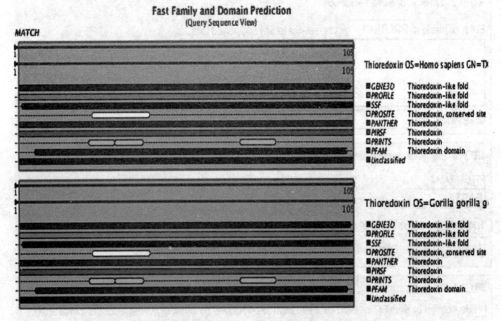

图 6.36　FASTA 软件对硫氧化还原蛋白质序列结构域预测的部分结果

第 7 章

蛋白质结构分析

蛋白质分子与核酸分子同样是携带分子信息的重要载体。遗传信息通过 DNA 转录传递到 RNA,再通过 RNA 翻译传递给蛋白质,最终借助蛋白质实现特定的生命活动。但蛋白质只有形成特定的结构才会发挥相应的功能,了解蛋白质结构将有助于正确认识其功能。从氨基酸序列中获得蛋白质结构信息,是生物信息学的重要研究内容。本章将着重介绍如何基于蛋白质序列预测蛋白质二级结构和空间结构。

7.1 蛋白质二级结构预测

蛋白质二级结构预测研究开始于 20 世纪 60 年代中期,早期的预测方法主要根据 PDB 数据库中已知蛋白质结构信息,运用不同分析方法,统计得到单个残基或氨基酸序列片段形成某种二级结构的概率,并以此预测蛋白质的二级结构。例如:Chou-Fasman 方法从已知蛋白质二级结构信息中,运用统计学方法分别计算 20 种氨基酸形成不同蛋白质二级结构的趋势,得到一系列二级结构预测的规则,从而根据蛋白质的氨基酸种类和位置预测蛋白质的二级结构。随着计算机计算能力的发展和已知结构蛋白质数目的增多,依靠有效的计算方法从大量已知蛋白质结构信息中提取蛋白质二级结构形成的规律,并指导建立用于预测二级结构的计算模型已成为主要的预测方法。常用于蛋白质二级结构预测的计算方法,包括人工神经网络方法、最邻近方法和支持向量机方法等。此外,以氨基酸的物理、化学性质作为预测基础,通过考虑不同氨基酸的性质,如疏水性、极性、侧链基团的大小、电荷等与蛋白质二级结构之间的关系,也可预测相应氨基酸或其组成肽段可能形成的二级结构,例如基于氨基酸疏水性大小预测蛋白质二级结构的 Lim 方法。

由于目前用于蛋白质二级结构预测的方法有很多,本节将介绍几种主要的预测方法以及实现这些方法的软件使用流程。如果想对于每种方法的算法有更详细的了解,请参考相关书籍和文献。

7.1.1 Chou-Fasman 方法

Chou-Fasman 方法由 Peter Chou 和 Gerald Fasman 于 1974 年提出。Chou-Fasman 方法的基本思想是基于对已知结构蛋白质的结构信息进行分析，统计在不同二级结构中 20 种氨基酸存在的频率，计算每种氨基酸形成特定二级结构的构象倾向性因子，并总结得到针对不同类型二级结构的预测准则，其中计算不同氨基酸的构象倾向性因子和构建蛋白质二级结构预测准则是 Chou-Fasman 方法中两个重要内容。

1. 计算氨基酸构象倾向因子

构象倾向因子(Probability, P)表明了不同氨基酸形成不同蛋白质二级结构的趋势。在 Chou-Fasman 方法中，通过对 29 种已知结构的蛋白质进行统计、分析，分别得到 20 种氨基酸形成三种不同二级结构类型的构象倾向因子，即形成 α-螺旋的构象倾向因子 P_α、形成 β-折叠和 β-转角的构象倾向因子 P_β 和 P_t。表 7.1 详细列举了 20 种氨基酸的三种构象倾向因子以及计算每种构象倾向因子所需的相关信息和计算公式。当某种氨基酸形成某类二级结构的构象倾向因子大于 1.0 时，表示该氨基酸具有利于形成这类二级结构的倾向。因此根据构象倾向因子的大小，可以将氨基酸进行分类，如谷氨酸、丙氨酸、蛋氨酸和亮氨酸是最利于形成 α-螺旋的氨基酸，而缬氨酸、异亮氨酸则是最利于形成 β-折叠的氨基酸。

表 7.1 二十种氨基酸的构象倾向因子及相关信息

氨基酸	残基总数(N)	α-螺旋			β-折叠			β-转角		
		$N\alpha$	$f\alpha$ $(N\alpha/N)$	$P\alpha(f\alpha /<f\alpha>)$	$N\beta$	$f\beta$ $(N\beta/N)$	$P\beta(f\beta /<f>)$	Nt	ft (Nt/N)	$Pt(ft/ <ft>)$
Ala	434	234	0.54	1.42	71	0.16	0.83	85	0.20	0.66
Arg	142	53	0.37	0.98	26	0.18	0.93	40	0.28	0.95
Asn	230	58	0.25	0.66	40	0.17	0.89	106	0.46	1.56
Asp	273	105	0.39	1.01	29	0.11	0.54	118	0.43	1.46
Cys	94	25	0.27	0.70	22	0.23	1.19	33	0.35	1.19
Gln	162	68	0.42	1.11	35	0.22	1.10	47	0.29	0.98
Glu	234	134	0.57	1.51	17	0.07	0.37	51	0.22	0.74
Gly	422	91	0.22	0.57	62	0.15	0.75	194	0.46	1.56
His	129	49	0.38	1.00	22	0.17	0.87	36	0.28	0.95
Ile	233	95	0.41	1.08	73	0.31	1.60	32	0.14	0.47
Leu	358	164	0.46	1.21	91	0.25	1.30	62	0.17	0.59
Lys	347	153	0.44	1.16	50	0.14	0.74	103	0.30	1.01
Met	73	40	0.55	1.44	15	0.21	1.05	13	0.18	0.60
Phe	170	73	0.43	1.13	46	0.27	1.38	30	0.18	0.60
Pro	176	38	0.22	0.57	19	0.11	0.55	79	0.45	1.52
Ser	367	107	0.29	0.77	54	0.15	0.75	155	0.42	1.43
Thr	278	87	0.31	0.83	65	0.23	1.19	79	0.28	0.96
Trp	78	32	0.41	1.08	21	0.27	1.37	22	0.28	0.96
Tyr	184	48	0.26	0.69	53	0.29	1.47	62	0.34	1.14
Val	357	144	0.40	1.06	119	0.33	1.70	53	0.15	0.50
Total	4741	-1798			930			1400		
$<f>$	1.00	$<f\alpha>$ $= 0.38$			$<f\beta>$ $= 0.20$			$<ft>$ $=0.30$		

虽然构象倾向因子显示了不同氨基酸形成 α-螺旋、β-折叠和 β-转角的趋势，但并没有体现出氨基酸在二级结构中的位置信息。通过对已知结构蛋白质中位于二级结构边界的氨基酸进行分析，可以得到位于 α-螺旋和 β-折叠两个末端的氨基酸出现频率。统计结果表明：一般位于 α-螺旋氨基末端的氨基酸通常是带有负电荷的谷氨酸和天冬氨酸；带有正电荷的碱性氨基酸，如赖氨酸、组氨酸和精氨酸，则多出现在 α-螺旋的羧基末端。带有电荷的氨基酸通常不会出现在 β-折叠两端；在 β-折叠氨基末端的氨基酸多为异亮氨酸、亮氨酸、苯丙氨酸和谷氨酰胺；而酪氨酸、缬氨酸和苯丙氨酸多出现在 β-折叠羧基末端。此外根据组成 β-转角第 1 至第 4 位上氨基酸的统计分析，获得了不同氨基酸在 β-转角不同位置上出现的频率。以上统计结果表明不同氨基酸具有形成不同二级结构的趋向，根据对已知蛋白质结构进行分析，可以得到不同氨基酸形成不同种类二级结构的概率，并以此预测它们可能形成的二级结构形式以及它们在二级结构中所处的位置。

2. 构建二级结构预测准则

除了针对不同氨基酸形成不同二级结构的趋向性进行统计分析外，Peter Chou 和 Gerald Fasman 还依据统计结果进一步提出了预测不同二级结构形式的预测准则，这些二级结构的预测准则包括：

(1) α-螺旋判定准则

在相邻 6 个氨基酸中，如果至少有 4 个氨基酸的 α-螺旋构象倾向因子 (P_α) 都大于 1.0，则认为该 4 个氨基酸形成一个 α-螺旋核。从 α-螺旋核向两端延伸，直到出现连续 4 个氨基酸的 α-螺旋构象倾向因子的值都小于 1.0 为止，最后将得到的氨基酸序列片段的两端各去掉 3 个氨基酸。如果剩余的序列片段长度大于 6 个氨基酸残基，且 P_α 平均值大于 1.03 时，该片段的二级结构即被预测为 α-螺旋。

另外，由于在 20 种氨基酸中，脯氨酸的 α-螺旋构象倾向因子的值最小，因此该氨基酸可以看作是终止 α-螺旋延伸的标志氨基酸。按照 Chou-Fasman 方法的 α-螺旋判定准则，脯氨酸将不会在 α-螺旋内部出现，只能出现在 α-螺旋的羧基末端和氨基末端的位置。

(2) β-折叠判定规则

如果在相邻连续 6 个氨基酸中，有 4 个倾向于形成 β-折叠的氨基酸残基存在，即 4 个氨基酸的 β-折叠构象倾向因子 (P_β) 的值大于 1.0，则将由这 4 个氨基酸组成的片段看作是折叠核，并且向序列两端延伸，直到包含 4 个氨基酸残基的 P_β 平均值小于 1.0 为止。如果延长片段的 P_β 平均值大于 1.05，则该片段的二级结构将被预测成为 β-折叠形式。

(3) β-转角判定规则

由于 β-转角结构是由四个氨基酸组合而成的四肽片段，因此在预测 β-转角结构时，从预测起始位置开始将连续 4 个氨基酸位于 β-转角结构不同位置的概率相乘，如果乘积大于 7.5×10^{-5}，或者在该四肽片段中氨基酸形成 β-转角结构的构象倾向因子 (P_t) 平均值大于 1.0，则预测四个氨基酸片段形成的二级结构为 β-转角。

(4) 重叠规则

对于同时可形成 α-螺旋或 β-折叠的肽段来说，按照组成该肽段的所有氨基酸的 P_α 和 P_β 均值的相对大小进行预测。如果计算该肽段的 P_α 均值大于 P_β 均值，则该肽段被预测形成 α-螺旋结构；而如果肽段的 P_β 均值大于 P_α 均值，则该肽段将被预测形成 β折叠结构。

目前 Chou-Fasman 方法已经被设计为自动运行的计算程序，成为常用蛋白质二级结构分析、预测软件和网站的组成模块。下面以应用美国弗吉尼亚大学的 Fasta 网站中 Chou-Fasman 模块预测人类朊蛋白（Prion protein，UniprotKB AC：P04156）的二级结构为例，简单介绍 Chou-Fasman 方法的使用。

例 7.1　应用 Chou-Fasman 方法预测朊蛋白的二级结构。

（1）提交蛋白质序列信息

登录美国弗吉尼亚大学的 Fasta 蛋白质结构分析预测网站（http://fasta. bioch. virginia. edu/fasta_www2/fasta_www. cgi？ rm＝misc1），进入该网站的用户界面。单击"Program"中的下拉菜单，选择 Chou-Fasman 方法；然后在下方的"Protein sequence"中的空白处粘贴上需要预测的蛋白质序列，输入格式为 FASTA 格式；或者直接上传含有蛋白质序列信息的文件，最后单击"Submit Sequence"进行预测。

（2）预测结果分析

应用 Chou-Fasman 方法得到的预测结果显示在新的窗口，如图 7.1 所示。显示结果包括以下几个部分：预测蛋白质的氨基酸数目，预测形成 α-螺旋、β-折叠、β-转角的氨基酸片段以及对于预测结果的简要总结。

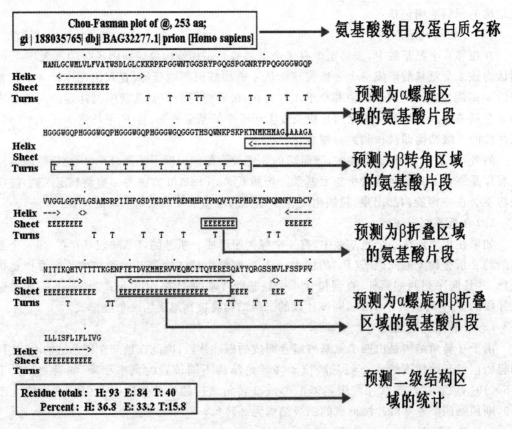

图 7.1　应用 Chou-Fasman 方法预测结果显示界面

7.1.2　GOR（Garnier-Osguthorpe-Robson）方法

GOR 方法是在 Chou-Fasman 方法之后，由 Jean Garnier，D. J. Osguthorpe 和 Barry

Robson 发明。与 Chou-Fasman 方法相似,GOR 方法也是建立在对已知蛋白质二级结构的统计分析基础之上,得到不同氨基酸残基在特定位置上形成不同二级结构的概率。但与 Chou-Fasman 方法不同的是,GOR 方法不仅考虑单个氨基酸残基形成不同蛋白质二级结构的趋势,同时也全面考虑了周边氨基酸对于形成二级结构的作用。GOR 方法综合不同氨基酸和与之氨基端相邻的 8 个氨基酸以及羧基端相邻的 8 个氨基酸信息,产生一个 17×20 维的得分矩阵,根据矩阵中的数值能够计算得到序列中每个残基形成不同二级结构的概率。由于 GOR 方法计算过程较复杂,相应的理论基础请参考其他相关教材。目前 GOR 方法已经被整合到蛋白质分析软件 Antheprot 中,下面仍然以朊蛋白为例简要介绍如何应用 GOR 方法预测蛋白质二级结构。

例 7.2　应用 GOR 方法预测朊蛋白的二级结构。

(1) 输入蛋白质序列信息

打开蛋白质分析软件 Antheprot,读入朊蛋白的氨基酸序列文件(FASTA 格式),则朊蛋白的氨基酸序列信息显示在软件的显示界面中,如图 7.2 所示。

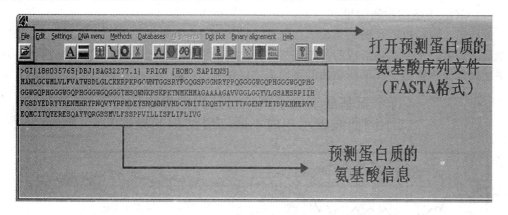

图 7.2　Antheprot 软件读入蛋白质序列信息后的显示界面

(2) 选择 GOR 方法

单击软件工具栏中"Methods"下拉菜单中"Secondary structure prediction"中的"Garnier",选择界面如图 7.3 所示。

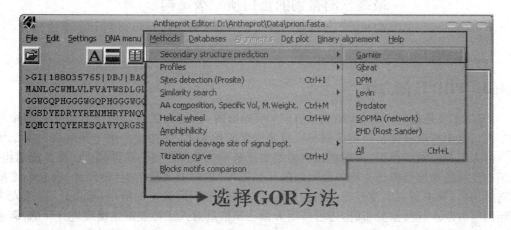

图 7.3　GOR 方法的选择界面

（3）选择优化的预测参数

选择 GOR 方法之后，将弹出针对 GOR 预测参数的选择面板，如图 7.4 所示。单击面板上的"Optimized"，选择优化的决定常数（Decision constants），最后单击面板上的"Ok"。

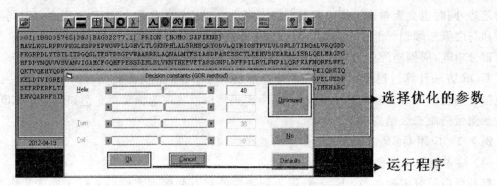

图 7.4　GOR 方法预测参数选择界面

（4）GOR 方法的预测结果

蛋白质二级结构的预测结果显示在新弹出的界面中，如图 7.5 所示。界面上分别显示了组成蛋白质每个氨基酸形成四种不同二级结构（α-螺旋、β-折叠、β-转角及无规则卷曲）的概率比较以及根据最大概率所预测的蛋白质二级结构。

每个氨基酸形成不同二级结构的概率比较
（不同曲线表示形成不同二级结构的概率）

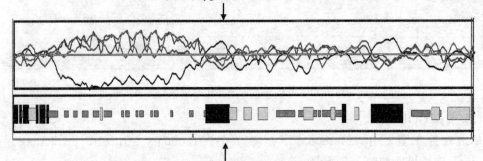

最终预测得到的蛋白质二级结构
（不同颜色表示不同二级结构形式）

图 7.5　GOR 方法的预测结果显示界面

7.1.3　PHD 预测方法

PHD 方法是由 Burkhard Rost 在 1993 年提出的，运用人工神经网络方法从已知蛋白质结构信息中提取获得蛋白质序列与二级结构之间的关系，并构建出用于预测蛋白质二级结构的人工神经网络模型，依据该预测模型实现基于蛋白质序列信息预测蛋白质二级结构。人工神经网络模型是模仿生物神经网络的计算模型，主要由大量节点（神经元）和它们之间的连接构成，其中每两个神经元之间的连接可以被赋予不同强度的值（权重值）。运用人工神经网络方法进行数据分析时，通过使用大量已知信息对人工神经网络模型进行训练，调整优化连接每个神经元的权重值，实现该模型判断已知信息的正确率达到最高，最后将训练好的模型用于对未知信息进行分析。

使用人工神经网络方法预测蛋白质二级结构的基本流程可以概括如下：首先将已知二级结构的氨基酸序列片断作为人工神经网络的训练样本，对其进行有效的编码；然后运用不同训练方法优化人工神经网络模型中各层神经元之间的连接权重值，使得此时该神经网络模型对于识别已知蛋白质二级结构的准确率达到最高；最后便可利用训练好的神经网络模型对未知结构的蛋白质序列进行预测。由于不同蛋白质的氨基酸序列长短不同，编码后的复杂程度也不相同，因此一个蛋白质全部氨基酸序列通常不会作为神经网络的直接输入信息，而是将神经网络的输入层设计成为一个可以沿着蛋白质氨基酸序列滑动的窗口，并且将滑动窗口所包含的氨基酸数目设置成与输入层中神经元个数一致。为了保证预测氨基酸残基的前方和后方具有相同个数的氨基酸，窗口大小通常设置为包含有奇数个氨基酸，并且每次预测都将针对窗口中间位置的氨基酸进行。图 7.6 显示了运用人工神经网络预测蛋白质二级结构的示意图。

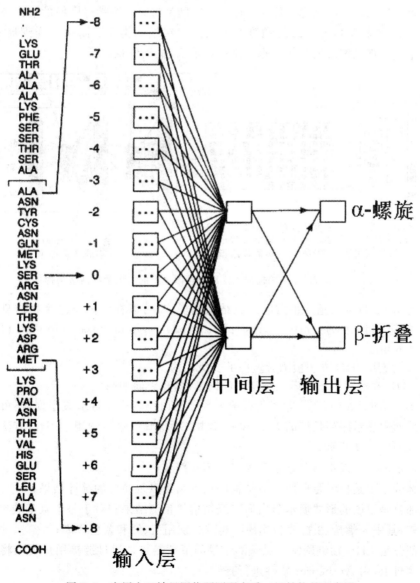

图 7.6　应用人工神经网络预测蛋白质二级结构的示意图

与其他蛋白质二级结构预测方法相比，人工神经网络方法的优点是应用方便、预测速度较快并且预测结果的准确率较高。运用人工神经网络方法预测蛋白质二级结构的缺点主要表现在预测过程中无法直接获得针对蛋白质二级结构的预测准则，并且使用数量较多的可调参数，使得预测结果不易理解。

目前许多蛋白质二级结构预测方法如 PHD、PSIPRED，都是通过建立神经网络模型来预测蛋白质二级结构，导致它们预测准确率差别的主要原因是由于神经网络结构设计、输入层和输出层编码方式及网络训练算法的不同。下面将简要介绍如何运用 PHD 方法通过构建人工神经网络模型来预测蛋白质二级结构。

PHD 方法主要通过将三个简单的人工神经网络组合成一个复杂网络，从而对于蛋白质二级结构进行预测，其中每个简单网络模型的输入、输出信息都有所不同。例如第一个人工神经网络模型的输入层主要接受氨基酸序列信息和基于多序列比对结果衍生出来的氨基酸频率信息，输出层则对应某一位置氨基酸形成的二级结构；在第二个神经网络中，输入、输出层都是蛋白质二级结构信息；第三个神经网络则是将第二个神经网络的输出信息作为本身的输入信息，而输出信息是最终预测的蛋白质二级结构类型。图 7.7 详细展示了 PHD 方法中三个人工神经网络的结构及每个网络的输入、输出信息。

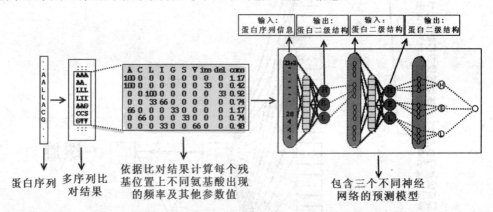

图 7.7　PHD 方法中构成二级结构预测模型的人工神经网络结构

目前运用 PHD 方法预测蛋白质二级结构的操作，可以在法国里昂生物信息中心网站上完成。相应的网址为：http://npsa-pbil.ibcp.fr/cgi-bin/npsa_automat.pl? page = npsasspred.html。

例 7.3　应用 PHD 方法预测朊蛋白的二级结构。

登录 PHD 在线预测蛋白质二级结构的网站，预测界面如图 7.8 所示。

在 PHD 预测界面中，用户除了可以输入预测蛋白质名称和氨基酸序列，还可以选择在结果显示界面中显示序列长度的大小，最后单击"SUBMIT"进行预测。PHD 方法预测二级结构的结果如图 7.9 所示。

根据显示内容可以将预测结果分为三个不同部分：

第一部分主要是显示蛋白质二级结构的预测结果以及简要的统计结果；

第二部分是以图的形式展示蛋白质二级结构的预测结果和对于每个氨基酸预测结果的可靠性比较，其中 α-螺旋、β-折叠和无规则卷曲分别用蓝、红和紫色代表；

第三部分是 PHD 预测网站提供预测结果的下载链接。通过链接用户可以将预测结果下载到计算机上，用 Antheprot 软件进行查看。

PHD SECONDARY STRUCTURE PREDICTION METHOD

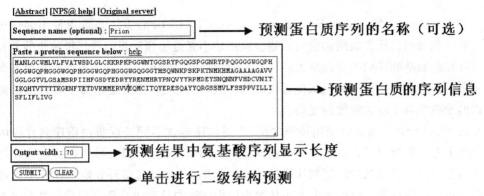

图 7.8 运用 PHD 方法预测蛋白质二级结构的预测界面

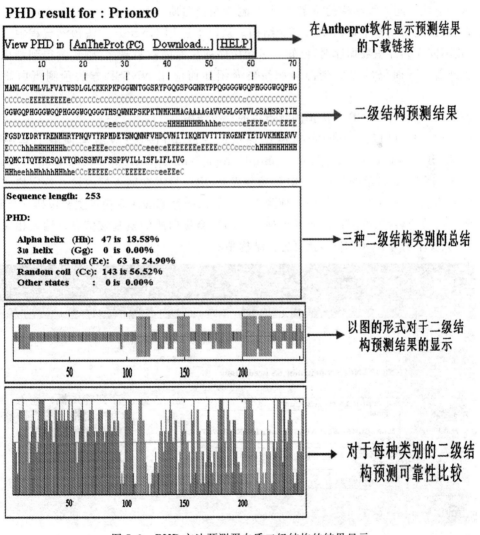

图 7.9 PHD 方法预测蛋白质二级结构的结果显示

7.1.4　NNSSP 预测方法

NNSSP(Nearest-Neighbor Secondary Structure Prediction)方法是运用最小邻近法根据蛋白质序列对蛋白质二级结构进行预测。应用最小邻近法预测蛋白质二级结构的前提是假定具有相似氨基酸序列的蛋白质也将具有相似的二级结构形式。由于预测时充分考虑了与待预测蛋白质具有同源序列的其他蛋白质的二级结构信息,使得运用最小邻近法预测二级结构的准确率有了较大程度的提高。

在运用 NNSSP 方法进行结构预测之前,需要构建包含不同长度蛋白质序列片段的二级结构数据库。预测时首先将待预测蛋白质分成不同长度的序列片段,然后将这些片段分别与数据库中已知二级结构的序列片段进行序列相似性比较,利用打分矩阵计算不同片段之间的序列相似性得分。依据得分大小从数据库中筛选与待测蛋白质序列片段具有序列相似度较高的多条蛋白质序列片段,依据筛选得到序列片段的二级结构,计算不同序列片段中心氨基酸形成不同二级结构的概率,以此预测待测蛋白质序列片段中心氨基酸的二级结构形式,最终预测得到整个蛋白质的二级结构。从以上运用 NNSSP 方法预测流程中可以看出,构建不同序列片段数据库时,已知二级结构序列片段的数目越多,则预测得到结果的准确率就越高。下面仍然以朊蛋白为例简要介绍如何应用 NNSSP 方法预测蛋白质二级结构。

例 7.4　应用 NNSSP 方法预测朊蛋白的二级结构。

NNSSP 程序可以在 SoftBerry 网站提供的在线蛋白质二级结构预测工具中获得(http://linux1.softberry.com/berry.phtml? topic=nnssp&group=programs&subgroup=propt)。图 7.10 显示的是 NNSSP 的预测界面,用户只需在输入框内输入特定格式的氨基酸序列信息,就可进行二级结构的预测。其中输入的氨基酸序列信息主要包括三个部分,即待测蛋白质的名称,待测蛋白质的序列数目和待测蛋白质的氨基酸信息。输入相应信息后,用户只要单击"PROCESS",就可进行结构预测。

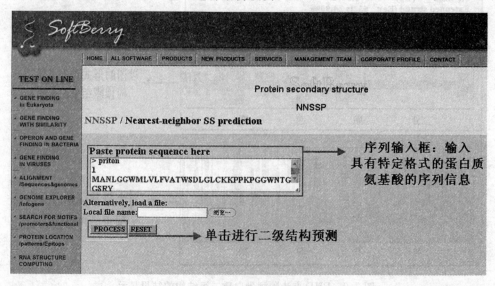

图 7.10　NNSSP 方法的预测界面

NNSSP 预测结果的显示界面如图 7.11 所示。根据显示内容，NNSSP 的预测结果可以分成两部分：

第一部分是朊蛋白的氨基酸数目和对三种预测得到的二级结构（α-螺旋、β-折叠和无规则卷曲）的简单统计；

第二部分详细显示了每个氨基酸形成不同类型二级结构的预测结果。其中"Prob a"表示预测为 α-螺旋的概率，"Prob b"表示预测为 β-折叠的概率，预测为无规则卷曲的概率由公式"10－Prob a－Prob b"得到，其中获得最大概率的二级结构类型将被看作是该位置氨基酸的二级结构。

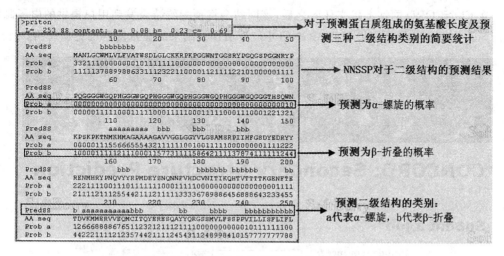

图 7.11　NNSSP 方法预测结果的显示界面

7.1.5　多元预测方法

随着多种蛋白质二级结构预测方法的出现，综合几种不同预测方法对蛋白质二级结构进行预测，已经成为目前预测蛋白质二级结构的主要趋势。与其他预测方法相比，这一类方法综合了多种蛋白质二级结构预测方法的优点，因此具有较高的预测准确率。

目前应用多元预测策略的蛋白质二级结构预测方法包括 SymPsiPred、GOR 和数据库挖掘方法相结合的 CDM 方法、将四种不同预测方法进行线性回归组合的 MLRC 方法以及将七种不同预测方法结合的 CONCORD 方法等。下面以最新开发的 CONCORD 方法为例，介绍多元预测方法的主要预测思想。

CONCORD 方法综合了七种蛋白质二级结构的预测方法，包括 DSC、PROF、PROFphd、PSIPRED、Predator、GorIV 和 SSpro。该方法首先利用已知的蛋白质二级结构作为训练数据，优化设置单独运用七种方法进行二级结构预测时实现最高预测准确率所需要的参数；然后分别运用七种已被参数化的预测方法计算待测蛋白质中每个氨基酸形成不同二级结构的预测可信度分数；之后采用 Mixed Integral Linear Otimization 方法将每个氨基酸的七个不同预测可信度分数重新组合成一个新的可信度得分，根据得分预测每个氨基酸形成的二级结构类型。与其他预测方法相比，CONCORD 方法的预测准确率能够达到 80% 以上，远远高于其他蛋白质二级结构预测方法。

目前该方法已被整合到普林斯顿大学计算机辅助系统实验室的网站上（http://helios.

princeton. edu/CONCORD)，用户可以直接登录到网站，输入需要预测的蛋白序列信息，就可利用该方法进行预测。下面仍以朊蛋白为例简要介绍如何应用 CONCORD 方法预测蛋白质二级结构。

例 7.5   应用 CONCORD 方法预测朊蛋白的二级结构

登录 CONCORD 网站，并在相应位置输入朊蛋白的氨基酸序列，如图 7.12。预测时用户除了以 FASTA 格式提供所要预测蛋白质的氨基酸序列之外，还要求提供一个有效的电子邮箱地址，用于接受返回的预测结果。同时在预测网站的界面上还提供了 CONCORD 方法涉及的七种方法的文献信息。

在 CONCORD 网站上提交任务之后，该网站会将预测的结果发到用户提供的电子邮箱里。与其他方法的预测结果相似，CONCORD 方法预测结果的显示内容也更加简明。

CONCORD: Secondary Structure Prediction

Submit a job

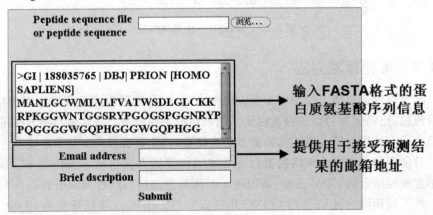

图 7.12   CONCORD 网站的预测界面

如图 7.13 所示，预测结果的内容可以分成四个部分。第一部分和第二部分分别显示待预测蛋白质的氨基酸标号和氨基酸种类；第三部分显示待测蛋白质中每个氨基酸的二级结构类型，其中 H 代表 α-螺旋，E 代表 β-折叠，C 代表无规则卷曲；第四部分显示的是CONCORD 方法对于每个氨基酸的预测可信度得分，得分越高表明对于该氨基酸的二级结构预测的可信度就越高。

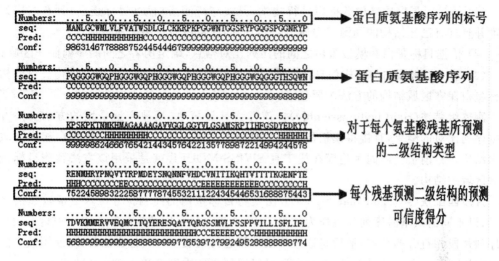

图 7.13　CONCORD 方法预测结果显示界面

7.2　蛋白质空间结构预测

　　1973 年著名生物化学家 Christian Anfinsen 依据变性的核糖核酸酶在一定条件下可以重新折叠成具有生物活性的结构构象,提出在氨基酸序列中一定蕴藏着能够引起蛋白质发生正确折叠的全部信息。基于氨基酸序列信息不仅可以预测蛋白质的二级结构,同样也可以预测蛋白质的空间结构。运用生物信息学方法,依据氨基酸序列信息预测蛋白质空间结构的实质就是从组成蛋白质的氨基酸信息中,分析、挖掘蛋白质空间结构信息。

　　生物信息学中预测蛋白质空间结构的方法包括同源建模、串线法以及从头预测三种方法,三种方法分别适用于不同情况下的蛋白质空间结构预测。如果对于待测蛋白质能够搜索获得与序列具有较高相似度的已知结构蛋白质,则选择同源建模方法进行结构预测;如果只能搜索到较低序列同源性的已知结构蛋白质,则使用串线法预测蛋白质空间结构的效果较好;如果连低序列相似性的已知结构蛋白质都未能搜索到,就只能依靠从头预测方法预测蛋白质空间结构。由于运用从头预测方法预测蛋白质结构不依赖其他蛋白质的结构信息,使得该方法所需要的计算资源较大,因此该方法目前常被用于短序列蛋白质的空间结构预测。下面分别对于三种结构预测方法进行介绍。

7.2.1　同源建模方法(homology modeling)

　　该方法的基本理论依据是具有相似氨基酸序列的蛋白质之间具有相似的空间结构,预测蛋白质的空间结构可以依据该蛋白的同源蛋白质的结构进行预测。研究表明如果依据序列相似性在 50% 以上的同源蛋白质进行预测,则预测得到的蛋白质结构将具有很高的准确性;如果依据同源蛋白质的序列相似度在 30%～50% 之间,则将得到比较准确的预测结果;如果同源蛋白质的序列相似度在 30% 以下,则运用同源建模的方法将很难得到准确的蛋白质结构。

　　运用同源建模方法预测蛋白质空间结构的过程,通常包含以下几个步骤:

（1）通过对蛋白质结构数据库进行搜索，寻找与待测蛋白质（目标蛋白）具有高序列相似度并且具有已知结构的同源蛋白质，将得到的同源蛋白质作为模板蛋白。

（2）依据目标蛋白和模板蛋白之间的序列比对信息，确定两者之间的序列保守区域。

（3）基于模板蛋白的结构信息首先构建出目标蛋白中序列保守区域的结构。目前构建目标蛋白保守区域结构的方法主要包括：

刚体组装法（rigid-body assembly）。该方法是最简单、最被广泛采用的方法。该方法依据序列比对的结果，直接将模板蛋白的序列保守区域的结构复制为目标蛋白相应区域的蛋白结构。目前蛋白质同源建模在线工具 SWISS-MODEL 就是采用该方法预测目标蛋白保守区域的结构。

片段匹配法（segment-match）。该方法是将目标蛋白的序列保守区域分成较短的序列片段，以不同的氨基酸序列片段作为预测单位，从包含蛋白质结构的数据库中搜索得到与这些序列片段相符合的结构，最后将这些片段重新进行组装。与其他方法相比，使用该方法除了可以构建蛋白质主链骨架结构之外，还可以得到蛋白质侧链和环状区域的结构。

空间限制法（satisfaction of spatial restricts）。该方法是同源建模软件 Modeller 预测目标蛋白序列保守区结构的主要方法，该方法假设目标蛋白和模板蛋白序列保守区中相应氨基酸的组成原子之间的距离和角度都十分相似，因此根据序列比对和模板蛋白的结构信息可以得到许多针对目 标蛋白结构的"空间立体化学限制条件"（stereochemical restraints）。同时从其他已知蛋白结构中也可以提取出其他限制约束条件，依据这些约束条件对于模板蛋白的骨架原子进行优化、改造，选择能够最大程度满足所有约束条件的结构作为目标蛋白的预测结构。

仿真进化法（artificial evolution）。该方法通过模拟自然界中蛋白质结构演化过程，根据目标蛋白和模板蛋白之间的序列比对结果和模板蛋白的结构信息，从模板蛋白上直接预测相应区域的目标蛋白结构。目前使用该方法预测蛋白结构的软件较少，只有 JACKAL 软件包中的核心程序使用该方法预测蛋白质骨架结构。

（4）得到目标蛋白质保守区结构之后，下一步主要针对目标蛋白序列保守区域之外的其他区域，包括目标蛋白的氨基末端、羧基末端和连接各个保守区之间区域的结构进行预测。对于以上区域的结构预测主要采用以下两类方法：数据库搜索法和系统构象搜索法。

数据库搜索法的出发点是假定具有相似末端和相同长度的氨基酸序列片段，也将具有相似的空间结构。通过在目标蛋白非保守区域两端的保守区域上分别选取一系列参考原子，计算每两个原子之间的距离作为搜索标准，然后在结构数据库中搜索与搜索标准差别最小的等长序列片段，并将搜索得到的等长片段的结构作为目标蛋白中相应非保守区域的结构。尽管运用数据库搜索方法预测得到的非保守区域结构的准确性比保守区域结构的准确性差，但如果搜索的等长片段与目标蛋白非保守区域同时还具有较高的局部序列相似性，则将会大大提高预测结构的准确度。

系统构象搜索法是依据非保守区域的氨基酸序列从相同片段可能的全部结构构象中选择其中一个能量最小的结构作为该区域的结构。与数据库搜索方法相法，虽然该方法的预测准确率相对有所提高，但随着搜索片段包含氨基酸个数增多，需要搜索的构象数目也相应增多，极大限制了该方法的使用，使得该方法常被用于较小序列片段的结构预测。

（5）当目标蛋白序列保守区及非保守区的主链骨架结构确定之后，下一步就要预测目标蛋白的氨基酸侧链结构。通常氨基酸侧链结构主要依据包含在旋转异构体文库（rotamer library）中的不同氨基酸构象进行预测。根据氨基酸种类和邻近其他氨基酸的限制从旋转异构体文库中搜索得到目标蛋白中每个氨基酸侧链可能的结构，并利用经验能量评价函数对不同结构进行评价，选择具有最低能量的构象作为氨基酸侧链的最终结构。此外在不降低预测准确性的前提下，也可以使用主链依赖的旋转异构体库来确定氨基酸侧链结构，但应用主链依赖的旋转异构体库可以明显缩小异构体结构的筛选空间，减少计算量。

（6）评价目标蛋白的预测结构，选择最优结构作为最终预测结果。在构建目标蛋白结构过程中，通常会产生包含较多不合理的原子间接触和原子重叠区域，这就需要进一步对预测结构进行评价。因此同源建模的最后环节就是利用不同评价方法对于所有预测结构进行评价、筛选，选出一个最为合理的结构作为目标蛋白的空间结构。目前常用于评价蛋白结构的方法包括 PROCHECK 和 Verify3D，两种评价方法均采用基于已知蛋白结构的氨基酸分布或者基于溶液可触及性和局部原子密度等不同氨基酸性质构建的能量函数来判定结构是否位于合理的蛋白质构象区域范围内。

如果经过上述评价步骤后仍然有许多结构被保留，一些同源建模方法会使用聚类分析方法，将得到的蛋白结构按照结构差别进行分类。将结构差别小于规定阈值的结构划分为同一类结构中，最后从含有结构数目最多的一类结构中，选出能量最低的结构作为目标蛋白结构。图 7.14 简要列举了应用同源建模方法预测蛋白质空间结构的一般流程以及在每一步中所使用的方法。

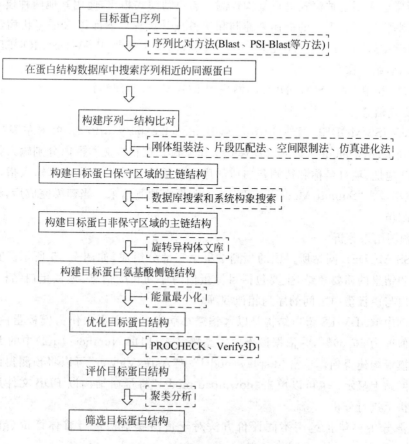

图 7.14　同源建模方法预测蛋白结构的过程及所涉及的方法

随着已知结构蛋白质数量的增多,同源建模方法已成为蛋白质结构预测的首选方法。目前常用的同源建模方法软件是加州大学旧金山分校 Andrej Sali 实验室开发的 MODELLER 和由瑞士生物信息研究所和巴塞尔大学维护的 SWISS-MODEL 网站。其中 SWISS-MODEL 是目前最著名的用于预测蛋白质空间结构的网站,该网站共包括三个模块：SWISS-MODEL pipeline 指用于蛋白质空间结构预测的一系列软件和数据库；SWISS-MODEL workspace 指用于蛋白质空间预测的图形界面；SWISS-MODEL repository 包含几种模式生物的不同蛋白质结构的模型数据库。

通常利用 SWISS-MODEL 网站预测蛋白质结构包含以下四个步骤：

(1) 结构模板的鉴定。一般情况下使用 BLAST 方法从 SWISS-MODEL 模板文库中搜索同源序列。如果没有合适的结构模板被发现,则另一种用于搜索较远同源性序列的搜索方法 HHsearch 将被应用去搜索模板蛋白；

(2) 将预测蛋白质序列与模板蛋白结构进行比对,构建序列-结构比对；

(3) 根据序列-结构比对,利用刚体组装法构建待测蛋白质的空间结构；

(4) 使用 QMEAN、ANOLEA 和 GROMOS 三种方法对蛋白结构进行评价。

此外在预测蛋白质结构时,SWISS-MODEL 还提供了三种不同的工作模式,即自动模式(automated mode)、比对模式(alignment mode)和项目模式(project mode)。其中采用自动模式时,用户只需提供预测蛋白质的序列,SWISS-MODEL 网站便可自动进行模板选择、构建比对、建立结构和评价结构等步骤。当预测蛋白序列与模板蛋白序列的相似度大于50%时,通常会采用这种模式进行结构预测。与自动模式相比,使用其他两种模式进行蛋白质结构预测,需要一些人为的操作来控制和调整预测过程。下面以水稻瘤状病毒的外衣壳蛋白(RGDV-P8,UniprotKB AC：P29077)为例,简要说明采用 SWISS-MODEL 的自动模式进行蛋白质结构预测的过程。

例 7.6　利用 SWISS-MODEL 网站预测 RGDV-P8 空间结构。

(1) 提交信息

登录 SWISS-MODEL 网站(http://swissmodel.expasy.org/)。单击左侧"Modelling"下方的"Automated mode",进入自动模式工作窗口。在相应文本框内分别输入接收结果信息的 Email 地址、项目名称和待测蛋白质的序列。除此之外用户也可以输入指定的模板蛋白信息,完毕单击"Submit Modelling Request",提交预测请求。当建模完成后,结果将被发送到指定邮箱。

(2) 预测结果分析

SWISS-MODEL 网站所提供的预测结果由三部分组成,如图 7.15 所示。其中第一部分是对预测结果的简要总结,主要包括目标蛋白的序列长度信息、模板蛋白结构的 PDB 号及目标蛋白与模板蛋白之间的序列相似度等。

在本例中 RGDV-P8 蛋白结构是以水稻矮小病毒的核心蛋白作为模板蛋白,两者之间的序列相似度为50.59%,并依据该蛋白质晶体结构(PDB Number：1uf2)中的 R 链蛋白质结构作为模板构建得到。单击"display model"中"AstexViewer"可以将预测得到的蛋白结构直接在网站上显示；也可以单击"download model"将蛋白结构以 PDB 文件形式下载到本地计算机上进行分析。

第二部分主要包含运用不同评价方法对于蛋白质结构进行整体评价(global model

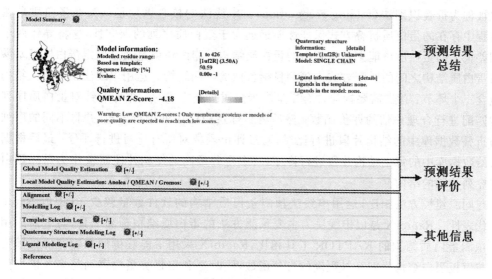

图 7.15 SWISS-MODEL 服务器的预测界面

quality estimation）和局部评价（local model quality estimation）的结果，其中基于 "QMEAN4 global scores"对于目标蛋白的结构进行整体评价，并以表的形式显示评价蛋白质结构的"QMEAN4 global scores"不同组成项的得分值。同时 SWISS-MODEL 网站还提供了 QMEAN、ANOLEA 和 GROMOS 三种用于蛋白质局部结构的评价方法，并且以图形的形式分别显示三种不同方法的评价结果。详细的评价结果如图 7.16 所示，横坐标表示组成目标蛋白中各个氨基酸残基，纵坐标表示利用不同方法针对每个氨基酸计算得到的势能值。图中灰色区域表示比较合理的蛋白质结构，而黑色区域表示非合理的蛋白质结构。第三部分是与预测相关的其他信息，用户单击"Alignment"就可以获得用于预测目标蛋白结构的序列-结构比对结果以及模板蛋白选择和模型构建等其他详细信息。

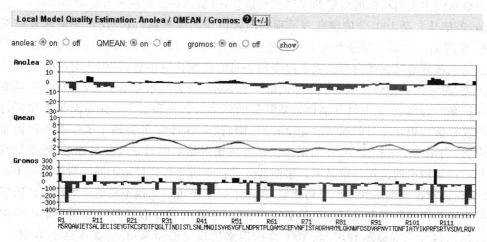

图 7.16 SWISS-MODEL 网站对于预测结构的局部评价结果

7.2.2 串线法（threading）

串线法不仅可以用于蛋白质空间结构预测，还常用于蛋白质折叠方式的识别，因此该方法也被称为折叠识别法（folding recognition）。串线法的核心思想是认为在蛋白质自然进化过程中存在的蛋白质折叠方式保守性要远远大于蛋白质序列的保守性，这将导致两个序列相差很大的蛋白质可能会具有相似的蛋白质结构。串线法就是通过确定蛋白质氨基酸序列与蛋白质结构之间的匹配方式来预测目标蛋白的空间结构。运用串线法预测蛋白结构主要包含三个环节：首先需要构建含有尽量多蛋白质折叠方式的数据库和针对蛋白质序列和结构匹配进行合理评估的评价函数；然后将目标蛋白的序列进行分段，并将不同的序列片段与折叠数据库中的结构片段进行比对，通过评价函数对所有比对进行评分；最后根据得分值给数据库中的每个结构片段进行排序，其中得分最高的结构片段将被作为目标蛋白中相应序列片段的结构。

与同源建模方法相比，运用串线法预测蛋白质结构的软件数量较少，其中以 RaptorX 最具代表性。RaptorX 是以串线法为主要预测方法的蛋白质结构预测工具，与之前运用串线法预测蛋白质结构的 RAPTOR 工具相比，RaptorX 采用了能够更加准确评价目标蛋白序列与模板蛋白结构之间互补程度的打分函数，同时还利用目标蛋白序列与多条模板蛋白结构的比对结果进行蛋白结构预测。下面仍以预测水稻瘤状病毒的外衣壳蛋白（RGDV-P8）结构为例简要介绍运用 RaptorX 网站进行蛋白结构预测的主要过程。

例 7.7 基于 RaptorX 网站采用串线法预测 RGDV-P8 空间结构。

（1）提交信息。登录 RaptorX 网站（http://raptorx.uchicago.edu/predict/）。如图 7.17 所示，在"Jobname"和"Email"两栏中分别填入项目名称和接收预测结果的邮箱地址。此外在"Sequence"栏中输入需要预测蛋白质的序列；在"Job Settings"中将"Jobtype"设置成"Structure prediction"；最后单击"Submit"进行蛋白结构预测。同样当结构预测完成后，RaptorX 网站会将预测结果信息发送到指定邮箱。

（2）预测结果分析。打开 RaptorX 网站提供的链接，单击"3D and function for the whole sequence"，将会以图形方式显示预测结果（图 7.18）。该结果主要包括六个部分：第一部分显示预测蛋白结构所用到的序列比对信息，包括每一比对在所有比对中的排序、比对的分值（范围从 0 至 100，分值越高表示预测的蛋白结构越准确）以及比对中所涉及模板蛋白结构的 PDB 号。第二部分是对于预测蛋白质结构的图形显示和设置显示效果的不同选择项。第三部分是目标蛋白与模板蛋白序列之间的详细比对信息，其中比对的氨基酸被分成几大类，每一类氨基酸在结果中用不同的颜色显示，例如疏水氨基酸为红色，含有羟基和氨基的氨基酸为绿色，而碱性和酸性氨基酸分别显示为紫色和蓝色。比对结果中如果目标蛋白与模板蛋白相互比对的氨基酸完全相同，则用"＊"标记；如果两个氨基酸不同但属于同一大类，则用"："来标记，另外如果将鼠标放到比对结果中的氨基酸名称上，则该氨基酸在目标蛋白结构中的位置将被显示。第四部分提供了用于选择显示不同比对结果的下拉菜单，如果在预测过程中用到多个序列比对，单击下拉菜单可以切换不同的序列比对。第五部分是可以下载比对结果和模板信息的链接，但唯一不足的是没有提供下载预测蛋白结构的链接。第六部分主要显示利用 BLAST 算法搜索模板时的结果信息，在本例中 RGDV-P8 蛋白结构是以水稻矮小病毒核心蛋白的晶体结构（PDB Number：1uf2）的 C 链为模板构建得到的，其中两者序列比对的比值为 82。

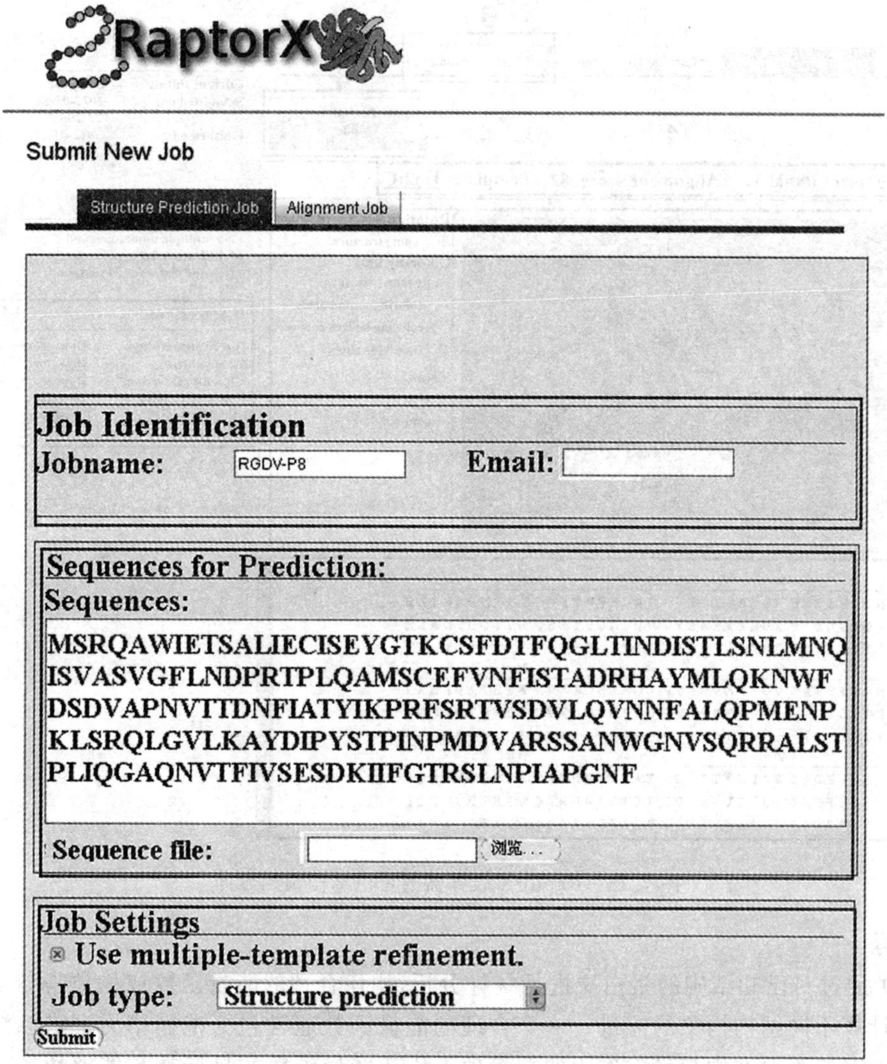

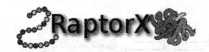

Submit New Job

Structure Prediction Job | Alignment Job

Job Identification
Jobname: RGDV-P8 　　**Email:**

Sequences for Prediction:
Sequences:
MSRQAWIETSALIECISEYGTKCSFDTFQGLTINDISTLSNLMNQ
ISVASVGFLNDPRTPLQAMSCEFVNFISTADRHAYMLQKNWF
DSDVAPNVTTDNFIATYIKPRFSRTVSDVLQVNNFALQPMENP
KLSRQLGVLKAYDIPYSTPINPMDVARSSANWGNVSQRRALST
PLIQGAQNVTFIVSESDKIIFGTRSLNPIAPGNF

Sequence file: 　　浏览...

Job Settings
⊠ **Use multiple-template refinement.**
Job type: Structure prediction ▲▼

Submit

图 7.17　RaptorX 网络服务器的预测界面

7.2.3　从头预测(*ab initio*)方法

　　在没有已知结构的同源蛋白质作为模板时,上述两种预测方法都将无法进行蛋白质结构预测。这时只能运用从头预测方法,仅仅依据蛋白质的氨基酸序列信息来预测其结构。通常从头预测方法包含三个组成部分:

　　(1) 用几何简化的形式表示蛋白质结构。由于组成蛋白质的原子个数非常多,为了减小预测过程中的计算量,有必要对蛋白质组成进行近似处理,例如使用一个或几个原子的简化模型代表一个氨基酸残基。对蛋白质组成进行简化处理可以明显减少蛋白质可能采取的构象数目,从而针对中等序列长度大小的蛋白质,可以在相对有限的构象空间中进行穷举搜索,得到具有最低能量值的结构构象;而对于长序列的蛋白质来说,简化模型可以在有限的构象空间内对所有可能的构象进行有效地取样,从而较准确地搜索获得与最低能量值相接

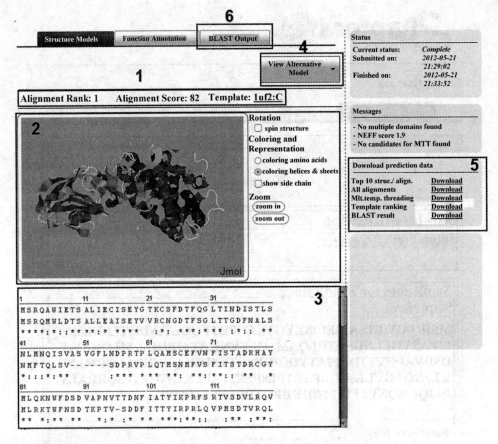

图 7.18　RaptorX 服务器的蛋白结构预测界面

近的构象。

（2）通过对已知结构的蛋白质进行统计分析，构建合理的能量函数或构象得分函数，以便准确计算不同结构构象的能量。一个合理的能量函数通常包括范德华力、氢键、溶剂、静电和其他对于蛋白结构起稳定作用的能量项。构建能量函数的目标就是能够快速、准确地评价蛋白质结构，从而区分合理和非合理的结构区域。

（3）应用有效的构象空间搜索方法，如蒙特卡罗、模拟退火方法或遗传算法对蛋白构象空间进行搜索，准确找到构象空间中具有最低能量的构象或接近于最低能量的最优构象，最后将得到的结构构象作为目标蛋白结构。

在以上三个组成部分中，构象空间搜索和能量函数构建被认为是从头预测方法预测蛋白质结构的关键。相比于其他两种基于模板蛋白信息进行蛋白质结构预测的方法，从头计算法所需的计算量更大，这也限制了该方法的使用。目前最常用的从头计算法是华盛顿大学 David Baker 小组开发的 ROSETTA 软件和相应的 ROBETTA 网站。其中 ROBETTA 网站是目前应用从头计算方法预测蛋白质结构常用的网站；当用户在该网站上提交预测蛋白的序列信息之后，网站会自动将序列分成许多片段，然后利用 BLAST、PSI-BLAST 等比对方法基于片段信息搜索模板蛋白。如果能够寻找到与待测蛋白质序列相似度较高的模板蛋白，就采用基于模板蛋白的方法预测蛋白质结构。当未能搜索到相应的模板蛋白时,将会采用从头计算的方法预测蛋白质结构。在运用从头计算方法预测蛋白质结构时,ROBETTA 网站会产生一个包含有三个或九个氨基酸残基片段的结构构象文库。基于预测蛋白质的氨基酸序列信息,ROBETTA 网站将所有构象文库中与待测蛋白质的氨基酸序列相一致的片段进行组装,这时会产生大量的不同构象;随后按照打分函数对这些不同结构进行筛选,去除错误结构构象;最后将得到的合理构象进行聚类分析,从包含构象数目最多的前四个构象簇中选择能量最低的结构和不属于以上四个构象簇中的能量最低的蛋白质结构作为预测蛋白质最有可能的五个结构。下面以预测拟南芥 ELF3(UniprotKB AC:O82804)蛋白空间结构为例简要介绍运用 ROBETTA 网站进行蛋白结构预测的主要过程。

例 7.8 基于 ROBETTA 网站采用从头计算方法预测拟南芥 ELF3 蛋白结构。

(1) 提交信息。

登录 ROBETTA 网站(http://robetta.bakerlab.org/)首先进行注册,注册之后即可提交预测任务。ROBETTA 网站的提交预测任务界面如图 7.19 所示。

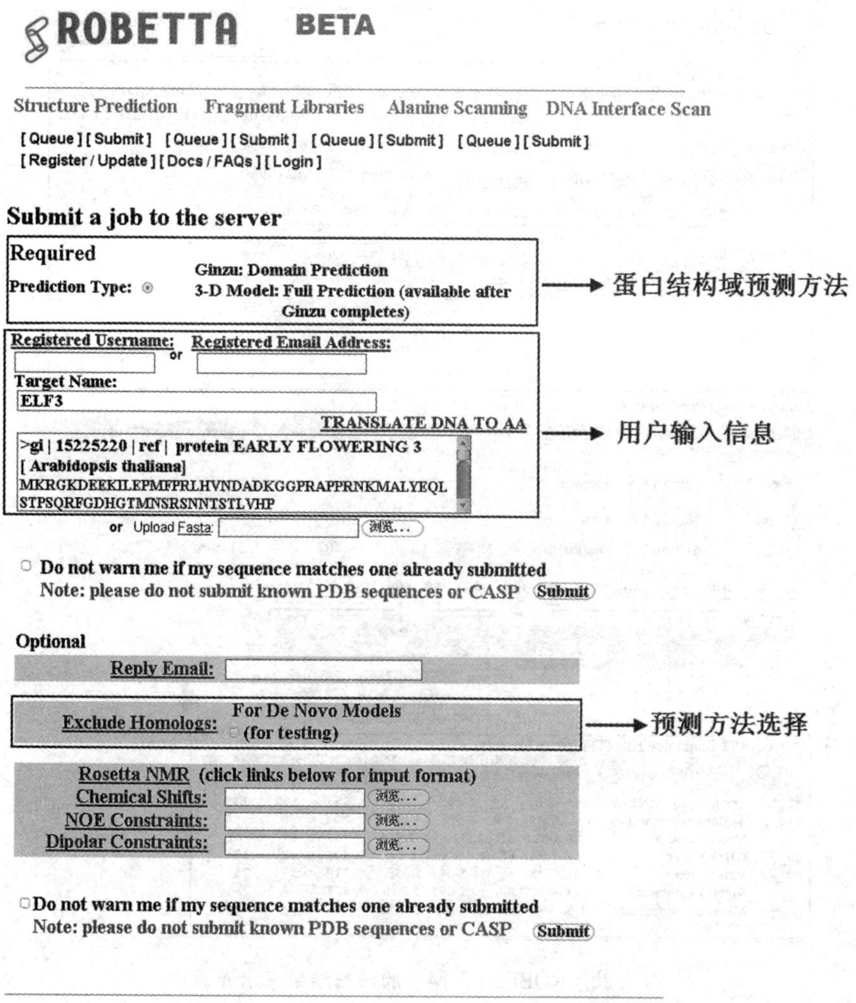

图 7.19 ROBETTA 服务器的蛋白结构预测界面

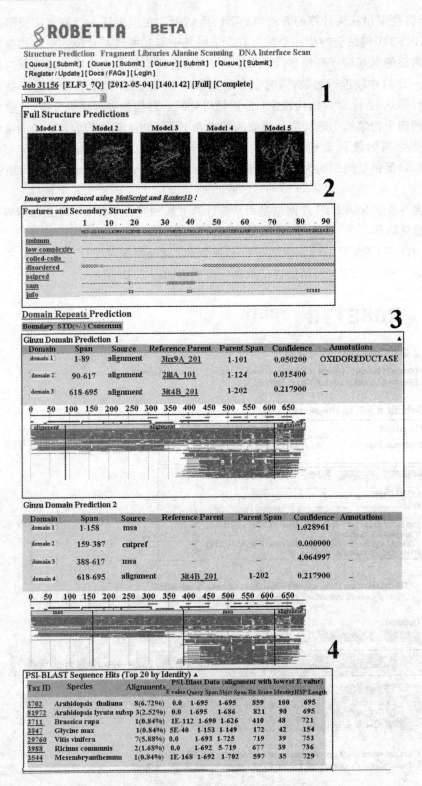

图 7.20　ROBETTA 网站的预测结果显示界面

    该预测界面中与蛋白质结构预测相关的内容可以分成三个部分：第一部分显示 ROBETTA 网站提供用于结构域预测的 Ginzu 方法的信息；第二部分是用户输入信息，包括用户需要提供注册时的用户名或邮箱地址，同时要提供本次预测的任务名称。这些信息将有助于提交任务之后快速查询提交任务的状态；第三部分是预测方法的选择。由于 ROBETTA 网站可以使用基于模板蛋白和从头计算两种方法进行蛋白质结构预测，因此用户可以自行选择是否利用两种方法或只用从头计算方法进行蛋白结构预测，最后单击"Submit"完成任务提交过程。

    （2）预测结果分析。

    ROBETTA 网站的预测结果显示如图 7.20 所示。预测结果可以被分成四个部分：

    第一部分是以图片形式显示预测蛋白质的 5 个可能结构，包括从构象数目最多的前四个构象簇中选择能量最低的蛋白质结构和从四个构象簇之外选择的一个能量最低的蛋白质结构。此外在每张图片下方还提供了下载相应 PDB 结构文件的链接，方便用户可以直接下载得到蛋白质结构。

    第二部分是对于不同蛋白质结构特征和二级结构的预测结果，包括运用 TMHMM 方法预测蛋白质结构中的跨膜螺旋区的预测结果，运用 SEG 方法预测蛋白质序列中低复杂度区域的预测结果，运用 COILS 方法预测蛋白质结构中复合螺旋区的预测结果，运用 DISOPRED 方法预测蛋白质结构中非稳定区域的预测结果以及运用 PSIPRED、SAM-T99 和 Jufo 三种方法预测蛋白质二级结构的结果。

    第三部分包括采用 Ginzu 方法得到的蛋白质结构域的预测结果以及用于蛋白质结构域预测的 NRPSI-Blast 多序列比对结果。

    第四部分是蛋白质多序列比对信息，包括用于序列比对的 20 种不同生物中具有最低 E 值的蛋白质序列信息。

    本章学习了用于预测蛋白质二级结构和空间结构的常用方法和应用软件及网站。随着计算机计算能力的发展和人们对于蛋白质结构理解的深入，今后将会发展出更多有效的蛋白质结构预测方法。这些方法除了依据蛋白质序列信息之外，其他信息也将被结合到预测过程中，从而使蛋白质结构的预测准确率得到进一步提高。

第 **8** 章

生物信息学与人类复杂疾病

　　人类发展的历史也是与疾病不断斗争的历史。随着科学技术和医疗卫生事业的发展，人类已经为越来越多的疾病找到预防和控制的手段。但是，迄今为止，对许多常见和重大疾病如肿瘤、心脑血管系统疾病、代谢系统疾病和神经系统疾病等，还缺乏有效的防治方法。另一方面，随着人类生存环境和生活方式的改变以及老龄化社会的到来，一些与这些因素相关的疾病如药品/毒品依赖、抑郁症和老年痴呆症等的发病率不断上升。以上疾病的共同特点是发病原因和发病机理十分复杂、发病周期长且难以控制，人类对其发病原因和过程的认识尚不充分。因此，如何有效地诊断和治疗这类复杂疾病，不仅是医疗卫生事业，也是生物医学研究领域面临的重大挑战。近年来，随着生物科学和医学的快速发展，尤其是伴随着基因组学、高通量分子生物学分析技术以及相关数据分析方法和工具的发展和完善，使得从更广的范围和更深的层次研究复杂疾病发生和发展的分子机理成为可能。本章将介绍生物信息学在复杂疾病研究中的应用以及相关的概念、研究方法和数据库等。

8.1　人类复杂疾病及其分子机理

8.1.1　人类疾病及复杂疾病

　　现代遗传学和分子生物学对医学的贡献之一，是把疾病与染色体的缺陷或基因表达的异常关联起来，使得可以从分子水平研究和认识疾病的发病机理和过程。在有些疾病的发病过程中，遗传因素占主导地位，而且疾病的发生主要与单个基因的功能或表达水平的异常有关，这类疾病在家系成员中的传递符合孟德尔定律，被称为单基因疾病（monogenic diseases）或孟德尔式遗传疾病（mendelian diseases）。据世界卫生组织估计，目前已经确认的单基因疾病大约有 1 万种，典型的疾病包括血友病、白化病、色盲等。单基因疾病在人群中的发病率通常为 1/10000 或更低，因而这类疾病也被称为稀有疾病（rare diseases）。

　　与单基因疾病不同，大多数疾病的发生与遗传、外部环境、生活方式和年龄等多种因素有关，比如多个基因的变异、环境因素（如环境污染、致病微生物等）、个体的生活方式以及不同因素之间的相互作用，因而被称为复杂疾病（complex diseases）。对于复杂疾病来说，每个与之相关的基因或其他因素的影响通常比较小，其单独存在时一般不足以致病，而当多种因素协同作用时，疾病发生的风险就显著增加。复杂疾病在普通人群中发病率较高（一般不少于 1%），所以也叫"常见疾病"（common diseases），如癌症、心血管疾病、代谢性疾病、免疫性疾病等。由于复杂疾病的发生是遗传易感性、生理状态和环境等多种因素交互作用的结果，个体的患病风险与各因素之间存在不同程度和不同层次的关联，也导致了发病的分子机理十分复杂。

　　由于复杂疾病的发生和发展过程与多个基因相关，其遗传特性明显不同于单基因疾病，在家系中的传递不符合孟德尔规律，而且疾病的基因型与表型之间存在多基因致病、多层次调控以及临床表型复杂等特征。同时，复杂疾病的遗传易感性不一定表现在基因对疾病表型本身的直接影响，而可能是通过影响疾病的中间性状的间接后果。这些基因之间没有显性和隐性的区别，而是共显性；但是每个基因对表型只有较小或微小的影响；只有若干个基因共同作用，才可对表型产生明显影响。单基因疾病和复杂疾病的比较如图 8.1 所示。对于单基因遗传疾病，个体患某种疾病的风险完全取决于特定基因的一个突变。对复杂疾病而言，个体患病的遗传风险与多个基因的变异相关。此外，个体所处的环境以及生活方式等多种因素对疾病的发生风险也有很大影响。但是，就具体因素来说，单个基因的变异、单一的环境因素或其他原因，通常并不足以使个体患病。因此，人群中复杂疾病的发病风险与个体的遗传因素、所处的环境和生活方式等多种因素相关。

　　复杂疾病不仅与遗传因素有关，与环境因素也有密切的关系。据世界卫生组织估计，全世界高达 24% 的疾病是由可预防的环境因素引起的，由环境因素造成的死亡人数每年大约有 1300 万。在最不发达地区有近三分之一的死亡和疾病可归因于环境原因。一些主要疾病如心血管疾病、下呼吸道感染、癌症和慢性阻塞性肺病等所造成的死亡人口中，80% 以上与环境因素有关。环境因素对疾病的影响主要是通过直接或间接地影响基因、蛋白质等分子的表达、活性或功能来实现的。一方面，环境中的放射性元素、紫外线和重金属等可能使DNA 分子发生变异，使得某些基因的表达异常，例如可能使通常处于抑制状态的癌基因激活，使得正常细胞转变为癌细胞；这些因素也可能使某些蛋白质分子功能失活，从而影响细胞的机能和活性。另一方面，环境因素可以通过影响 DNA 分子的甲基化或组蛋白的乙酰化来调节基因的表达。此外，环境因素可能直接影响某些组织或器官中特定基因或蛋白质的功能，并间接地调节和影响其他组织和器官中基因的表达。越来越多的证据表明环境因素与基因之间的交互作用在复杂疾病的发生和发展过程中起着关键性作用，但它们之间的关系十分复杂。在同样的环境条件下，由于基因型的差异，不同个体对特定疾病的患病风险不同；而具有相同基因型的个体（如同卵双胞胎）在不同的环境中患病的风险也可能不同。

　　除了遗传因素和环境因素，年龄和个体的生活方式等因素对复杂疾病的发生和发展也有重要影响。这些因素也是通过与基因之间的交互作用影响疾病的发生和发展的，并且与环境因素的影响有密切关联，所以有时候也被归为环境因素。例如，大多数复杂疾病的症状都是在中老年阶段才开始显现，这是因为与疾病相关的基因变异或有害物质需要较长时间的积累才能对机体机能产生明显的影响；合理的饮食和良好的作息对于预防许多疾病具有明显效果。

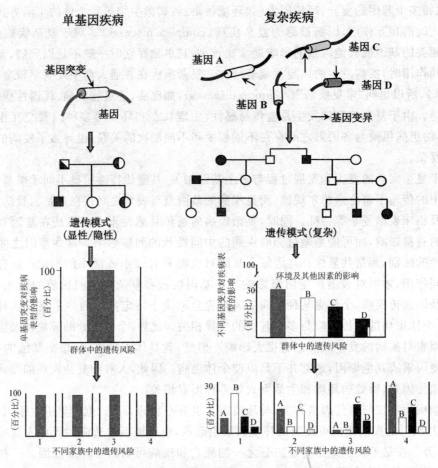

图 8.1　单基因疾病和复杂疾病的比较

　　疾病种类繁多,其分类也有不同标准。目前通用的标准是世界卫生组织提供的国际疾病分类体系,即 International Classification of Diseases (ICD)。该系统的网址为：http://www.who.int/classifications/icd/。ICD 已被包括我国在内的许多国家接受,成为疾病、损伤及死亡原因等的标准化分类工具。它对于各个国家在人口问题研究、医学研究、卫生政策制定以及国际间的交流,起着重要的作用。

　　环境对疾病的影响也颇受重视。美国 NIH 设立了专门的机构,即国立环境健康科学研究所(National Institute of Environmental Health Sciences,简称 NIEHS,网址 www.niehs.nih.gov)。该机构的主要任务之一是通过领导和资助相关研究工作,增进对环境在疾病发生和发展过程中作用的理解。

8.1.2　复杂疾病发生的分子机理

　　复杂疾病往往不仅是某一器官的单一病变,而可能是多种因素引起的人体系统机能不协调所导致的一个或多个器官的损伤。复杂疾病的影响因素众多而且各因素之间关系十分复杂,一般不能归因于某些基因或个别因素。就分子机理而言,复杂疾病的发生是与遗传易感性相关的多个基因和非遗传因素相互影响的结果。

在图 8.2 中描述了影响慢性肾炎的各种因素之间的关系。对于复杂疾病,个体的基因型决定了个体对于该疾病的遗传易感性。后天的环境因素,也可能造成 DNA 损伤及基因突变,使得某些与疾病相关的基因表达异常;同时,环境因素也可能通过影响表观遗传或通过影响细胞所处的生理环境影响基因的表达。从分子水平而言,由于影响和调控基因表达的因素及途径有多种,下面对与疾病相关的分子机理进行简单介绍。对于同一种疾病,不同的分子机理可能都会以不同的方式参与,因此,这些不同的分子过程不是互相排斥和对立的,而是互相关联的。

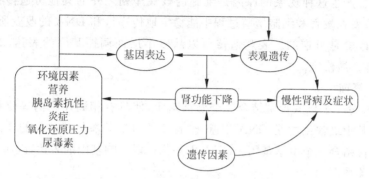

图 8.2 慢性肾病与遗传因素和其他因素之间的关系

1. 多基因和蛋白质参与的人类疾病

复杂疾病的发生和发展是遗传因素和环境因素等共同作用而引起的,在此过程中,不论是遗传因素起的作用大还是环境因素所起作用大,其共同的特点都是在与疾病相关的组织和器官中相当数量的基因或蛋白质的表达丰度(mRNA 或蛋白质在细胞或组织中的浓度)出现异常。参与复杂疾病过程的基因或蛋白质,有的直接与疾病的某些症状相关联,有的则是被其他因子调控的中间分子。因此,检测和确定与疾病相关的基因和蛋白质,不仅对于认识疾病的分子机理,而且对于医疗诊断和治疗,都是很重要的。

研究基因和蛋白质等分子与疾病之间的关系,一直是生物学和医学研究的中心任务之一。在不同领域的研究人员的共同努力下,目前已经建立了许多收集整理生物学分子与疾病相关信息的数据库,为疾病、尤其是复杂疾病的进一步深入研究奠定了基础。其中比较常用的数据库如下所述。

(1) 人类孟德尔遗传数据库

人类孟德尔遗传数据库(Online Mendelian Inheritance in Man,简称 OMIM),其网址为 http://www.ncbi.nlm.nih.gov/omim。这是一个收集人类基因与相关疾病信息的比较全面且持续更新的数据库。该数据库主要着眼于可遗传的或遗传性的疾病,但是对基因和疾病其他方面的信息收集也很全面,它所收集的内容包括疾病及相关基因的文本信息及相关参考信息、序列记录、图谱等。

(2) 癌症基因数据库

癌基因组解析计划(The Cancer Genome Anatomy Project,简称 CGAP),是由美国癌症研究所(National Cancer Institute,简称 NCI)领导的一个交叉学科研究计划,其目的是确定正常细胞、癌症前期细胞以及癌细胞的基因表达图谱,并以此来促进癌症的检测、诊断和治疗。它所采取的主要手段是利用已有的知识和工具,在 DNA 序列水平上寻找与癌症相

关的变异,然后再运用各种新技术进一步找到致癌的原因。另一个与癌症相关的数据库是
Cancer Genetics Web,其网址为:http://www.cancerindex.org/geneweb/index.htm。该
数据库的目的是通过整合与癌症及相关疾病和有关的基因、蛋白质的资料,为癌症研究提供
比较全面的信息。

2. 表观遗传与人类疾病

表观遗传指的是在 DNA 序列不发生变化的情况下,基因的表达或细胞表现型发生了
可遗传的改变。产生这种现象的原因是细胞内核酸序列之外的其他可遗传物质发生了改
变,而且这种改变在发育和细胞增殖过程中能稳定地传递。和 DNA 的改变所不同的是,许
多表观遗传的改变是可逆的。表观遗传可以从多个层面调控基因的表达,其中主要包括
DNA 修饰和蛋白质修饰。

(1) DNA 修饰

即在 DNA 分子上以共价键结合一个修饰基团,使具有相同序列的等位基因处于不同
的修饰状态。其中最常见的是 DNA 甲基化,即在 DNA 甲基化转移酶的作用下,在 DNA
序列的某些部位结合一个甲基基团。DNA 甲基化可以影响基因的表达,因而与人体的发育
和疾病有密切关系。

(2) 蛋白质修饰

即通过对一些特殊蛋白修饰或改变其构象实现对基因表达的调控,其中最主要的是组
蛋白的乙酰化和去乙酰化。组蛋白乙酰化与基因活化以及 DNA 复制相关,去乙酰化和基
因的失活相关。由于乙酰化和去乙酰化直接参与基因的转录调控和 DNA 损伤修复等环
节,因而和转录调控、细胞周期、细胞分化和增殖、细胞凋亡等多个过程相关。乙酰化酶的突
变导致正常基因不能表达,去乙酰化酶或一些与之相关的蛋白的突变可能会使去乙酰化酶
错误聚集,从而引发肿瘤等疾病。

目前已经建立了多个专门收集和整理表观遗传学修饰信息的数据库系统,其中主要的
数据库之一是人类表观基因组计划 (Human Epigenome Project,简称 HEP)。人类表观基
因组协会(Human Epigenome Consodium 简称 HEC;http://www.epigenome.org)于
2003 年 10 月正式开始实施 HEP。该计划的目的是在全基因组范围内确定、分类和解释人
类基因在所有主要组织中的 DNA 甲基化模式,绘制人类基因组在不同组织和疾病状态下
的甲基化可变位点(methylation variable positions,MVP)图谱。HEP 开发出了专用于
MVP 数据检索与分析的在线浏览器 MVPViewer。

3. 单核苷酸多态性与人类疾病

单核苷酸多态性(single nucleotide polymorphism,SNP),主要是指在基因组水平上由
单个核苷酸的变异所引起的 DNA 序列多态性,它是人类可遗传的变异中最常见的一种。
SNP 在人类基因组中广泛存在,估计其总数在 300 万个以上。SNP 所表现的多态性只涉及
单个碱基的变异,这种变异可由单个碱基的转换(transition)或颠换(transversion)所引起。
转换是指核苷酸对应的碱基由嘧啶变换为嘧啶(如由 C 变换为 T),或由嘌呤变换为嘌呤
(如由 G 变为 A);颠换是指核苷酸对应的碱基由嘌呤变换为嘧啶(如由 A 变为 C 或由 G 变
为 T),或由嘧啶变换为嘌呤(如由 C 变为 G 或由 T 变为 A)。在基因组 DNA 中,SNP 可能
位于基因序列内部,也有可能位于基因外部的非编码序列上。目前已知的大部分人类遗传

疾病都与 SNPs 有关。由 SNPs 导致的有意义的突变可能发生在基因序列的各个区域。存在于编码区以及紧邻编码区上下游序列中的 SNPs 可能影响基因的表达水平,或者改变该基因所对应的蛋白质序列中氨基酸残基的种类,进而使蛋白质的结构和功能发生变化。

与 SNP 分析相关的研究计划和数据库有多个,表述如下。

(1) 国际人类基因组单体型图计划

国际人类基因组单体型图计划(The International HapMap Project,简称 HapMap,http://hapmap. ncbi. nlm. nih. gov),是一个包括中国在内的多个国家参与的合作项目,旨在确定和编目与人类遗传相似性或差异性相关的信息。HapMap 计划的目标是通过比较不同个体的基因组序列来确定人类染色体上共有的变异区域,建立人类基因组中常见遗传多态性位点的目录,描述这些变异的形式、在基因组上的位置以及在同一群体内部和不同人群间的分布状况。HapMap 的重要价值在于揭示复杂性疾病的遗传因素。复杂性疾病的遗传易感性通常与多个基因的微效变异相关,并且有很大的个体差异。因此,揭示这类疾病的遗传模式需要大量的群体样本并对数量巨大的 SNPs 进行关联分析,这在 HapMap 构建之前几乎是不可能的。HapMap 通过构建不同人群的高密度 SNP 图谱,分析确立单体型及其中 SNPs 的连锁性质和标签 SNPs,使研究人员可以根据这一庞大的遗传图表和人类群体的分子遗传机制,为发现复杂性疾病的相关易感基因确定研究方案并选择需要进行分析的标签 SNPs。HapMap 的构建分为三个步骤:①在多个个体的 DNA 样品中鉴定单核苷酸多态性(SNPs);②将群体中频率大于 1% 的那些共同遗传的相邻 SNPs 组合成单体型;③在单体型中找出用于识别这些单体型的标签 SNPs。通过对标签 SNPs 进行基因分型分析,可以确定每个个体拥有的单体型。利用 HapMap 获得的信息,有助于研究人员发现与人类健康、疾病以及对药物和环境因子的个体反应差异相关的基因。

(2) 单核苷酸多态性数据库

单核苷酸多态性数据库 dbSNP(http://www3. ncbi. nlm. nih. gov/SNP/)是由 NCBI 与人类基因组研究所(National Human Genome Research Institute)合作建立的,它是关于单碱基替换以及短插入、删除多态性的资源库,其目的是为已确定的遗传变异建立一个全面完整的数据库。到目前为止,已经累计有超过 1.84 亿份数据提交到 dbSNP 数据库,其中包括来自 55 个物种的 6400 余万个 SNP 的数据。dbSNP 对数据提交的格式和内容都有严格的标准,以保证数据的正确性和有效性。

(3) 基因型和表型数据库

基因型和表型数据库(The database of Genotypes and Phenotypes,简称 dbGaP,网址为 www. ncbi. nlm. nih. gov/sites/entrez? db=gap)是 NCBI Entrez 系统的一部分,它负责管理与表型相关的遗传特征(基因型)。该数据库收录的资料来自由 NIH 资助的全基因组关联分析(genome-wide association study,GWAS)结果。目前 dbGaP 数据库收录的数据来自数十个研究项目,用户可以通过疾病名称或基因名称进行搜索、浏览。

4. 非编码 RNA 与基因调控

RNA 可通过某些机制实现对基因转录的调控以及对基因转录后的调控。功能性非编码 RNA 按照其大小可分为长链非编码 RNA 和短链非编码 RNA。长链非编码 RNA 可以在小至基因簇,大至整个染色体的水平,发挥调节作用。短链 RNA 则主要对基因表达进行调控,其可介导 mRNA 的降解,诱导染色质结构的改变,决定着细胞的分化命运,还对外源的核酸序列有降解作用以保护本身的基因组。常见的短链 RNA 为小干涉 RNA(siRNA)和微小 RNA(miRNA)，前者是 RNA 干扰的主要执行者，后者也参与 RNA 干扰但有自己独立的作用机制。非编码 RNA 对基因组的稳定性、细胞分裂、个体发育都有重要的作用，因而与疾病发生也有密切关系。

与非编码 RNA 相关的数据库主要有 NONCODE (http://www.noncode.org/)，它是一个分析非编码 RNA 基因的综合数据平台。目前在 NONCODE 数据库中，非编码 RNA 基因的数量大约为 20 多万条目，其中包括 microRNA，Piwi-interacting RNA 和 mRNA-like ncRNA 等。同时，在 NONCODE 中的非编码 RNA 基因数据分析平台中，还为研究人员提供了 BLAST 序列比对服务，非编码 RNA 基因在基因组中定位以及它们的上下游相关注释信息的浏览服务。

对于 microRNA，由于相关研究工作较多，相关的数据收集和整理工作也较多，一些主要的数据库见表 8.1。

表 8.1　与 microRNA 相关的数据库

数据库	描述	数据库网址
targetScan	动物的 microRNA 靶基因数据库	http://www.targetscan.org/
starBase	从高通量实验数据中搜寻 micorRNA 的靶标数据库	http://starbase.sysu.edu.cn/
miRecords	microRNA 靶标数据库	http://mirecords.biolead.org/
TarBase	实验验证的 microRNA 靶标的数据库	http://diana.cslab.ece.ntua.gr/tarbase/
miRBase	microRNA 序列、注释及靶基因数据库	http://www.mirbase.org/

8.2　复杂疾病的分子机理分析

虽然复杂疾病通常都涉及数目较多的生物学因子，但是早期的研究仍然是集中于一个或为数不多的分子，通过分子生物学或者遗传学的方法来研究其可能的功能。近年来，高通量分析技术如基因芯片、蛋白质组、全基因组关联分析及新一代测序技术的发展和成熟，为大规模分析和筛选与复杂疾病相关的生物学因子提供了强有力的手段。另一方面，高通量分析技术能够同时分析大量 mRNA、蛋白质分子的表达水平，或者数目众多的基因与所研究性状之间的遗传相关性；但是由于实验中涉及的基因或蛋白质数目众多，实验样本数通常较大，而且实验步骤多，过程复杂，这也对实验设计、质量控制和数据分析和整理都提出了巨大挑战。因此，几乎在实验的每一步，都有相关的生物信息学问题需要解决。从这个意义上来说，用于复杂疾病研究的各种技术手段，不仅是实验工具，也是生物信息学工具。以下介绍一些用于复杂疾病研究的主要高通量分子生物学技术以及相关的生物信息学工具。

8.2.1　基因芯片技术及数据分析

基因芯片(gene chip, DNA microarray)是一类技术平台的统称，它是随着基因组测序技术的发展而产生的高效、高通量生物检测技术。它在基因表达谱测定、突变检测、多态性分析、基因组文库建立及杂交测序等多方面有广泛的应用，为现代医学科学及医学诊断学的发展提供了强有力的工具。

基因芯片的类型有多种,但是其都基于 Northern 杂交原理,即以核酸分子的碱基互补配对原则,用序列已知的 DNA 片段特异性地测定样品中的 mRNA 分子的种类及丰度。制备芯片时,作为探针的 DNA 片段(探针密度通常在数百到数百万之间)被预先固定在固体基质(如尼龙膜、玻璃片和微珠等);芯片使用时,待检测样品中的 mRNA 分子被提取出来并被反转录为用放射性同位素或荧光染料标记的 cDNA。随后探针与标记的靶基因进行杂交,并通过放射显影或者荧光检测等技术测定杂交的强度,进而由此获得样品中 mRNA 分子种类以及浓度等信息。基因芯片的应用范围十分广泛,比如可以用于基因表达检测、寻找新基因、杂交测序、基因突变和多态性分析以及基因文库作图等方面。

1. 基因芯片的主要类型

依据制备方法的不同,基因芯片可以分为三类,即点样芯片、原位合成芯片和光纤微珠芯片。

(1) 点样芯片

点样芯片是将探针分子的溶液通过专门的点样设备以一定的规则涂布在芯片基质(比如特制的玻璃板)上,探针为序列已知的基因对应的 cDNA 分子或人工合成的寡核苷酸片段。这类芯片通常为双通道双染色芯片,即用一张芯片同时检测两种由不同荧光标记的样品中的基因表达状态。用点样芯片检测样品中基因表达的工作流程如图 8.3 所示。在芯片实验中,从实验样本和对照样本中提取的 mRNA 在逆转录酶催化下,合成分别用 Cy5 和 Cy3 荧光染料标记的 cDNA,标记的样本等量混合后在一定的条件下与芯片上探针杂交。依据碱基配对原则,cDNA 分子特异性地与相应的探针结合;某个基因在样本中的表达水平越高,则其对应的 cDNA 分子与探针的结合也越多。杂交结束后清洗掉没有与探针结合的 cDNA 分子及其他杂质,然后分别用与 Cy5 和 Cy3 荧光染料对应波长的激光对芯片进行扫描,获取每个探针对应的 Cy5 和 Cy3 荧光信号强度。该信号强度与芯片探针上结合的荧光染料标记的 cDNA 分子数目成正比,因此,通过分析荧光信号的强度可以间接推测相应基因的表达水平。

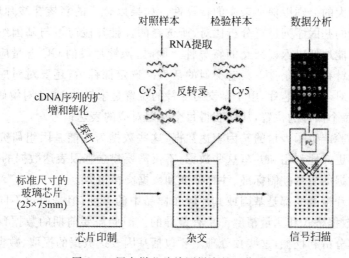

图 8.3　用点样芯片检测样本的工作流程

（2）原位合成芯片

与点样芯片不同,原位合成芯片不是把预先制备好的探针转移并固着到芯片上,而是在芯片表面的确定位置上,以光化学的方法逐步合成预先设计的寡核苷酸探针簇,探针的长度一般为 15～25 个碱基。用此类芯片检测样品中基因表达的原理和流程与点样芯片相似。所不同的是,原位合成芯片是单通道单染色芯片,即一张芯片只用于检测一种荧光标记的单一样品中的基因表达状态。此外,由待检测样本的 mRNA 合成 cDNA 时,并没有用荧光染料标记,而是在进行杂交实验时,cDNA 被转录为用生物素标记的 cRNA 并与芯片杂交。随后运用能够与生物素结合的 Cy5 荧光染料再次标记,最后扫描芯片,获取荧光信号。

（3）微珠芯片

与点样芯片和原位合成芯片不同,微珠芯片不是以平面型基质为探针载体,而是把探针固定在直径 $3\mu m$ 的球形硅珠表面,每个微珠上可以连接高达 100 万个探针分子。微珠芯片有两种类型,一种是微珠和直径 $5\mu m$ 的光纤为芯片组成元件,每 5 万根光纤组成一个六边形光纤束,96 束光纤以 12×8 的模式被固定在一个固体框架上构成芯片,每根光纤末端有一个用化学方法蚀刻的直径 $3\mu m$ 的微孔;另一种类型以硅质平板为基质,在其表面蚀刻有间距约 $5.7\mu m$,直径 $3\mu m$ 的微孔;当硅质平板或光纤束末端与微珠在合适的条件下接触时,每个微孔恰好可以固定一个微珠,而且这种匹配是随机的。这类芯片的探针也是合成的寡核苷酸,每个探针包括地址片段和探针片段两部分,其中探针序列是针对基因设计的特异性序列,而地址序列则与探针序列一一对应,其两端分别与探针序列和硅珠相连。根据探针序列和地址序列的不同,可以制备出不同类型的微珠。用微珠芯片分析样本的原理与点样芯片和原位合成芯片类似,所不同的是,在微珠芯片上,探针的位置不是预先设定的,因而在样品分析时,需要根据探针上的地址序列,通过一个解码过程确定每个微珠上的探针的类别。

无论是哪种类型的芯片,在芯片设计和应用的多个环节,都要应用生物信息学工具。对于点样芯片,如果以 cDNA 为探针,每条 cDNA 片段经过体外扩增和纯化后,经常需要对其测序并与核酸数据库中的序列进行比对,以确保该序列与对应的基因相匹配,同时要与其他基因序列有足够大的差别以保证杂交的特异性。如果以合成的寡核苷酸片段作为探针,则需要对探针对应的基因序列进行分析比对,所选择的探针片段应该与基因组中的其他基因序列相似性尽可能地低以保证杂交的特异性。同时,探针片段的 GC 含量应该在合适的范围以保证所有探针在实验条件下具有类似的活性。选定探针后,还要对对应基因的信息进行详细的收集。对于微珠芯片,由于杂交后探针的位置是未知的,需要对解码信号进行分析计算,才能确定每个探针的位置,从而获得每个基因对应的表达信号。

基因芯片实验产生了大量的基因表达数据,这些数据为功能基因组研究提供了重要的资源。为了能够更好地利用和共享这些数据,不仅需要建立基因表达数据的共享数据库,还需要定义共享数据的质量控制标准、注释标准和数据交换格式。

虽然基因芯片检测的都是基因或其片段在样品中的丰度,但是通过不同平台获取的基因表达数据,其数据格式和测量精度都是有差异的。因此需要前期的数据预处理以后才能进行后续的数据分析和挖掘,这些预处理主要包括基因表达数据的提取、数据过滤和数据标准化等步骤。

2. 基因芯片数据分析

由于杂交荧光标记效率或检出率不平衡、位置效应等多种因素，原始提取信号需要进行均衡和修正处理后，才能进一步分析。这一步通常需要先进行背景校正(background correction)，去除不均匀背景光强影响，然后再进行归一化(normalization)处理。一般来说，对于单色 DNA 芯片而言，这一步相对容易；而双色 DNA 芯片则需要考虑不同染料(Cy3、Cy5)对于 mRNA 染色效率的差异。

在前一步预处理的基础上，需要根据实验设计及基因表达状况，对基因表达数据进行适当的分析。通常，这一步的主要目标是识别差异表达基因或寻找共表达基因。差异表达基因(differentially expressed genes)，指的是在不同实验条件下，表达水平出现显著差异的基因。差异表达基因可以依照经验(例如，在两个实验条件下有 2 倍及以上的表达水平差异)或者采用统计检验来筛选。共表达基因(co-expressed genes)则指的是在不同的实验条件下，表达模式或表达水平相似或者相关的基因。在实际应用中，如果没有有关共表达基因的先验知识，可以通过聚类分析来寻找这些基因。聚类分析也称为无监督分类(unsupervised classification)，是在未设定先验基因类别的情况下，根据不同基因的表达模式或表达水平之间的相似程度，将基因划分为若干组。如果已经知道所要寻找基因的表达模式，并且事先确定了一组具有该特征的基因集，则可以通过分类分析来寻找与这组基因具有类似表达模式的其他基因。分类分析是指在给定已经先验标明类别(如患病或正常)训练集的前提下，根据基因表达模式或表达水平的相似程度，将被检的基因或样本依照预先设定的类别中归类。此外，共表达基因还包括表达模式或表达水平不一定相似，但是其表达却互相关联的基因。例如，在实验条件下，某个基因表达水平的升高可能诱导参与同一生化过程的其他基因的表达水平上升，也可能抑制该过程中某些基因的表达。对这类基因的确定经常需要结合基因/蛋白质之间的相互作用以及它们所参与的生化过程来判断。

为确保分析结果的可靠性，在应用中，经常采用 RT-PCR 等实验技术，对基因芯片数据分析所选择出来的基因进行独立实验验证。实际数据分析过程中，经常需要根据前一步分析结果和实际生物学问题来制定下一阶段分析策略。同时，考虑到基因表达动态性和时间相关性，即使对于同一种细胞类型，不同条件下转录表达情况也会有差异。因此，分析基因表达数据时，必须同时参考具体实验条件的描述，通常称这些描述实验条件的数据为元数据(meta-data)。典型的元数据包括实验方案、实验材料、图像处理方法和数据归一化方法等信息。

3. 常用基因芯片分析工具

基因芯片数据分析不仅步骤繁复，而且要涉及复杂的统计计算，需要综合运用多种数学工具与计算机软件。目前已开发了许多基因芯片数据分析的工具和相应的分析软件，常用的包括：

(1) Bioconductor

Bioconductor (http://www.bioconductor.org/)是基于统计学软件包 R 的芯片分析软件包，其主要目的是为生物信息学研究人员提供一组表达数据分析工具。Bioconductor 可支持几乎所有主流芯片数据格式，其中包括 Affymetrix 公司的商业化单色寡核苷酸芯片，以及用户自己定制的双色 cDNA 芯片。Bioconductor 通过若干子软件包提供多种主流芯片分析方法,可用于数据预处理、差异表达基因识别以及聚类等常用数据分析。除用于芯片数据分析以外,Bioconductor 还可用于 SAGE、CGHArray 以及 SNPArray 等其他表达数据分析。Bioconductor 的源代码完全开放,用户可以方便查看以及修改现有算法及其具体实现模块。因此,Bioconductor 也广泛用作其他芯片分析工具的后台支持。

(2) dChip (DNA-Chip Analyzer)

dChip(http://biosun1.harvard.edu/complab/dchip/)是一种芯片分析的综合软件,包括以下功能:针对 Affymetrix 芯片的基于 MBEI (model-based expression indexes)的数据预处理及标准化、基于样本比较的差异基因识别、主成分分析(principal component analysis,PCA)、方差分析(analysis of variance,ANOVA)、时间序列(time series)分析、聚类分析,等等。

(3) MATLAB 的 Bioinformatics Toolbox

MATLAB 附带的 Bioinformatics Toolbox,是专门针对生物信息应用而开发的工具箱。该工具箱为芯片数据处理提供了归一化和聚类分析,包括层次聚类和 K-mean 聚类。此外,通过与统计工具箱配合使用,用户还可通过经典的 t-检验及 ANOVA 等方法寻找差异表达基因。

8.2.2　蛋白质组学和蛋白质表达分析

1. 蛋白质组学

蛋白质组(proteome)是一个基因组,一个细胞或者组织内所表达的所有蛋白质的集合。与基因组不同,蛋白质组随组织的不同或生理状态的变化而变化。此外,在基因转录时,一个基因对应的 mRNA 能够以不同的形式剪接,并最终翻译成不同的蛋白质。因而,作为基因组下游表达分子集合的蛋白质组并不是基因组的直接产物,蛋白质组中所包含的蛋白质数目可能远远超过对应的基因组中基因的数目。蛋白质组学(proteomics)就是与蛋白质组相关的所有知识、数据、方法和工具的总和。蛋白质组学研究的主要目标包括:确定一个蛋白质组所包括的全部蛋白质;分析在给定疾病状态、生理状态或者实验处理条件下差异表达的蛋白质;研究蛋白质功能、细胞定位或者蛋白质修饰等;分析蛋白质分子间的相互作用。

依据蛋白质组学的研究内容,可以分为结构蛋白质组学和功能蛋白质组学。依据其研究对象的不同,蛋白质组学研究的前沿包括以下几个方面:①组成性蛋白质组学,即针对特定的细胞、组织或者生物体,建立与基因组或转录组对应的包括所有蛋白质的蛋白质组或亚蛋白质组;②比较蛋白质组学,即以重要生命过程或人类疾病为对象,针对相关的生理病理体系或过程所构建的蛋白质组;③细胞图谱蛋白质组学,即针对特定的细胞或细胞器,确定蛋白质在细胞中的分布、运输等特性,鉴定蛋白质复合物组成,研究蛋白质的相互作用网络关系等。

2. 蛋白质组学研究中的主要技术

作为一门科学,蛋白质组学是在蛋白质双向凝胶电泳(two-dimensional gel electrophoresis,2-DE)、质谱、生物信息学等多种学科和技术的基础上发展起来的。以下对相关的知识进行简介。

(1) 双向凝胶电泳技术

双向凝胶电泳技术(2-DE)是一项广泛应用于分离细胞、组织或其他生物样品中蛋白质混合物的技术。它根据蛋白质不同的特点分两相分离蛋白质。第一相是等电聚焦（isoelectric focusing electrophoresis, IEF）电泳，即根据蛋白质等电点的不同进行分离。蛋白质分子随着周围环境酸碱度的不同可以带正电荷、负电荷或静电荷为零。在蛋白质所带静电荷为零时所对应的 pH 值称为该蛋白质的等电点（isoelectric point, pI）。在等电聚焦分离时，蛋白质处于一个 pH 梯度中，在电场的作用下，蛋白质将移向其静电荷为零的点并在等电点附近富集。第二相是十二烷基硫酸钠聚丙烯酰胺凝胶电泳（SDS-PAGE），即根据蛋白质分子量的不同进行分离。经过 2-DE 分离以后，在二维凝胶平面上的每一个点对应一种蛋白质，这样成百上千种不同的蛋白质即可被分离。蛋白质混合物经过 2-DE 分离后，还要对凝胶上的蛋白质样品进行染色，并进一步用图像分析软件对蛋白质点进行识别和匹配等。

（2）表面增强激光解吸离子化飞行时间质谱技术

表面增强激光解吸离子化飞行时间质谱技术（surface enhanced laser desorption/ionization time of flight mass spectrometry, SELDI-TOF-MS）是目前蛋白质组学研究中比较理想的蛋白质鉴定技术平台。它通过激光脉冲辐射使分析物解析形成荷电离子，根据不同质荷比，这些离子在仪器场中飞行的时间长短不一，由此绘制出一张质谱图来。该图经计算机软件处理还可形成模拟谱图，同时直接显示样品中各种蛋白质的分子量、含量等信息。将它与正常人或某种疾病患者的谱图或者基因库中的谱图进行对照，可以发现和捕获新的与疾病相关的蛋白质。

（3）同位素标记亲和标签技术

同位素标记亲和标签（ICAT）技术是近年发展起来的一种用于蛋白质分离分析技术，它也是目前蛋白质组研究的核心技术之一。它采用具有不同质量的同位素亲和标签（isotope-coded affinity tags, ICATs）标记处于不同状态下的细胞中的半胱氨酸，利用串联质谱技术，对混合的样品进行质谱分析。来自两个样品中的同一类蛋白质会形成易于辨识比较的两个不同的峰形，能准确地比较出两份样品蛋白质表达水平的不同。ICAT 的优点在于它可以对混合样品直接测试，并能够快速定性和定量鉴定低丰度蛋白质，尤其是膜蛋白等疏水性蛋白等，还可以快速找出具有重要功能的蛋白质。

（4）蛋白质芯片分析技术

与基因芯片类似，蛋白质芯片是将已知分子如蛋白质样品固定在介质表面上，制成高密度的蛋白质或多肽分子的蛋白质微阵列。在分析时，用待检测的蛋白质样品与芯片杂交，通过检测杂交信号的强度，可以确定样品中蛋白质的种类以及浓度。作为探针的蛋白质可以是抗体也可以是抗原。如果是抗体或其类似物，则可以检测样品中抗原是否存在及其浓度大小，可以用于蛋白质表达谱研究、确定样品中与某些疾病相关蛋白质浓度、测定细胞因子等。如果探针是抗原，则可以检测样品中的特异性抗体。

此外，还有酵母双杂交系统，是一种在酵母细胞内检测蛋白质-蛋白质相互作用的方法。Rosetta Stone 则是一种近年来发展起来的基于基因组上下文的方法预测蛋白质相互作用，并用于非同源基因之间功能关联的方法。

3. 蛋白质组学研究中的生物信息学

生物信息学对于蛋白质组的各种数据进行处理和分析是必不可少的，也是蛋白质组研究的重要内容。比如通过 SELDI-TOF-MS 等技术可以获得蛋白质片段的质谱图，通过数据库比对可以确定相应片段的氨基酸序列。由于可能肽片段的多样性以及许多蛋白质在体内要进行磷酸化和甲基化等修饰，这就需要一个尽可能详尽的与肽片段对应的质谱数据库。同时还需要高效的算法能够根据质谱分析结果准确地确定相应的肽片段。随后还要由所解析的短肽片段拼接出完整或较长的蛋白质片段，然后通过序列比对等方法确定该序列对应的目标蛋白质。在蛋白质组数据库中储存了有机体、组织或细胞所表达的全部蛋白质信息，通过用选择双向凝胶电泳图谱上的蛋白质点就可获得蛋白质鉴定结果、蛋白质的亚细胞定位、蛋白质在不同条件下的表达水平等信息。目前应用最普遍的数据库是 NRDB 和 dbEST 数据库。NRDB 由 SWISS2PROT 和 GENPETP 等几个数据库组成，dbEST 是由美国国家生物技术信息中心（NCBI）和 欧洲生物信息学研究所（EBI）共同编辑的核酸数据库。与蛋白质组学研究相关的计算机分析软件主要有蛋白质双向电泳图谱分析软件（表 8.2）、蛋白质鉴定软件（表 8.3）、蛋白质结构和功能预测软件等。

表 8.2　用于双向凝胶电泳图像分析的常用软件

软件名称	软件开发机构	软件网址
DeCyder 2D	GE Healthcare	http://www.gelifesciences.com
ImageMaster 2D Platinum	GE Healthcare	http://www.gelifesciences.com
Delta2D	Decodon	https://www.decodon.com/delta2d.html
PDQuest	Bio-Rad	http://www.bio-rad.com/
Proteomweaver	Bio-Rad	http://www.bio-rad.com/
Progenesis Samespots	Nonlinear Dynamics	http://www.nonlinear.com/
BioNumerics 2D	Applied Maths	www.applied-maths.com
Melanie	Geneva Bioinformatics	http://www.genebio.com
REDFIN	Ludesi	www.ludesi.com/redfin

表 8.3　部分用于蛋白质分析中蛋白质鉴定的软件

软件名称	可用于检索的参数	检索数据库	网址 link
Aldente	pI, MW, taxon, digestion, modifications, missed cleavages, thresholds of spectrometer, peptide scorring	Swiss-Prot, TrEMBL	http://www.genebio.com /products/phenyx/aldente/
MASCOT	MW, taxon, digestion, modifications, missed cleavages, thresholds of spectrometer, peptide scoring	MSDB, NCBI, Swiss-Prot, Random	http://www.matrixscience.com/
Prospector	pI, MW, taxon, digestion, modifications, missed cleavages, thresholds of spectrometer, peptide scoring	Genpept, NCBI, Swiss-Prot, EST_mouse, EST_human, EST_others	http://prospector.ucsf.edu
PeptideSearch	pI, MW, taxon, digestion, modifications, missed cleavage, thresholds of spectrometer, peptide scoring	NRDB	http://newt-omics.mpi-bn.mpg.de/Peptidesearch.php

软件名称	可用于检索的参数	检索数据库	网址 link
ProFound	pI，MW，taxon，digestion，modifications，missed cleavage，thresholds of spectrometer，peptide scoring	NCBI	http://prowl.rockefeller.edu/prowl-cgi/profound.exe

8.2.3 转录调控的高通量分析

转录因子(transcription factor，简称 TF)是基因调控的直接参与者，它们通过与基因 DNA 序列上游启动子区域中特定的片段相互作用，开启或关闭被调控基因的转录。一个转录因子可以调控多至数百个基因的表达，而一个基因的表达又可能受多个转录因子的调控。同时，转录因子本身的表达，也可能受到其他基因或转录因子的调控。因而，转录因子的结构或功能方面的缺陷，可能导致与之相关基因的非正常表达，从而导致某些疾病(如肿瘤和炎症)的发生。因此，转录因子种类及活性的检测对疾病的研究以及药物开发都有重大意义。真核生物细胞的生理状态是由内源和外源因素共同影响的，所有信号传递途径的终点都是 DNA。DNA 通过与组蛋白等构成核蛋白复合物并组成染色质，染色质是基因调控的一个重要作用位点。对组蛋白的转录后修饰可以调控基因的表达，该类修饰包括组蛋白磷酸化、乙酰化、甲基化、ADP-核糖基化等过程。参与修饰的酶根据其作用的不同分为多类：如组氨酸乙酰转移酶(HATs)可以将乙酰基团转到组蛋白上；组蛋白去乙酰酶(HDACs)可以去除氨基酸上的乙酰基团；组蛋白甲基转移酶(HMTs)可以将甲基基团转移到组蛋白上，等等。这些修饰可能导致组蛋白结构的改变或者其与 DNA 结合状态的变化，从而引起染色质结构的改变。同时，组蛋白分子上的修饰基团有可能是各种调节因子的作用位点。目前已知的组蛋白修饰状态有 100 多种，这些因素都增加了转录调控的复杂性。

染色质免疫沉淀分析(chromatin immunoprecipitation，ChIP)是分析特定蛋白质与基因组中 DNA 片段作用的主要方法之一，它的基本原理是在一定条件下固定细胞中蛋白质-DNA 复合物，并将其随机切断为一定长度的染色质小片段，然后通过免疫学方法沉淀此复合体，特异性地富集与特定蛋白质结合的 DNA 片段，通过对这些片断的纯化与鉴定，获得蛋白质与 DNA 相互作用的信息。它能比较真实完整地反映 DNA 序列与调控蛋白质之间的结合关系，是确定与特定蛋白质结合的基因组区域或与特定基因组区域结合的蛋白质的高效方法。ChIP 不仅可以检测调控因子与 DNA 的动态作用，还可以用于研究组蛋白的各种共价修饰与基因表达之间的关系。ChIP 也可以与其他方法相结合，从而大大扩充其应用范围，比如 ChIP 与芯片技术结合建立的 ChIP-on-chip 方法已广泛用于转录因子靶基因的高通量筛选等工作中；ChIP 与体内足迹法(in vivo footprinting)相结合，可以用于寻找与特定蛋白质结合的 DNA 特征序列；RNA-ChIP 则被用于研究 RNA 在基因表达调控中的作用。随着 ChIP 的进一步完善，它必将会在基因表达调控研究中发挥更重要的作用。

下面简要介绍 ChIP-chip 和 ChIP-Seq 技术。

ChIP-chip 是将 ChIP 方法与生物芯片平台相结合的一种技术，它可以在全基因组或基因组较大区域上高通量地分析 DNA 结合位点或组蛋白修饰位点。使用 ChIP-chip 时所获得的信息量主要取决于芯片表面固定的探针的密度、探针的分辨率及覆盖度等指标。探针密度指生物芯片表面所固定的 DNA 探针的数量。分辨率指设计生物芯片时两个相邻探针的 DNA 序列在基因组上相隔的距离，分辨率越高，相邻探针之间的距离越短。覆盖度指固定在生物芯片上的 DNA 序列占全基因组序列的比例。显然，最理想的芯片是能够覆盖全基因组，但是由于人类基因组序列很长，目前还不能在单一芯片上固定可以覆盖人类全基因组的所有探针。同基因芯片类似，目前 ChIP-chip 芯片制作方法主要是点样方法和原位合成法，探针都是寡核苷酸片段。芯片杂交所需要的样品量较大，通常要对免疫沉淀后所获得的 DNA 片段采用 PCR 技术进行扩增以满足杂交所需求的 DNA 数量。与基因芯片技术类似，免疫沉淀芯片杂交结果的检测可以用双色竞争法，即作为实验组的由 ChIP 技术获得的 DNA 样品与对照组 DNA 样品分别用不同颜色标记并竞争性地与芯片杂交，根据杂交信号的强弱判断免疫沉淀的富集位点。对照组 DNA 样品通常来自超声破碎后不加特异抗体而保留的 DNA 片段，或与实验组中的特异抗体同物种的 IgG 免疫沉淀所获得的 DNA。也可以采用单色杂交检测，这时需要分别检测染色质免疫沉淀 DNA 样品及对照组 DNA 样品与芯片杂交的结果。

ChIP-Seq 是将深度测序技术与 ChIP 实验相结合分析全基因组范围内 DNA 结合蛋白结合位点、组蛋白修饰、核小体定位或 DNA 甲基化的高通量方法，可以应用到任何基因组序列已知的物种，并能确切得到每一个片段的序列信息。随着深度测序技术的迅速发展，染色质免疫沉淀与 DNA 测序直接结合已越来越多地应用在全基因组 DNA 与蛋白质作用分析。目前可用于 ChIP-Seq 分析的测序平台有 Genome Analyzer（Illumina，Solexa）、SOLiD（Applied Biosystem）、454-pyrosequencing（Roche）和 HeliScope（Helicos）。每种方法的测序能力都在迅速提高，而其成本则在不断下降。可以预计，ChIP-Seq 技术将会很快发展成为该研究领域的主流技术。

染色质免疫沉淀技术是相对比较成熟的技术，ChIP-Seq 的难点是测序后的生物信息学分析。DNA 打碎方法、染色质开放程度的不均一性、PCR 扩增偏向性、基因组的重复程度以及测序和序列比对过程中的错误都会引入系统误差造成假阳性，尽可能剔除假阳性并揭示出数据背后的机理是需要分子生物学与计算生物学工作者协同努力的问题。

进行基因调控的研究需要更多的数据库及分析工具的支持，比如需要关于基因组调控序列（启动子和增强子）以及可与之结合的转录因子等多方面的信息。现在已经有许多关于转录因子结合位点（transcription factor binding site，TFBS）的数据库可以应用，如 TRANSFAC 及 JASPAR。有关 ChIP-chip 和 ChIP-seq 等实验数据的分析方法目前也有多种。

8.2.4 高通量基因分型分析

随着人类基因组测序工作的完成，与人类疾病相关的 SNPs 的筛选及其检测已经成为关注的焦点。SNP 的含义是给定的群体中超过 1% 的个体在给定的遗传区域内发生一次核苷酸碱基改变（不包括序列插入、缺失和重复序列拷贝数目变化等遗传变化）。SNP 是一个物种中不同个体表型差异的主要遗传来源。虽然在过去已经发展了多种突变位点的筛选和检测技术，但是远远不能满足研究中日益增长的需求。近年来，一系列快速高效而又经济的 SNP 检测技术及相应的分析方法快速发展起来。

1．SNP 分析技术的分类及原理

SNP 分析技术主要包括基于无关个体关联分析和基于家系的关联分析，其相应的流程如图 8.4 所示。

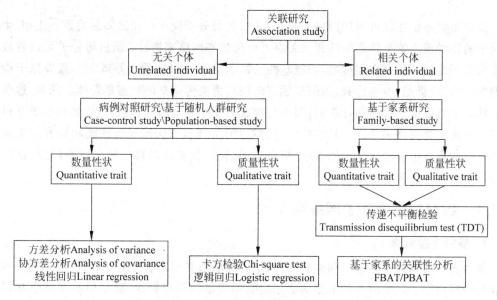

图 8.4　基因关联分析的分类及流程

（1）基于无关个体的关联分析

基于无关个体（unrelated individual）的研究设计分为病例对照研究（case-control study）和基于随机人群的关联分析（population-based association analysis）两种情况。前者主要用来研究质量性状（比如是否患病），而后者主要用来研究数量性状。根据不同的研究设计方案和研究表型，所采用的统计分析方法也不同。如病例对照研究设计（质量性状），比较每个 SNP 的等位基因频率在病例和对照组中的差别可采用卡方检验，同时需要校正主要混杂因素，如年龄、性别等的影响。当研究设计是基于随机人群时（数量性状），如研究 SNP 与某一疾病数量表型的关联时，如 BMI，则需要比较该位点对应的基因型携带者的 BMI 水平是否有差别（单因素方差分析）。

（2）基于家系的关联分析

基于家系的关联研究（family-based association study）的优势之一在于可以避免人群混杂对于关联分析的影响。当研究采用家系样本时，比如核心家系样本，可采用传递不平衡检验（transmisstion disequilibrium test，TDT）分析来检验遗传标记与疾病质量表型和数量表型的关联。TDT 分析的原理是，分析某个等位基因从杂合子的父母传递给患病下一代的几率是否高于预期值（50%）。

2．全基因组关联研究

全基因组关联研究（genome-wide association study，简称 GWAS），就是从人类全基因组范围内的 SNP 中，筛选出那些与疾病性状关联的 SNPs。GWAS 研究设计所需样本量大，基因分型耗资巨大，因此，遗传统计分析的任务不仅要从几十万个 SNPs 中发现与疾病表型的关联，同时需要严格控制由于人群混杂可能带来的假阳性以及因多重比较而带来的误判概率扩大等问题，以筛选出那些与疾病真正相关的 SNPs。

8.3 复杂疾病与生物分子网络

复杂生物系统往往可以用网络来表示，并以此来分析构成单元之间的关系。比如，生态系统中的物种或生物个体之间的相互关系可以用生态网络来描述；蛋白质分子可以看成是氨基酸分子之间的相互作用网络，而氨基酸这样的分子也可以看出是碳、氧、氮等原子构成的网络。从 20 世纪 80 年代起，基因组就逐渐被视为遗传信息的动态集合体。同时，这些信息的状态是可以精确描述和计算的，而由其构成的复杂系统与计算机科学、物理学等学科中的系统本质上具有许多共性，因而也可以用类似的工具和方法来进行建模和研究。生物信息学研究的重点也已经从单个的基因、蛋白质、结构以及相应的算法转向以基因组、蛋白质组和代谢组等为对象的大规模分子生物网络。

8.3.1 典型的生物分子网络简介

1. 基因调控网络

基因表达的调控不是单一和孤立的，而是彼此联系并相互制约的，从而构成了复杂的基因表达调控网络。几乎所有的细胞活动和功能都受基因网络调控，孤立地研究单个基因及其表达难以确切地反映生命现象本身和内在规律。因此，必须从系统的观点研究和理解多基因的调节网络，才能阐明生命的本质和疾病发生的机理。因此，基因调控网络是后基因组时代研究的重要课题。随着基因组学的发展，在短时间内可获得生物体基因表达的海量数据，这为研究和揭示基因及其产物之间的相互关系，特别是基因表达的时空调控机理奠定了基础。基因网络研究的目的是通过建立基因转录调控网络模型对某一个物种或组织中的全部基因的表达关系进行整体的模拟分析和研究，在系统的框架下认识生命现象，特别是信息流动的规律。调控可在分子水平上分为三个层次：DNA 水平、RNA 水平和蛋白质水平。DNA 水平主要是研究基因在空间上的关系影响基因的表达；RNA 水平上，也就是转录水平上的调控，主要研究代谢或者是信号传导过程决定转录因子浓度的调控过程；蛋白质水平主要研究蛋白质翻译后修饰加工，从而影响基因表达的活性和功能。

图 8.5 为基因调控网络的示意图。如图所示，复杂的生化过程会涉及多个基因，这些基因之间是互相联系和互相制约的。

基因调控网络的构建需要综合多方面的信息，几年来各种高通量分析技术的发展和应用，可以快速地获取大量基因表达和相互作用的信息，为基因调控网络的研究起到很大的推动作用(图 8.6)。而一个合理的基因调控模型，通常是对与一个生化过程或某种疾病相关的基因相互作用信息的科学总结和凝练，对于相关的研究工作是非常有价值的。

2. 蛋白质相互作用网络

包括 DNA 复制、蛋白质翻译在内的大多数分子生物学过程，都是通过由多个蛋白质分子构成的分子机器来完成的。因此，蛋白质分子之间的相互作用是生物细胞内部活动的基础和分子间作用的核心。比如，细胞外部的信号分子与细胞表面的受体结合后，通过一系列信号传导分子的相互作用调节细胞的运动或者功能，这些信号传导分子主要是蛋白质分子。

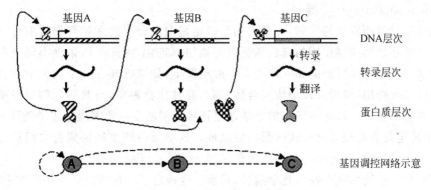

图 8.5　基因调控网络模型

信号传导的过程与一系列重要生物学过程都有密切关系,而当其运行受到扰动或者破坏时,相应的生物学机能就不能正常行使,许多疾病状态就是由此引起的。

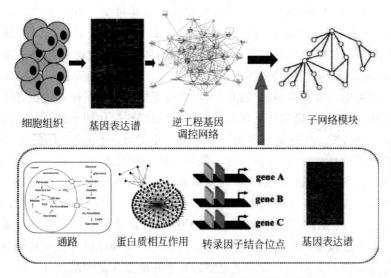

图 8.6　基因调控网络的构建需要融合多方面的信息

蛋白质之间的相互作用和联系可能会持续很长时间,比如许多蛋白质在内质网上合成后,需要在其他蛋白质的协助下移动到细胞核、线粒体或细胞外膜等不同的位置以行使其功能。蛋白质之间也可能只有很短暂的相互接触,比如在信号传导过程中,蛋白激酶通过与目标蛋白质结合而完成对其特定氨基酸的磷酸化,随后二者形成的复合体就分离。总之,蛋白质相互作用几乎是每个生物学过程的核心,对这些作用的研究对于相应的生物学功能和疾病治疗都有重要的价值。

蛋白质间的相互作用不仅可以通过实验来确定,也可以通过生物信息学和结构生物学的途径来分析其分子的序列特征和结构信息,确定蛋白质分子上可能发生相互作用的部位。蛋白质相互作用的信息对于细胞内信号通路、蛋白质复合体的结构以及各种生化过程的理解具有重要作用。蛋白质间的相互作用信息可以通过多种实验技术获得,比如酵母双杂交系统(yeast two-hybrid systems),蛋白片段互补分析方法(protein-fragment complementation assays;PCA),亲和纯化-质谱分析技术(affinity purification/mass spectrometry),蛋白质芯片（protein microarrays），等等。

在技术手段不断发展的同时，一系列用于确定蛋白质分子之间相互作用的计算方法也逐渐成熟。相互之间能够作用的蛋白质更有可能协同进化，因此可以依据不同蛋白质在进化上的关系来推断期间可能的相互作用。一般情况下，如果已知在一个物种中两种蛋白质的分子能够相互作用，或者可以形成复合体，那么在其他物种中，与其同源的蛋白质也有可能有类似的相互作用。进化系统谱的方法通过比较不同的蛋白质家族在多个物种中的进化模式，从中确定具有类似进化模式的蛋白质家族。这些蛋白质家族的成员之间虽然不一定直接相互作用，但是很可能参与共同的生化过程。

通过各种实验技术或生物信息学途径，目前已经确定了大量蛋白质间相互作用的信息，相关的数据库包括 DIP（database of interacting proteins）、BioGRID 以及 STRING。

3. 代谢网络

细胞中生物分子成千上万，但它们最终都与几类基本代谢相联系，进入一定的代谢途径，从而使物质代谢有条不紊进行。不同的代谢途径又通过交叉点上关键的共同中间代谢产物相互沟通，形成有序高效运转的代谢网络（metabolic network）。代谢网络包括细胞生理学和生物化学属性的整套代谢与物质过程，这些网络包含了代谢的化学反应以及指导这些反应的调整性相互作用。随着基因组测序完成，重建从细菌到人类的有机体中的生化反应网络现已成为可能。有关细胞的代谢网络可以分不同层次来讨论：基因组（DNA 层次）、代谢途径及生化反应网络（蛋白质层次）、代谢流（物流层次）、代谢生理（细胞层次）等。对蛋白质层次的代谢网络来说，一个代谢物分子就是一个节点，而节点之间的连接则是生化反应。大部分的分子只参加一种或两种反应，但少数分子参与许多反应。

代谢网络的有条不紊的运行是生命活动正常进行的必要条件。许多疾病与代谢网络异常是紧密联系的。比如在神经系统中，有多种作为神经递质的信号分子和作为受体的蛋白质都需要维持在一定的浓度范围；同时，失去功能的蛋白质和小分子需要及时分解或转化为其他成分。这个过程是由代谢网络控制的。图 8.7 是与神经退行性疾病相关的蛋白质代谢网络的一部分。图 8.8 和 8.9 分别是完整的物质和能量代谢网络及其一部分。

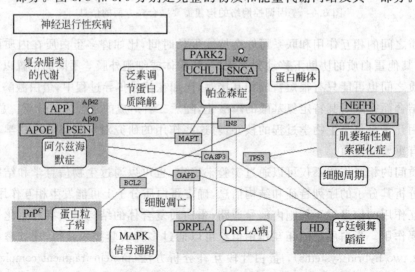

图 8.7　神经退行性疾病相关的蛋白质代谢网络（引自 KEGG 数据库）

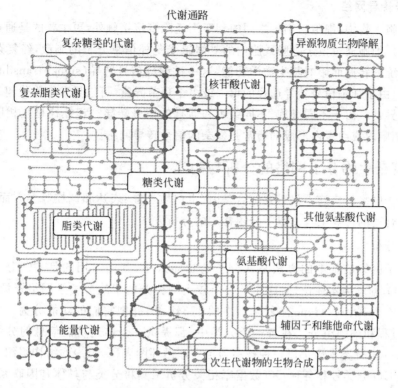

图 8.8　物质和能量代谢网络（引自 KEGG 数据库）

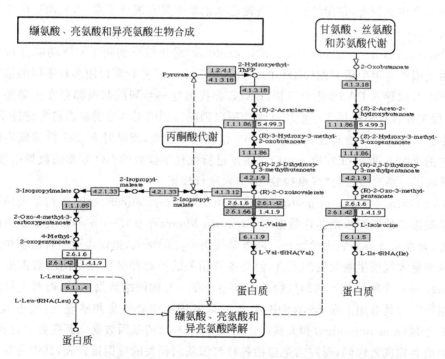

图 8.9　缬氨酸、亮氨酸和异亮氨酸的生物合成（引自 KEGG 数据库）

4. 信号转导网络

在多细胞生物中,细胞与细胞之间的相互沟通除直接接触外,更主要的是通过信息分子来进行协调。细胞通过位于胞膜或胞内的受体感受胞外信息分子的刺激,经复杂的细胞内信号转导系统的转换而影响其生物学功能,这一过程称信号转导(signal transduction)。在病理状况下,由于细胞信号转导途径的单一或多个环节异常,可以导致细胞代谢及功能紊乱或生长发育异常。由于不同细胞、不同组织和器官的信号转导过程往往是互相联系和调节的,因而在细胞内或组织内形成的通常是复杂的信号转导网络。

8.3.2　复杂生物分子网络的分析与构建

生物分子网络的构建不仅需要综合基因/蛋白质功能、表达和调控等多方面的信息,而且需要运用合适的计算工具。以下介绍常用的分析方法。

1. GO 分析

构建分子网络最基本的方法是从分子的功能入手,其中常用的是 GO 分类法。gene ontology(GO,即基因本体论)数据库是一个较大的公开的生物分类学网络资源的一部分,它包含 38675 个 Entrez Gene 注释基因中的 17348 个,并把它们的功能分为三类：分子功能,生物学过程和细胞组分。在每一个分类中,都提供一个描述功能信息的分级结构。这样,GO 中每一个分类术语都以一种被称为定向非循环图表(DAGs)的结构组织起来。研究者可以通过 GO 分类号和各种 GO 数据库相关分析工具将分类与具体基因联系起来,从而对这个基因的功能进行描述。在芯片的数据分析中,研究者可以找出哪些变化基因属于一个共同的 GO 功能分支,并用统计学方法检定结果是否具有统计学意义,从而得出变化基因主要参与了哪些生物功能。

EASE(expressing analysis systematic explorer)是比较早的用于 GO 功能分析的网络平台。由美国国立卫生研究院(NIH)的研究人员开发。研究者可以用多种不同的格式将芯片中得到的基因导入 EASE 进行分析,EASE 会找出这一系列的基因都存在于哪些 GO 分类中,其最主要特点是提供了一些统计学选项以判断得到的 GO 分类是否符合统计学标准。EASE 能进行的统计学检验主要包括 Fisher 精确概率检验,或是对 Fisher 精确概率检验进行了修饰的 EASE 得分(EASE score)。由于进行统计学检验的 GO 分类的数量很多,所以EASE 采取了一系列方法对"多重检验"的结果进行校正。

Source (http://puma. princeton. edu/cgi-bin/source/sourceResult)最初是美国斯坦福大学医学院维护的斯坦福微芯片数据库(Stanford Microarray Database)系统中提供的一项网络服务,现在由普林斯顿大学维护。随着基因组研究的深入,迫切需要一种能够快速高效地分析和解释大规模生物数据的工具,但是各种相关的资源却分散在不同的数据库和网站中。Source 是一个能够把不同的生物学信息整合在一起的网络数据库,因而对大规模的功能基因组研究尤其有用。在 Source 中,数据是以基因为中心收集和整理的,其中人(homo sapiens)、小鼠(mus musculus)和大鼠(rattus norvegicus)的基因数据尤其完善。在检索时,输入基因的名称或者代码,返回的是包括各种与该基因相关的数据报告表,其中主要信息有基因功能、在染色体上的位置、Gene Ontology (GO)注释以及外部数据库连接,等等。Source 数据库的搜索功能十分强大,并提供了外部搜索接口,可以通过计算机程序对大批量基因的信息进行自动检索。

2. 通路分析

通路分析是现在经常被使用的芯片数据基因功能分析法。与 GO 分类法不同,通路分析法利用的资源是许多已经研究清楚的基因之间的相互作用,即生物学通路。研究者可以把表达发生变化的基因列表导入通路分析软件中,进而得到变化的基因都存在于哪些已知通路中,并通过统计学方法计算哪些通路与基因表达的变化最为相关。现在已经有丰富的数据库资源帮助研究人员了解及检索生物学通路,对芯片的结果进行分析。主要的生物学通路数据库有以下两个:一是 KEGG(Kyoto encyclopedia of genes and genomes)数据库,它是迄今为止向公众开放的最为著名的生物学通路方面的资源网站。在这个网站中,每一种生物学通路都有专门的图示说明。另一个是 BioCarta 数据库,它是由一家生物技术公司即 BioCarta 开发的开放生物通路数据库,它在其网站上提供了用于绘制生物学通路的模板,研究者可以把符合标准的生物学通路提供给 BioCarta 数据库。BioCarta 数据库数据量巨大,且不同于 KEGG 数据库,包含了大量代谢通路之外的生物学通路,所以也得到广泛的应用。

最先出现的通路分析软件之一是 GenMAPP(Gene Microarray Pathway Profiler;网址为 www. genmapp. org/)。它可以免费使用,其最新版本为 Gen-MAPP2。在这个软件中,使用者可以用几种灵活的文件格式输入自己的表达谱数据,GenMAPP 的基因数据库包含许多从常用的资源中得到的物种特异性的基因注释和识别符(ID)。这些 ID 可以将使用者输入的基因与不同的生物学通路的基因联系起来。这些生物学通路存在于 GenMAPP 的 MAPP 文件中,MAPP 文件需要时常下载更新。它包含有许多 KEGG 生物学通路,一些 GenMAPP 自己的生物学通路和许多 GO 分类的 MAPP 文件。依靠系统自带的 MAPPBuilder 和 MAPPFinder 两个软件,使用者可以自己绘制生物学通路和对 MAPP 文件进行检索。由于使用者可以自己绘制生物学通路保存为 MAPP 格式,这个文件很易于在网络上传播,所以 GenMAPP 数据库更有利于研究者之间的及时交流。由于上述特点,GenMAPP 数据库及软件仍是现今免费平台里应用比较广泛的。2004 年推出的 Pathway Miner 也是应用较为广泛的免费通路分析网络平台,由美国亚利桑那大学癌症中心建立维护,其最突出的特点就是信息全面,操作简便。使用者可以在这个网站中获得单个基因的序列、功能注释以及有关它们编码的蛋白结构功能,组织分布,OMIM 等信息。对于通路分析部分,使用者给出基因列表及其表达变化值,系统可以根据通路数据库 KEGG、GenMAPP 和 BioCarta 生成变化基因参与的通路,并用 Fisher 精确概率检验。PathwayMiner 自动把得到的通路分成两大类:代谢通路和细胞调节通路,以便使用者根据不同的研究目的选择需要查看的结果。国内也开发了用于通路分析的网络平台,即 KOBAS(KO -Based Annotation System)。它基于 KEGG 数据库,由北京大学生命科学院开发和维护,其特点是可直接采用基因或蛋白质的序列录入基因,并对录入的基因列表进行 KO 注释,对于结果的可靠性检验提供了多种统计方法。使用者可以在网站进行注册,网站会为使用者保存输入的数据,方便日后直接调用。有的分析工具如 Eu. Gene 整合了来自 KEGG、Gen-MAPP 以及 Reactome 的通路数据,并采用 Fisher 精确概率检验及基因集富集分析(gene set enrichment analysis,GSEA)来检验结果是否具有统计学意义。

参 考 文 献

1. Dulbecco R. A turning point in cancer research: sequencing the human genome. Science, 1986, 231: 1055-1056.

2. Gilbert W. Towards a paradigm shift in biology. Nature, 1991, 349:99.

3. Hagen JB. The origins of bioinformatics. Nature Reviews Genetics, 2000, 2:231-236.

4. Roos DS. Bioinformatics--trying to swim in a sea of data. Science, 2001, 291: 1260-1261.

5. Nurse P. Life, logic and information. Nature, 2008, 454:424-426.

6. Hogeweg P. The roots of bioinformatics in theoretical biology. PLoS Computational Biology. 2009, 7:e1002021.

7. 李霞,李亦学,廖飞. 生物信息学. 北京:人民卫生出版社, 2010.

8. Mount DW. Bioinformatics: Sequence and Genome Analysis. Cold Spring Harbor Laboratory Press, 2001.

9. 孙啸,陆祖宏,谢建明. 生物信息学基础. 北京:清华大学出版社,2005.

10. 西奥多里德斯(Theodoridis S)等著,李晶皎等译. 模式识别. 北京:电子工业出版社,2006.

11. 孙即祥. 现代模式识别. 北京:高等教育出版社,2008.

12. 张文修,梁怡. 遗传算法的数学基础. 西安:西安交通大学出版社,2000.

13. 杨淑莹著. 模式识别与智能计算——MATLAB技术实现. 北京:电子工业出版社,2008.

14. Presnell SR, Cohen FE. Artificial neural networks for pattern recognition in biochemical sequences. Annual Review of Biophysics and Biomolecular Structure. 1993, 22:283-298.

15. Sayers EW, Barrett T, Benson DA, et al. Database resources of the National Center for Biotechnology Information. Nucleic Acids Research. 2012, 40:D13-25.

16. Cochrane G, Akhtar R, Bonfield J, et al. Petabyte-scale innovations at the European Nucleotide Archive. Nucleic Acids Research. 2009, 37:D19-25.

17. Boutet E, Lieberherr D, Tognolli M, et al. UniProtKB/Swiss-Prot. Methods Molecular Biology. 2007, 406:89-112.

18. Andreeva A, Howorth D, Chandonia JM, et al. Data growth and its impact on the SCOP database: new developments. Nucleic Acids Research. 2008, 36:D419-425.

19. 蔡禄. 生物信息学教程. 北京:化学工业出版社,2006.

20. 张阳德. 生物信息学. 北京:科学出版社,2004.

21. 佩夫斯纳(Pevsner J)著,孙之荣主译. 生物信息学与功能基因组学. 北京:化学工业出版社,2009.

22. 特怀曼(Twyman RM)著,陈淳,徐沁等译. 高级分子生物学要义. 北京:科学出版社,2000.

23. Roberts RJ, Vincze T, Posfai J, et al. REBASE--a database for DNA restriction and modification: enzymes, genes and genomes. Nucleic Acids Research. 2010, 38:234-236.

24. Prestridge DS. Predicting Pol II Promoter Sequences Using Transcription Factor Binding Sites. Journal of Molecular Biology. 1995, 249:923-932.

25. Zhao Z, Han L. CpG islands: algorithms and applications in methylation studies. Biochemistry and Biophysics Research Communication. 2009, 382:643-645.

26. Burge C and Karlin S. Prediction of complete gene structures in human genomic DNA. Journal of Molecular Biology. 1997, 268:78-94.

27. 林鲁萍,马飞,王义权. 基因选择性剪接的生物信息学研究概况. 遗传. 2005, 27:1001-1006.

28. 侯妍妍,应晓敏,李伍举. microRNA计算发现方法的研究进展. 遗传. 2008, 30:687-696.

29. Martelli PL, D'Antonio M, Bonizzoni P, et al. ASPicDB: a database of annotated transcript and protein variants generated by alternative splicing. Nucleic Acids Research. 2011, 39:80-85.

30. Li L，Xu J，Yang D，et al. Computational approaches for microRNA studies：a review. Mammalian Genome. 2010，21：1-12.

31. Kumar P，Henikoff S，Ng PC. Predicting the effects of coding non-synonymous variants on protein function using the SIFT algorithm. Nature Protocols 2009，4：1073-1081.

32. Adzhubei I. A method and server for predicting damaging missense mutations. Nature Methods. 2010，7：248-249.

33. Yue P，Moult J. Identification and analysis of deleterious human SNPs. Journal of Molecular Biology. 2006，356：1263-1274.

34. Huang DW，Sherman BT，Lempicki RA. Systematic and integrative analysis of large gene lists using DAVID bioinformatics resources. Nature Protocols. 2009，4：44-57.

35. Huang DW，Sherman BT，Lempicki RA. Bioinformatics enrichment tools：paths toward the comprehensive functional analysis of large gene lists. Nucleic Acids Research. 2009，37：1-13.

36. Schneider TD，Stephens RM. Sequence Logos：A New Way to Display Consensus Sequences. Nucleic Acids Research. 1990，18：6097-6100.

37. Crooks GE，Hon G，Chandonia J，et al. WebLogo：a sequence logo generator. Genome Research. 2004，14：1188-1190.

38. Giardine B. Galaxy：a platform for interactive large-scale genome analysis. Genome Research. 2005，15：1451-1455.

39. Gasteiger E，Gattiker A，Hoogland C，Ivanyi I，Appel RD，Bairoch A. ExPASy--the proteomics server for in-depth protein knowledge and analysis. Nucleic Acids Research. 2003，31：3784-3788.

40. Wilkins MR，Gasteiger E，Bairoch A，Sanchez JC，Williams KL，Appel RD，Hochstrasser DF. Protein identification and analysis tools in the ExPASy server. Methods in Molecular Biology. 1999，112：531-552.

41. 薛庆中等. DNA 和蛋白质序列分析工具. 北京：科学出版社，2009.

42. 张成岗，贺福初. 生物信息学方法与实践. 北京：科学出版社，2002.

43. 童坦君，李刚. 生物化学. 北京：北京大学医学出版社，2009.

44. Chou PY，Fasman GD. Prediction of the secondary structure of proteins from their amino acid sequence. Trends in Biochemical Sciences. 1978，2：128-131.

45. Garnier J，Gibrat JF，Robson B. GOR method for predicting protein secondary structure from amino acid sequence. Methods in Enzymology. 1996，266：540-564.

46. Rost B. PHD：predicting 1D protein structure by profile based neural networks. Methods Enzymol. 1996，266：525-539.

47. Xu J，Li M，Kim D，Xu Y. RAPTOR：optimal protein threading by linear programming. International Journal of Bioinformatics and Computational Biology. 2003，1：95-118.

48. Bonneau R，Baker D. Ab initio protein structure prediction：progress and prospects. Annual Review of Biophysics and Biomolecular Structure. 2001，30：173-189.

49. Wei Y，Thompson J，Floudas C. CONCORD：a consensus method for protein secondary structure prediction via mixed integer linear optimization. Proceedings of the Royal Society A：Mathematical，Physical and Engineering Science. 2012，468：831-850.

50. Cookson J. Mapping complex disease traits with global gene expression. Nature Review Genetics. 2009，10：184-194.

51. Lander ES，Schork NJ. Genetic dissection of complex traits. Science. 1994，265：2037-2048.

52. International Human Genome Sequencing Consortium. Finishing the euchromatic sequence of the human genome. Nature. 2004，431：931-945.

53. Clamp M，Fry B，Kamal M，et al. Distinguishing protein-coding and noncoding genes in the human

genome. Proceedings of the National Academy of Sciences. 2007，104：19428-19433.

54. Vasudevan S，Tong Y，Steitz JA. Switching from repression to activation：microRNAs can up-regulate translation. Science. 2007，318：1931-1934.

55. Hebert SS，Strooper DB. Alterations of the microRNA network cause neurodegenerative disease. Trends Neurosci. 2009，32：199-206.

56. Horton R. Gene map of the extended human MHC. Nature Review Genetics. 2004，5：889-899.